CW01671933

OISEAUX
PASSION

Jean-François Dejonghe

Avec la collaboration
de Michel Cambrony et Jean-François Cornuet

HACHETTE

OISEAUX
PASSION

*Seuls les oiseaux sont de grands artistes.
Les véritables auteurs de mes pièces, ce sont eux !
Si, par moments, la qualité musicale tombe,
c'est que le compositeur
s'est montré trop à découvert dans le paysage.*

Olivier Messiaen.

Sommaire

Ci-contre : blongios nain
Page suivante : macareux moine

PRÉFACE

Qui mieux que l'oiseau pourrait symboliser la liberté ? Virtuose des airs, il accepte la promiscuité de l'homme ou s'en éloigne au gré des saisons et suivant les espèces. Il incarne le vieux rêve de l'homme : voler de ses propres ailes. Et pourtant, cette fabuleuse autonomie, véritable don du ciel, ne le met pas à l'abri de multiples dangers. Sa voilure ne le portera jamais assez haut pour échapper à la dépendance de l'homme.

Au siècle dernier, les pigeons migrateurs obscurcissaient le ciel américain tant était gigantesque leur population. La force de l'oiseau reposait alors sur le nombre. A l'époque, personne ne pouvait imaginer que les vols de pigeons s'estomperaient un jour. Le dernier représentant de l'espèce (il s'appelait "Martha") est pourtant mort en septembre 1914 dans le zoo de Cincinnati. Restent aujourd'hui quelques oiseaux naturalisés et figés, témoignages de l'odieuse puissance des hommes. Les fusils ont eu raison de l'espèce d'oiseaux la plus importante que notre planète ait accueillie.

Faut-il également rappeler que 348 espèces d'oiseaux ont disparu au cours de ces deux derniers siècles ? C'est dire la fragilité de cette merveilleuse " machine volante ". Jean-François Dejonghe en a parfaitement conscience. D'abord, parce que c'est un homme de terrain, un témoin permanent à qui rien n'échappe. Ensuite, car sa respectable carte de visite prouve ses compétences. A trente-sept ans, il fait, d'une part, autorité en matière scientifique et, d'autre part, il figure en première ligne de ceux qui refusent l'agonie du monde vivant.

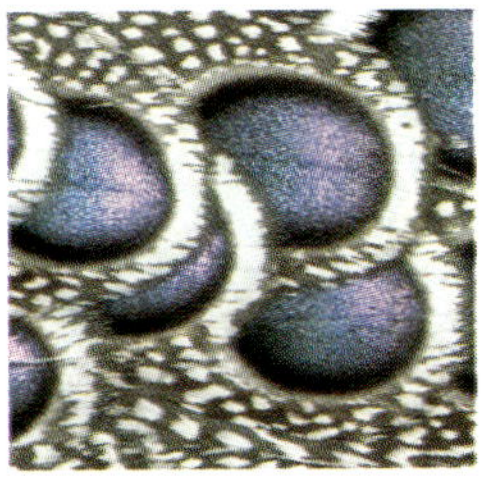

Avec " Oiseaux passion ", Jean-François Dejonghe nous propose le chemin du respect grâce à la connaissance. Sa passion lui permet de mettre à notre portée son expérience. On plonge dans l'intimité d'un monde qui devient aussi accessible que séduisant. Belle initiative au profit de ceux qui nous ont précédés sur cette petite terre des bêtes !

A. Bougrain Dubourg

Allain Bougrain-Dubourg

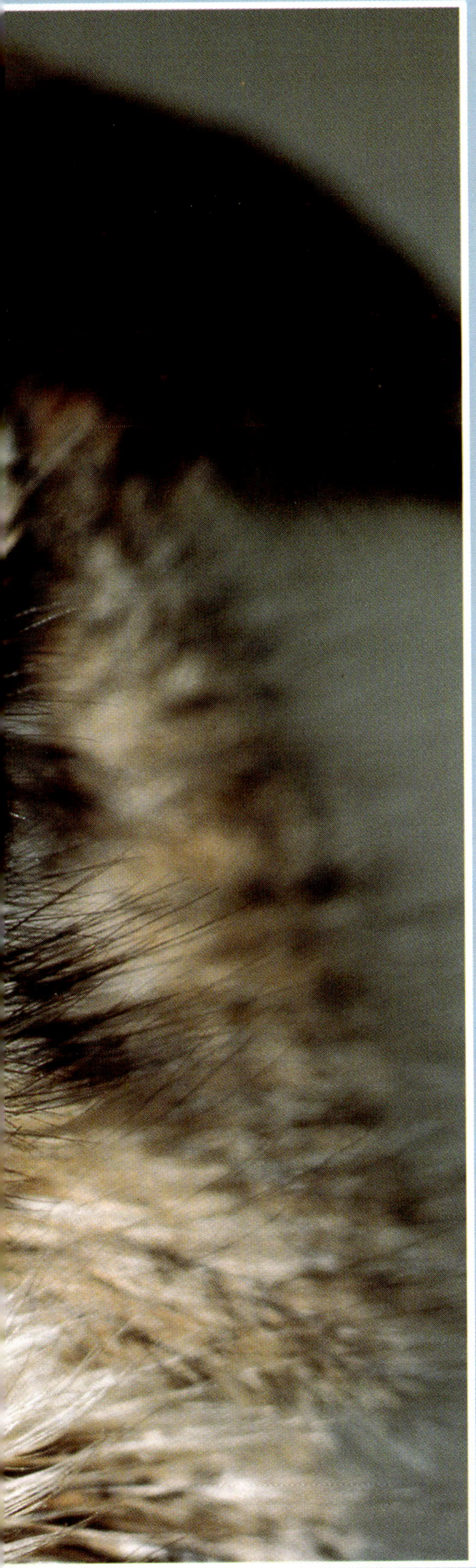

L'OISEAU

En 1861, on découvrit en Bavière un fossile qui allait bouleverser le monde scientifique : parfaitement gravée dans la pierre, l'empreinte d'un " oiseau " de la taille d'une pie gisait dans une carrière d'ardoise depuis des millénaires. Toute sa vie, Darwin avait en vain recherché le maillon manquant de la grande chaîne de l'évolution : en marquant le passage vieux de 50 millions d'années du monde des reptiles au monde des oiseaux modernes, l'archéoptéryx entrait dans l'histoire. Moineau ou aigle royal, l'oiseau d'aujourd'hui conserve de nombreux traits de son ancêtre : bec recouvert de plaques cornées, revêtement écailleux des pattes, griffes, bréchet. Mais son extraordinaire évolution lui a permis de conquérir l'air et de voler sans peine, ce qu'aurait eu bien du mal à faire l'archéoptéryx !

La structure des oiseaux allie à la perfection légèreté et robustesse, et chaque élément du corps à un rôle précis ; ces caractères communs et les différences suivant les espèces sont étudiés dans la première partie de l'ouvrage : structure de la plume, rôle du plumage, couleur, types de vol, locomotion, migrations, reproduction, alimentation, autant de sujets qui vous familiariseront avec le monde de la gent ailée et vous permettront d'aborder la seconde partie de l'ouvrage où sont présentées et étudiées 227 espèces de nos régions.

Ci-contre : hibou grand-duc

LE PLUMAGE

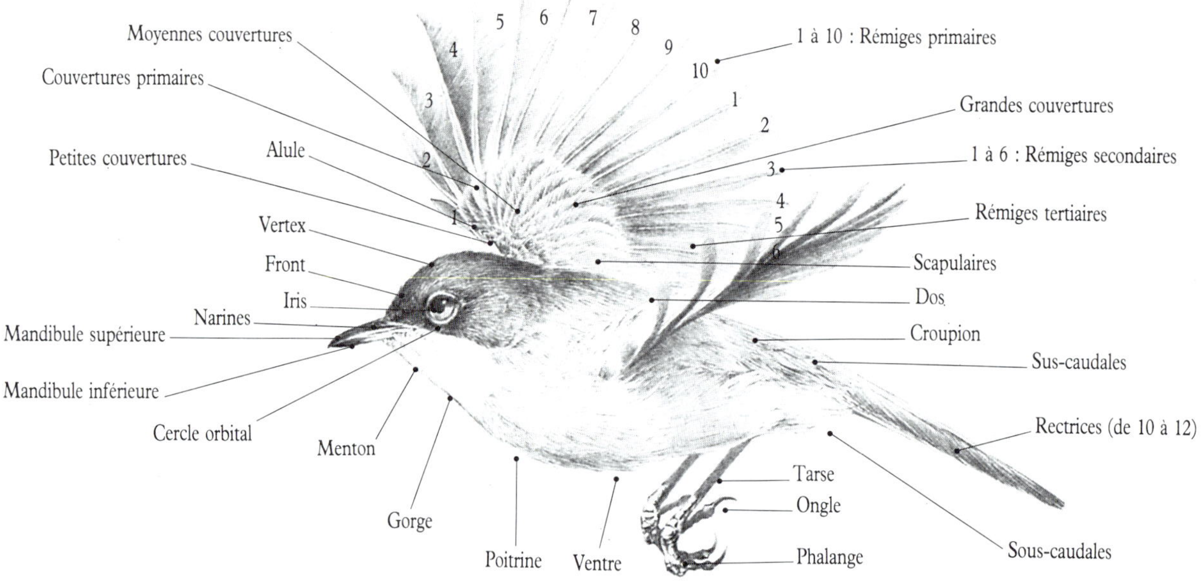

LES DIFFÉRENTES PARTIES DU CORPS DE L'OISEAU

Bien des espèces possèdent la faculté de se mouvoir dans les airs ; quelques-unes sont des mammifères, comme les chauves-souris, d'autres sont des insectes, comme les papillons, mais les oiseaux ont une caractéristique originale dont ils détiennent l'exclusivité : la plume. Son origine est bien mystérieuse et nous pouvons seulement constater qu'il s'agit d'une production de la peau ; une fois poussée, elle constitue un appendice mort dont la composition et la structure sont complexes et les rôles multiples :

- **Protection contre les chocs.** L'épaisseur du plumage met l'organisme à l'abri des frottements avec les végétaux ou les roches.

<u>Ci-dessous</u> : pigeon biset de ville prenant son bain dans une flaque. Dans la vie des oiseaux, la toilette constitue un ensemble de comportements essentiel, car c'est de l'entretien du plumage que dépend, notamment, la bonne thermorégulation du corps. Cette activité est d'autant plus complexe que le plumage est composé de plusieurs milliers de plumes dont la structure est extrêmement fine. Pour nettoyer leur livrée, les oiseaux prennent des bains d'eau ou de poussière, opération qui facilite également l'imperméabilisation ultérieure des plumes ainsi que l'élimination des parasites externes comme les puces ou les poux.

- **Protection contre les prédateurs.** Les dessins et les teintes cryptiques de certaines livrées sont un camouflage parfait, surtout pour les femelles qui, en général, s'occupent de la couvaison des œufs et de l'élevage des poussins. Ainsi, chez beaucoup d'espèces, le plumage de la femelle est différent de celui du mâle : c'est le dimorphisme sexuel. Il en est ainsi chez tous les canards et chez de nombreux passereaux (bouvreuils, pinsons, bruants...). Pour d'autres oiseaux, les différences sont plus subtiles : chez la mésange charbonnière, le mâle est d'un jaune plus vif que la femelle et la plage noire du bas-ventre est plus large ; chez le verdier, le mâle est d'un beau vert olive alors que la femelle est verdâtre teinté de brun.
- **Protection contre les intempéries.** Le plumage joue un rôle thermorégulateur en réduisant les pertes de chaleur et en évitant que l'eau de pluie ou la neige refroidissent l'oiseau. La température interne des oiseaux doit, en effet, se maintenir aux alentours de 41 °C. Pour ce faire, en hiver, ils ébouriffent leurs plumes afin de créer entre la peau et le duvet un matelas d'air qui les isole du froid ; inversement, l'été, les plumes sont collées contre le corps, ce qui modifie d'ailleurs leur silhouette.
- **Le plumage joue aussi un rôle social.** Il permet aux individus de communiquer visuellement lors des postures d'intimidation ou de menace, des rites d'apaisement, de la défense du territoire et, bien sûr, pendant les parades nuptiales. A l'époque des noces, les caractères masculins et féminins des plumages sont déterminants dans la reconnaissance sexuelle. Si l'on travestit une femelle pic en mâle, elle sera expulsée par son partenaire. Chez le rouge-gorge, oiseau très querelleur, les deux sexes sont identiques : pour se faire accepter d'un mâle, la femelle est donc obligée d'adopter des comportements de soumission en évitant bien de montrer son plastron orangé, faute de quoi elle sera chassée par le mâle sans autre forme de procès.

Léger et solide, le plumage s'use néanmoins. Tous les oiseaux passent de longues minutes à le remettre en place, rectifiant avec leur bec la position des barbes et des barbules. Lorsque son plumage est maculé de boue ou taché par du jus de baies, l'oiseau le nettoie en prenant un bain. Après avoir fait pénétrer de l'eau ou de la poussière entre les plumes, il se secoue violemment puis entame une interminable séance de lissage. Quand ses plumes sont bien ordonnées, l'oiseau les enduit d'une fine pellicule d'une substance grasse qui les imperméabilise : il s'agit d'une sorte de sébum hydrofuge produit par les glandes uropygiennes situées à la base de la queue. Bien réparti sur l'ensemble du plumage, ce film protecteur est irradié par les rayons du soleil et ainsi transformé en vitamine D qui sera ingérée par l'oiseau lorsqu'il lustrera ses plumes ou bien absorbée directement par la peau. Ce sont les espèces aquatiques, en contact presque permanent avec l'eau, qui ont les glandes les plus développées ; une exception, toutefois : les cormorans sont obligés de se sécher au soleil, les ailes grandes ouvertes, après chaque plongée. Chez les hérons, le plumage est entretenu grâce à une poudre blanchâtre produite par la désagrégation du duvet.
Le plumage représente, en moyenne, une masse non négligeable. Chez les mésanges, son poids atteint environ 12 % du poids total, soit 1,4 g pour un individu de 12 g.

Ci-contre : vanneau huppé se baignant. Le gonflement du plumage permet à l'oiseau de bien faire pénétrer l'eau entre les plumes.

Au centre : canard colvert mâle adulte en plumage d'éclipse. Les colverts, comme toutes les espèces de canards, perdent en une quinzaine de jours toutes leurs plumes voilières, ce qui les prive pendant plusieurs semaines de leur capacité de voler. Les mâles quittent alors leur somptueux plumage de noces pour une livrée qui ressemble à celle des femelles : il s'agit du plumage d'éclipse.

En bas, à gauche : canard colvert mâle.

En bas, à droite : canard colvert femelle.

Ci-contre : chouette harfang mâle. Le plumage blanc de cette espèce lui permet de se camoufler à merveille dans les paysages enneigés du nord de l'Europe. Comme les mouettes, les goélands, les sternes ou les spatules, ce rapace nocturne possède des plumes dont les barbes réfléchissent pratiquement toutes les radiations de la lumière, ce qui explique l'absence de coloration de sa livrée.

Au centre : grand gravelot.

Ci-dessous : faisan de colchide femelle.

Deux particularités font passer inaperçues ces espèces dans leur environnement ; l'une est fondée sur la rupture des formes des oiseaux par des artifices géométriques du plumage qui créent ainsi des illusions optiques : les barres noires de la tête du gravelot brisent sa silhouette, alors que le dessous blanc inverse les effets de l'ombre ; l'autre s'appuie sur la reconstitution plus ou moins fidèle des couleurs du décor (homochromie) où vit l'animal (poule faisane, chouette harfang...).

La plume

C'est le paléontologiste allemand Hermann von Meyer qui examina le premier spécimen d'archéoptéryx. Remarquablement bien conservé, ce fossile permit au scientifique de découvrir des traces de plumes qui lui donnèrent l'idée d'appeler cet animal « plumes très anciennes » ! Il y a donc plusieurs milliers d'années, les écailles de certains reptiles se sont progressivement développées en une structure épidermique « morte », puisque isolée du circuit sanguin après la pousse : la plume.

Élément constitutif du plumage, la plume allie légèreté, résistance et souplesse. Elle est formée d'une tige centrale (la hampe) dont la partie inférieure (le calamus) est creuse et implantée dans la peau, alors que la partie supérieure (le rachis) est pleine. De part et d'autre de la hampe se trouvent les vexilles internes et externes, formées d'un grand nombre de tiges parallèles (les barbes) qui, elles-mêmes, en supportent de minuscules (les barbules). Les barbules sont munies de crochets leur permettant de s'accrocher les unes aux autres. On peut comparer la structure du plumage à celle d'un toit car les plumes sont disposées de la même façon que les tuiles.

Les plumes se divisent en trois grandes catégories qui ont des fonctions différentes et sont adaptées à la morphologie de l'oiseau, à son mode de vie — aérien, terrestre ou aquatique — et à son milieu — plaine, littoral ou montagne.

• **Les pennes.** Ce sont les plus grandes des plumes et elles sont très bien adaptées au vol. Elles sont situées soit sur les dernières vertèbres de la queue — ce sont les rectrices —, soit sur les membres antérieurs — ce sont les rémiges. Chez les rapaces diurnes comme les aigles et les vautours, les rémiges sont digitées (c'est-à-dire écartées) à l'extrémité des ailes, ce qui permet à ces grands voiliers de se jouer des turbulences lorsqu'ils planent dans les ascendances.

• **Les plumes de contour ou tectrices.** Courtes et de forme arrondie, elles habillent l'oiseau et lui donnent sa silhouette. Leur nombre varie suivant les espèces : de 1 000 à 3 000 chez les passereaux, de 2 000 à 2 500 chez les tourterelles, jusqu'à 12 000 chez les canards car leur vie aquatique les oblige à protéger leur organisme par une véritable « combinaison de plongée » très imperméable.

• **Les plumes de duvet.** Elles ont un rachis extrêmement court et sont situées entre les plumes de contour et la peau. Le plumage des chouettes et des hiboux est duveteux et, comme chez la plupart des rapaces nocturnes, sa structure originale permet d'assurer le silence du vol grâce à deux particularités : d'une part, les prolongements très fins des barbules suppriment les bruits dus aux frottements de l'air (ce sont ces mêmes prolongements qui confèrent aux plumes leur touché velouté) ; d'autre part, la structure en peigne du bord d'attaque des premières rémiges primaires amortit les bruits liés aux battements des ailes.

Hormis ces types fondamentaux, il existe d'autres productions cornées comme les semi-plumes, intermédiaires entre le duvet et les plumes de contour, ou les filoplumes qui se réduisent à une fine tige dont l'extrémité est, en fait, un vestige de barbe ; celles-ci offrent une grande variété de formes et de couleurs.

La mue

Au cours de l'année, le plumage subit diverses détériorations malgré les soins que lui apporte l'oiseau. Le but de la mue est de remplacer un plumage usé par un nouveau. Ce phénomène a lieu en principe une fois par an ; en été, et chez certaines espèces, il existe une mue partielle. La mue est provoquée par des modifications physiologiques (sécrétions hormonales) et s'accomplit suivant un ordre précis pour chaque espèce ou groupe d'espèces.

Le début de la mue est marqué par l'apparition de nouvelles plumes encore enveloppées dans un tuyau protecteur irrigué de sang. Pendant cette période critique, l'oiseau est obligé d'être discret car ses facultés voilières sont considérablement amoindries ; chez les canards, elles sont même complètement annihilées car toutes leurs rémiges tombent en même temps.

En règle générale, les adultes perdent leurs plumes — totalement ou partiellement — après la saison de reproduction. Les migrateurs au long cours comme les hirondelles doivent impérativement disposer de toutes leurs capacités de vol pour entreprendre leur voyage, aussi les rémiges et les rectrices sont-elles renouvelées juste avant le départ ; les tectrices (plumes non voilières) ne le sont que sur les lieux d'hivernage.

Les jeunes oiseaux nés dans l'année quittent rapidement leur plumage juvénile pour prendre celui d'immature, en principe au début de l'automne. Leur mue est complète ou partielle ; dans ce cas, les pennes et les couvertures primaires subsistent. Ces plumes anciennes sont facilement reconnaissables grâce à leur teinte plus claire et à leur usure prononcée due à une texture plus lâche. Lorsque l'oiseau est jeune, on peut donc donner un âge aux différents stades de son plumage, mais pas à l'oiseau lui-même car le passage à l'âge adulte varie suivant les espèces : à 1 an chez le rouge-gorge, à 4 ans chez le goéland. Lorsque l'oiseau est adulte, on ne peut connaître son âge.

Ci-contre : mouette rieuse en plumage immature de premier hiver. Toutes les plumes du corps (tectrices) du plumage juvénile porté par l'oiseau plusieurs mois après sa naissance muent de juillet à décembre ; seules les plumes brunes des ailes sont conservées. La couleur terne du bec et des pattes est aussi caractéristique.

Au centre : mouette rieuse en plumage immature de premier printemps-été. Ce type de plumage est pratiquement identique à celui de l'adulte, excepté les plumes des ailes, non muées, qui sont brunes et présentent un état d'usure très avancé.

En bas, à gauche : mouette rieuse en plumage nuptial. De janvier à mars, la mouette rieuse, alors en plumage hivernal (tête blanche et tache sombre sur les joues), mue ses plumes de contour, laissant apparaître un capuchon brun-chocolat.

En bas, à droite : mouette rieuse adulte en plumage de fin d'été. Cet oiseau est en train de muer ses plumes de contour, faisant ainsi disparaître progressivement le capuchon brun-chocolat caractéristique de la livrée nuptiale. La mue est plus ou moins précoce suivant les individus car elle dépend de leur évolution hormonale.

La coloration

Si le comportement des mammifères est essentiellement fondé sur des perceptions olfactives, en revanche, celui des oiseaux dépend principalement des perceptions visuelles. Ainsi, la communication entre les individus d'une population s'effectue grâce à des messages visuels.

● **A la saison des amours,** les mâles de nombreuses espèces sont parés d'atours d'une grande beauté mais qui ne durent que le temps des noces, disparaissant dès la fin de l'été. Pendant les parades nuptiales, les aigrettes garzettes laissent ainsi admirer les longues plumes immaculées qui ornent leur dos, leur gorge et leur nuque ; c'est aussi le moment où l'on découvre le « capuchon » brun chocolat des mouettes rieuses et les larges « oreilles » rousses des grèbes huppés.

D'autres espèces ont une livrée moins spectaculaire, comme le moineau domestique ou le bruant des roseaux. L'apparition du plumage printanier n'est pas due alors à une mue mais à l'usure des plumes. Ainsi, chez le bruant, les bords brun, roux et crème des plumes de la tête et de la gorge dissimulent le noir profond de leur centre ; plus on approche de l'époque de reproduction, plus le « capuchon » foncé apparaît du fait de l'usure progressive de la frange colorée des téguments.

Ci-dessus : canard colvert mâle.

Les oiseaux présentent des parures d'une grande beauté, uniques dans le monde animal. Paradoxalement, ces livrées magnifiques sont issues d'un nombre limité de pigments chimiques, de surcroît simples, mais qui interviennent dans des structures extrêmement complexes.

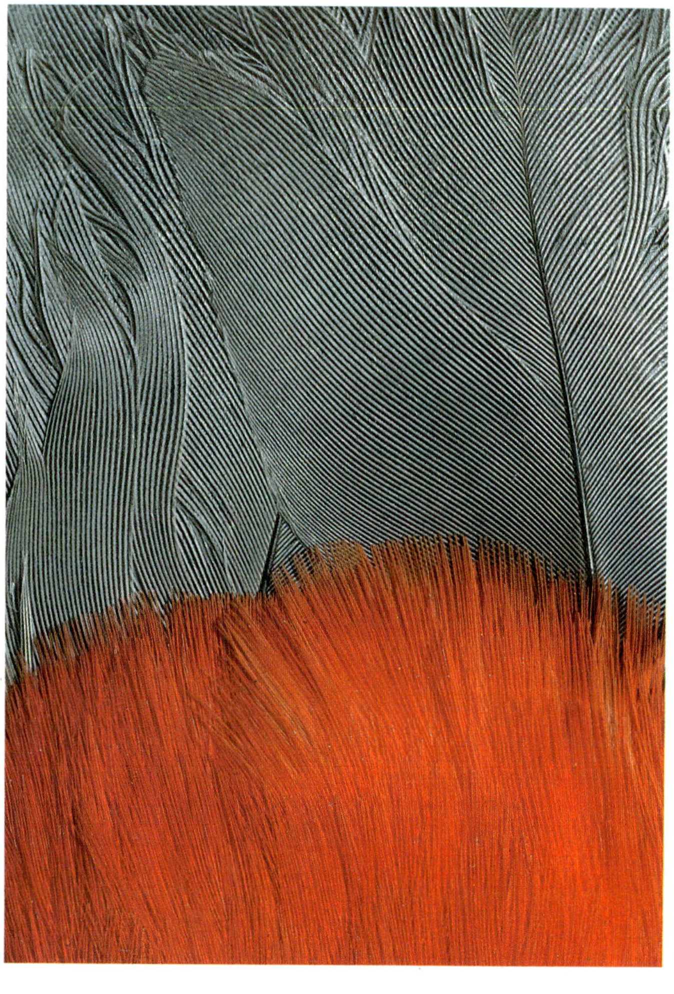

• **Lors des comportements de menace,** les oiseaux mettent en évidence des plages colorées de leur plumage ou bien ébouriffent et hérissent certaines plumes, indiquant ainsi le degré de leur agressivité : face à un congénère, le rouge-gorge gonflera sa poitrine orangée alors que le cygne relèvera ses ailes en arc de cercle au-dessus du dos tout en repliant le cou vers l'arrière.

Ces manifestations d'amour ou d'agressivité montrent bien la faculté des oiseaux à percevoir le spectre des couleurs, phénomène unique dans le monde animal. Les oiseaux sont également les seuls animaux à présenter un éventail aussi large de coloris, hormis quelques papillons et quelques poissons exotiques. On peut d'ailleurs se demander pourquoi les espèces des régions tempérées ne sont pas aussi brillamment parées que celles des pays tropicaux. L'avifaune européenne comporte bien des oiseaux spectaculaires comme le guêpier, le rollier, le martin-pêcheur ou le faisan, mais ils sont l'exception. Quatre hypothèses peuvent être avancées pour expliquer cette « injustice ».

Ci-dessus : rouge-gorge.

Le plumage assure deux fonctions essentielles qui peuvent sembler contradictoires : l'une met l'oiseau en valeur, l'autre le soustrait aux prédateurs. Alors que les mâles sont, dans de nombreuses espèces, richement parés, surtout au printemps durant la période des amours, les femelles ont souvent des livrées beaucoup plus modestes qui les dissimulent lorsque, immobiles sur le nid, elles protègent leur couvée.

Tout d'abord, la vie des oiseaux est plus facile sous l'équateur et les tropiques : disponibilité de la nourriture tout au long du cycle annuel et conditions climatiques favorables permettraient aux oiseaux d'accroître leur métabolisme et de dépenser leur surplus d'énergie dans la fabrication de plumes chatoyantes.

En outre, la forte humidité de ces milieux provoquerait une production inhabituelle de mélanine, pigment qui est notamment à la base des reflets métalliques du cou des faisans de colchide.

Ensuite, si ces parures magnifiques passent inaperçues dans les forêts primaires où la végétation multicolore banalise ces habits d'or, de cuivre, d'émeraude et de rubis, elles seraient, en revanche, extrêmement voyantes dans les champs et les taillis du Vieux Continent, facilitant ainsi la tâche des prédateurs.

Enfin, le faible pouvoir calorifique de ce type de plumage rendrait la vie difficile à ces oiseaux à maintenir constante la température de leur corps.

Ci-dessus : cygne tuberculé.

Ci-contre et en bas : les parures ornementales des oiseaux (huppe, longue queue multicolore, aigrette, plage chatoyante du corps...) servent non seulement pour attirer l'attention des femelles, mais également pour tenir à distance des mâles rivaux quand l'individu défend son territoire.

Page de droite
Au centre et à l'extrême droite, en haut : l'aspect laqué ou terne d'une livrée dépend de la façon dont sont implantées les plumes sur le corps : ainsi, les plumages brillants ont des plumes qui reposent sur leur plat, tandis que les effets veloutés sont provoqués par de courtes plumes implantées perpendiculairement au corps ; quant à l'aspect soyeux ou filamenteux de certaines livrées, c'est la disposition particulière des éléments constitutifs de la plume qui le détermine.

Le mécanisme de la coloration

La coloration du plumage dépend de mécanismes relativement simples lorsqu'ils sont chimiques — c'est la coloration pigmentaire — ou très complexes lorsqu'ils sont physiques — ce sont les colorations par interférence et par diffusion de la lumière.

• **La coloration pigmentaire.** Le noir, le gris, le brun et le beige, ainsi que tous leurs intermédiaires, sont produits par un groupe de pigments appelés mélanines. Le jaune, le rouge et leurs valeurs intermédiaires sont issus du groupe des caroténoïdes. Ces corps chimiques absorbent une fraction des rayons lumineux incidents, filtrent la lumière et ne réfléchissent qu'une partie des couleurs ; celle-ci est alors transformée suivant la nature du pigment et la qualité de l'absorption.
Ces deux grandes familles de pigments donnent leurs couleurs aux plumes mais aussi aux pattes, au bec et aux parties dénudées du corps : rouge vermillon de la peau des joues du faisan ou jaune de la « cire » des narines de certains rapaces diurnes.

• **La coloration par interférence de la lumière.** Les corbeaux, les étourneaux, les hirondelles de fenêtre, les hirondelles rustique ou certains canards arborent une livrée caractérisée par des reflets métalliques, parfois sur une partie seulement du plumage : miroir des ailes chez le canard colvert, plage irisée du cou chez le pigeon ramier et le pigeon colombin ou encore la queue chez la pie bavarde. Cette coloration dont la pureté et l'éclat sont remarquables n'est pas produite par les pigments classiques mais par un phénomène physique engendré par la structure des barbules des plumes. Les barbules sont, en effet, formées d'une dizaine de couches superposées de grains de mélanine entre lesquels s'intercallent des bulles d'air et de la kératine (corne). Quand la lumière traverse ce « millefeuille » microscopique, elle est réfléchie et décomposée, donnant des coloris verts, bleus, dorés ou rouges, suivant l'épaisseur et la structure des couches traversées.

L'originalité de cette coloration par interférence optique réside aussi dans le fait qu'elle varie suivant l'angle d'incidence de la lumière sur le plumage : par exemple, les irisations des corbeaux freux ou des corneilles noires peuvent leur donner un aspect bleuté à un moment et noir à un autre. Ces variations d'irisation ne se produisent pas lorsque la coloration est due à la pigmentation ou à la diffusion de la lumière.

• **La coloration par diffusion de la lumière.** Les livrées en partie bleues des guêpiers d'Europe et des martins-pêcheurs sont provoquées par un phénomène physique car il n'existe pas de pigment de cette couleur. Ici, la coloration est due à la réflexion de la lumière sur les barbes des plumes, et non sur les barbules comme dans le phénomène précédent : les barbes absorbent les radiations rouges de la lumière et réfléchissent les bleues ; la disposition des nombreux éléments qui composent les barbes en modifient la couleur et l'éclat. Les teintes vertes sont obtenues suivant le même processus : les radiations bleues sont bien réfléchies mais après avoir été filtrées par des pigments jaunes situés sur les couches de kératine qui les transforment en vert.

En haut, à gauche : martin-pêcheur. Le plumage de cette espèce présente des couleurs d'origine physique (bleu, vert) sur les parties supérieures du corps et d'origine pigmentaire (orange) sur la face inférieure.

En bas, à gauche : les couleurs bleues des oiseaux sont toujours d'origine physique. Elles proviennent de la structure particulière des barbes des plumes qui réfléchissent uniquement les radiations bleues de la lumière, alors que les autres radiations sont absorbées par des grains de mélanine (pigment).

En bas, à droite : pigeon colombin. Les irisations du cou des pigeons (ramier, biset...) résultent d'interférences lumineuses qui créent des effets identiques à ceux des couleurs d'arc-en-ciel que l'on peut voir dans une flaque d'eau polluée par un hydrocarbure.

Pélicans blancs. Les pélicans sont les seuls oiseaux à voler de front avec des battements d'ailes synchronisés. Quand le leader fixe ses ailes dans un long plané, les oiseaux suivants en font de même.

LE VOL

Merveilleux outil pour voler, le plumage a permis à l'oiseau de conquérir l'espace aérien et de fréquenter tous les milieux, naturels ou modifiés par l'homme. Les caractéristiques aérodynamiques des oiseaux varient en fonction de leur mode de vie qui, souvent, est lui-même déterminé par leurs techniques de recherche de la nourriture.

Le vol battu

Le vol battu ou ramé est actif : l'oiseau bat régulièrement des ailes afin de prendre appui sur l'air, de la même façon qu'une rame s'appuie sur l'eau. Les battements permettent la sustentation et la propulsion, et l'oiseau règle sa vitesse en modifiant le nombre des battements. Il existe trois principales variantes de ce type de vol :

- Les espèces qui possèdent une grande envergure, proportionnelle à la longueur de leur corps, ont les ailes arrondies, légèrement incurvées et digitées à leur extrémité, permettant une grande manœuvrabilité. Le vol des corbeaux, des chouettes, de certains pigeons, des geais, des tichodromes, est relativement lent, avec des battements d'ailes peu rapides, mais leurs décollages sont souvent brusques. Ce type de vol ne permet pas de soutenir l'oiseau sur de longues distances. Les pics, par exemple, ont un vol caractéristique qu'ils ne maintiennent que sur quelques centaines de mètres : ils font alterner des séries de battements énergiques et des plongeons, ce qui fait onduler leur progression.
- Les espèces qui ont des ailes longues et étroites se terminant en pointe maîtrisent parfaitement l'espace aérien. Les canards, les petits échassiers, les martinets, les faucons se déplacent à grande vitesse et sur de très longs trajets, mais la portance réduite de leurs ailes ne leur permet pas d'évoluer à faible vitesse, ce qui les oblige à maintenir une allure minimale pour éviter le décrochement.
- Les espèces qui utilisent principalement le vol plané donnent quelques coups d'ailes pour relancer leur progression ; c'est le cas des buses, des vautours, des aigles.

Le vol plané

Qu'elles soient terrestres — comme les cigognes et certains rapaces — ou aquatiques — comme les goélands et les pélicans —, beaucoup d'espèces ont adopté le vol à voile pour se déplacer, se laissant porter par l'air.

Les oiseaux planeurs exploitent au mieux les vents les plus violents ou les ascendances thermiques, et peuvent progresser et gagner de l'altitude même face à un vent debout. Pour avancer, ils plongent en déchirant le courant, pour remonter à la verticale, ils s'appuient sur le vent en plané stationnaire. Employant alternativement les deux techniques, le chocard et le goéland adoptent ainsi une trajectoire en dents de scie. On pourrait penser que le vol plané est une technique économique sur le plan énergétique, mais il n'en est rien car la résistance musculaire opposée à la violence des bourrasques demande de gros efforts même s'il n'y a pas de battements d'ailes. Toutefois, par temps calme, les longues glissades et les prises d'ascendances s'effectuent sans mal.

Espèce	Vitesse en km/h	Poids en g	Type de vol	Type d'ailes
Faucon pèlerin	63-290	1 200	Battu-plané	Étroites
Martinet noir	61-97	40	Battu-plané	Étroites
Canard colvert	74-96	1 300	Battu	Étroites
Hirondelle rustique	97	17	Battu-plané	Étroites
Étourneau sansonnet	37-78	78	Battu-plané	Larges
Tourterelle des bois	61-72	160	Battu	Larges
Pigeon ramier	72	500	Battu	Larges
Corbeau freux	52-72	240	Battu-plané	Larges
Bergeronnette printanière	46-48	23	Battu	Larges
Pinson des arbres	34-46	23	Battu	Larges
Épervier	41	200	Battu-plané	Larges

En haut : cormoran en vol battu.

Ci-dessus, à gauche : hirondelle de fenêtre prenant son envol à la sortie du nid.

Ci-dessus, à droite : fou de Bassan immature. L'oiseau fait précéder le plongeon dans l'eau d'un vol de placement. Comme chez la plupart des espèces pélagiques ou littorales qui arborent un plumage blanc, le fou a des ailes gantées de noir car les rémiges foncées contiennent un pigment qui les protège de l'usure.

MIGRATEURS NOCTURNES

Les migrateurs au long cours

L'arrivée en Europe des migrateurs au long cours s'échelonne de mars à juin et leur départ de juillet à octobre. En principe, ces périodes et les moments culminants du passage des oiseaux sont stables en un lieu donné et d'une année à l'autre.

Cette remarquable régularité est en partie la conséquence d'un régime alimentaire très spécialisé. En effet, les migrateurs sont presque tous insectivores ; or, dans les régions tempérées, les insectes ont un cycle de vie qui dépend étroitement des saisons et ils ne sont abondants et actifs qu'à l'apparition des beaux jours. Lorsque les insectes viennent à disparaître, les oiseaux qui ne se nourrissent de rien d'autre sont contraints de quitter l'Europe pour aller chercher leur nourriture en Afrique. Des espèces très prudentes, comme le martinet, commencent très tôt leur voyage, à un moment où les proies sont encore abondantes. Ces départs anticipés sont toutefois justifiés car les ressources alimentaires peuvent diminuer brusquement. Cela montre bien que le manque de nourriture n'est pas le facteur déclencheur du départ, même s'il en est l'une des raisons. Un départ à date fixe ne s'explique que par l'intervention d'un mécanisme interne régulant le rythme biologique de l'individu, phénomène qui, aujourd'hui, reste en partie inexpliqué.

Les migrateurs au long cours réalisent en général des vols quotidiens de plusieurs centaines de kilomètres (de 600 km à 700 km). Ils survolent même le Sahara d'une seule traite, effectuant ainsi une étape d'environ 2 000 km. Ils franchissent les plus hautes montagnes en utilisant au mieux le vol en altitude où les températures et les vents sont plus favorables, particulièrement la nuit. En effet, la température plus fraîche en altitude et la nuit permet à l'organisme de compenser l'effort musculaire intense fourni pendant des heures d'affilée : l'organisme peut se refroidir et éviter de trop grandes pertes d'eau ; le jour est alors consacré au repos et à l'alimentation. La nourriture absorbée pendant les haltes migratoires reconstitue les réserves de graisse dont la combustion libère l'énergie nécessaire au vol.

Les migrateurs partiels

Les oiseaux du nord et de l'est de l'Europe arrivent dans nos régions en février et en mars, et en repartent de la fin du mois de septembre au début du mois de novembre. En automne, les migrateurs partiels commencent leurs déplacements lorsque ceux des migrateurs au long cours diminuent. Les passages des deux types de migrateurs sont bien différents dans leur déroulement et leur structure. En effet, chez les migrateurs partiels, le nombre des passages est moins constant d'une année à l'autre en un lieu donné, l'apogée et la fin de la migration varient plus, les mouvements s'effectuent par vagues, contrairement au flot régulier des migrateurs transsahariens.

Ces comportements s'expliquent aussi par les habitudes alimentaires des différentes espèces. La plupart d'entre elles ont une nourriture essentiellement végétale ; or, même si les ressources végétales subissent des fluctuations locales, elles ne risquent pas de disparaître brusquement sur de grandes surfaces comme les ressources animales.

Le calendrier migratoire de ces espèces est donc souple et irrégulier car il est déterminé en grande partie par l'abondance de la nourriture et les conditions climatiques qui varient suivant les années. Les migrateurs partiels ont deux principales destinations :

- le sud de l'Europe pour les éperviers, les pinsons ou les linottes, qui l'atteignent en une série d'étapes diurnes, alors que les alouettes gagnent ces régions de jour comme de nuit ;
- les pays côtiers du sud de la Méditerranée, du Maroc à la Libye, sont visités par des migrateurs nocturnes — rouges-gorges, rouges-queues noirs, chevaliers gambettes —, par des migrateurs diurnes — hirondelles de rochers, pigeons ramiers, faucons crécerelles — et par les étourneaux, qui voyagent indifféremment de jour et de nuit.

1. Rouge-gorge : migrateur nocturne partiel.
2. Sarcelle d'été : migrateur nocturne au long cours.
3. Traquet motteux : migrateur nocturne au long cours.
4. Chevalier guignette : migrateur nocturne et diurne, partiel et au long cours.
5. Pie-grièche écorcheur : migrateur nocturne au long cours.
6. Martinet noir : migrateur diurne et nocturne au long cours.

MIGRATEURS DIURNES

7. Mésange noire : migrateur diurne partiel.
8. Hirondelle rustique : migrateur diurne au long cours.
9. Cigogne blanche : migrateur diurne au long cours.
10. Milan noir : migrateur diurne au long cours.
11. Sterne arctique : migrateur diurne au long cours.

En haut, à droite : pinson des arbres chantant. Tous les pinsons ont un chant construit sur la même structure, mais chaque individu y apporte de petites variations. En dehors de ces modifications individuelles, il existe aussi des accents locaux ; ces dialectes sont dus à l'utilisation d'un thème spécifique que l'on trouve uniquement dans certaines régions. Le jeune pinson doit entendre la voix d'autres mâles pour développer la sienne et ce n'est qu'après plusieurs saisons que son chant atteint sa plénitude.

Les émissions vocales, au sens large du terme, fournissent de nombreux renseignements sur l'identité des individus, leur position sociale, leur état psychique... On distingue deux types de signaux sonores : les chants et les cris. Le chant n'est, en fait, que l'un des aspects des divers moyens de communication utilisés par les oiseaux en période de reproduction. Composé d'une succession complexe de notes émises sur un tempo variable, il a pour fonctions essentielles de signaler la présence d'un mâle propriétaire sur un territoire, d'éloigner les rivaux potentiels et d'attirer un conjoint. En revanche, les cris se remarquent par leur brièveté et remplissent les autres fonctions de communication. Une espèce possède un répertoire d'environ douze catégories de cris : alarme, contact, apaisement...

Le territoire

Le territoire qu'un oiseau établit dans un secteur d'habitat est constitué par toute une surface défendue par un individu à un moment donné. Il peut s'agir d'une partie de forêt dans le cas des buses et des pics, d'un secteur d'une roselière inondée chez les butors ou les rousserolles, d'un buisson pour les fauvettes ou les bruants. Chaque mâle montre alors par des comportements sonores et visuels qu'il vient de prendre possession d'une portion de terrain. Au début, celle-ci est déterminée assez grossièrement, puis elle s'amenuise petit à petit au fur et à mesure que d'autres couples de la même espèce s'installent à proximité.

L'acquisition et la défense d'une surface précise donnent lieu à des compétitions qui ont pour objet de garantir à chaque couple nicheur assez de place et de nourriture pour mener à bien sa nichée. Ces compétitions ont en principe lieu au sein d'une même espèce, mais, pour les oiseaux cavernicoles, la pénurie de cavités est telle dans certaines localités qu'elle augmente les situations de conflit. Il n'est pas rare de voir un étourneau déloger de son trou un pic épeiche, ou un moineau prendre d'assaut un nid d'hirondelles. Les oiseaux de différentes espèces dont le régime alimentaire est très proche, comme les mésanges bleues et les mésanges charbonnières, se comportent comme s'ils appartenaient à la même espèce.

La répartition de secteurs précis pour la reproduction et l'alimentation est donc biologiquement indispensable et explique la distribution des espèces dans un secteur donné. La surface vitale pour chaque couple varie en fonction des espèces suivant que le territoire a uniquement un rôle de reproduction (chez les hirondelles), uniquement un rôle alimentaire (chez les foulques) ou bien les deux (chez les rouges-gorges). Lorsqu'il remplit ces deux fonctions, le territoire est — proportionnellement à la taille de l'espèce — plus grand que dans les deux autres situations, car le couple doit y assurer l'élevage complet des jeunes.

- La plupart des passereaux et des pics adoptent un territoire où ils effectuent toute la reproduction et où ils se nourrissent. En général, le mâle s'installe le premier, attire la femelle, puis le couple construit un nid et élève les jeunes.
- Les cygnes, les hirondelles, les grives litornes adoptent un territoire à seule fin de se reproduire et vont chercher la nourriture dans des zones extérieures exploitées par plusieurs couples.
- Mâle et femelle coucou ont chacun leur territoire : celui du mâle a une signification purement sexuelle alors que celui de la femelle sert exclusivement à la reproduction ; le couple se nourrit en dehors de ces zones.
- Le territoire des tétras et celui des chevaliers combattants ont une fonction quelque peu réduite puisqu'ils servent seulement de terrains de parades collectives où les femelles viennent se faire féconder. Celles-ci s'occupent ensuite seule de la nichée.

D'autres facteurs déterminent aussi la surface d'un territoire. En principe, les oiseaux granivores occupent des territoires plus petits que les oiseaux insectivores de taille comparable. Certaines espèces ont un tempérament plus agressif que d'autres : alors que la grive draine a besoin de 150 km^2 et le rouge-gorge de 6 km^2, le pouillot fitis se contente de 1,500 km^2 et le merle noir de 1,200 km^2. De leur côté, les torcols et les rouges-queues s'opposent à ce qu'un autre oiseau s'installe près de leur nid, quelle que soit son espèce.

En hiver, les rouges-gorges et les bergeronnettes grises défendent un territoire qu'ils garderont au printemps. La notion de territoire peut revêtir une signification éthologique précise : dans un dortoir, par exemple, chaque oiseau occupe une portion de branche dont les limites sont fixées par la portée de son bec.

Le couple

Le rôle de la parade nuptiale est de faciliter la rencontre entre deux oiseaux de sexe différent et de faire coïncider leurs cycles de reproduction. Les parades sont, en fait, une succession de gestes manifestant agressivité et sociabilité.

- **Les manifestations acoustiques.** Le vocabulaire sonore est utilisé par le mâle pour défendre son territoire et attirer les femelles. C'est pour cette raison que, chez les migrateurs au long cours, les mâles reviennent les premiers sur les sites de nidification, invitant ensuite les femelles à pénétrer sur leur territoire.

Les émissions vocales sont produites tout au long de la saison de reproduction, avec un arrêt au cœur de l'été et un regain d'activité en septembre. Certains oiseaux comme les rossignols et les locustelles chantent aussi bien la nuit que le jour, mais la plupart commencent avant l'aube, s'arrêtent au cours de la matinée dans l'ordre où ils ont commencé et reprennent en fin d'après-midi.

Outre les sons émis par l'organe du chant, la syrinx, diverses manifestations acoustiques sont produites comme stimuli sexuels : claquements d'ailes des pigeons au cours de leur vol nuptial, craquètement des cigognes obtenu par le heurt des mandibules l'une contre l'autre, tambourinage des pics sur les troncs amplifié par la résonance du bois.

● **Les manifestations visuelles.** Elles ont deux aspects : les comportements au sol et les comportements aériens. Dans le premier cas, les mâles prennent des attitudes ou font des mouvements qui mettent en valeur les taches colorées de leur plumage. Le moineau domestique, par exemple, dont la livrée est peu brillante, présente la plage noire de sa gorge qui tranche sur le crème de sa poitrine. Dans le second cas, les oiseaux réalisent des figures souvent accompagnées d'émissions vocales : plongeons vertigineux, planés et violentes ressources sont caractéristiques des vanneaux, des faucons, des martinets.

Quand deux partenaires sont en présence, les liens se forment aussi à l'aide d'une série de comportements où le bec intervient. D'habitude utilisé à des fins agressives, au moment de la parade cet organe est détourné de son rôle afin d'inhiber les craintes du partenaire. Les frottements mutuels du bec sont utilisés par les chouettes effraies, les corbeaux freux, les gros-becs.

Une fois la parade terminée, la femelle accepte ou refuse les avances du mâle. Quelles sont alors les motivations de son choix ? Le talent vocal du séducteur ou bien la beauté des couleurs de son plumage ? La femelle se détermine en fonction de divers critères, variables suivant les espèces : habileté du mâle à construire un nid, qualité de son chant dont la maîtrise n'est obtenue qu'après plusieurs années d'entraînement (pinsons, troglodytes), pugnacité dans le combat (tétras).

Après la formation du couple, le laps de temps qui s'écoule jusqu'au moment de l'union physique est très variable. Il peut être long : un an chez les choucas ! En effet, la formation du couple a lieu au printemps qui suit la naissance des partenaires, et, comme ils n'atteignent leur maturité sexuelle qu'à 2 ans, ils restent ensemble dans l'intervalle.

En général, les oiseaux des espèces sédentaires s'apparient pendant l'hiver qui suit leur naissance puis se cantonnent dans un territoire. Le mâle choisit alors un emplacement pour le nid qui sera aménagé longtemps avant l'accouplement : plusieurs semaines chez les mésanges, plusieurs mois chez les étourneaux. Les rouges-gorges reviennent de leurs quartiers d'hiver dès le mois de février, ce qui leur permet d'étaler leurs comportement nuptiaux sur une plus longue période que les grands migrateurs.

Chez les migrateurs au long cours, les fauvettes par exemple, l'accouplement a souvent lieu moins d'une semaine après la formation du couple.

La durée de l'union d'un mâle et d'une femelle varie considérablement suivant les espèces : juste le temps de la reproduction ou, parfois, toute la vie. On a pu déterminer quatre grands types de relations.

● **La monogamie temporaire.** Le couple reste uni pendant une saison et assume en commun l'élevage de la nichée ou des nichées. Quelquefois, les partenaires changent de conjoint au cours d'une même saison, entre la première et la deuxième nichée, car l'un des oiseaux continue à s'occuper des jeunes après leur envol. C'est le cas de la plupart des petits passereaux et de bien d'autres espèces comme le grèbe castagneux.

● **La monogamie à vie.** Ce type de « mariage » évite de répéter chaque année les parades nuptiales, permettant ainsi aux oiseaux de se reproduire plus tôt. Les couples « fidèles » réussissent à élever plus de descendants que les couples nouvellement constitués : un ancien couple de cigognes produit, en moyenne, 2,2 jeunes à l'envol, au lieu de 1,6 jeune pour un couple novice. Le célèbre éthologiste allemand Konrad Lorenz a longuement analysé les comportements sociaux des choucas, espèce où il n'existe pas de « divorces ». D'après Lorenz, la monogamie à vie serait le fait d'oiseaux ayant une grande longévité, bénéficiant d'une espérance de vie supérieure à 5 ans et dont le taux annuel de mortalité est très inférieur à celui de certains petits passereaux.

● **La polygamie régulière.** Chez les coucous, l'union des partenaires ne dure que le temps de la copulation. En dehors de cette brève rencontre, les oiseaux vivent séparés. En revanche, chez les faisans, le mâle a de fréquents contacts avec son harem.

● **La polygamie occasionnelle.** Chez les troglodytes, cette pratique nuptiale n'est effective que dans les sites où les conditions sont optimales : alimentation suffisante, densité des femelles favorable. N'oublions pas qu'« une femelle a plus de chances d'élever sa nichée sur le territoire d'un mâle dominant établi dans un milieu favorable, en partageant celui-ci avec d'autres femelles, que seule, avec un mâle dominé installé dans un habitat peu favorable ».

Ci-dessous : accouplement de guêpiers d'Europe. Outre l'activité hormonale des oiseaux, ce sont les parades nuptiales qui, chez les femelles, augmentent leur réceptivité à la copulation et qui déclenchent en partie des transformations physiologiques comme l'ovulation.

Ci-contre : poussin de hibou grand-duc. Semi-nidicoles, les petits ont des traits communs aux poussins nidifuges (duvet, yeux ouverts à la naissance) et aux poussins nidicoles (long séjour au nid, dépendance parentale).

Ci-dessus : poussins de mésanges charbonnières. Les oisillons nidicoles naissent après une période d'incubation très courte (13-15 jours pour la « charbonnière ») et à un stade pratiquement larvaire (yeux fermés, corps nu) nécessitant un long séjour dans le nid. Les nids de ces oiseaux sont complexes, formant des coupes profondes et confortables (protection contre les intempéries, chaleur). Les œufs des espèces nidicoles sont toujours plus petits que ceux des nidifuges de même taille car le développement de leurs poussins est moins avancé.

A droite : poussin de goéland argenté se cachant dans une pelouse à statices. Les nids de ces oiseaux sont sommaires, parfois inexistants.

Le nid

Le mécanisme déclencheur de la construction du nid est provoqué par des hormones sexuelles femelles, les œstrogènes, dont la production augmente avec l'allongement de la durée relative du jour ; ce mécanisme est aussi stimulé par la présence du mâle et par son comportement sexuel. La quantité importante d'œstrogènes dans le sang provoque aussi la chute des plumes du bas de la poitrine et du ventre de la femelle, laissant la peau nue. Cette région chaude et boursouflée par la forte irrigation sanguine permet à la femelle de réchauffer les œufs : c'est la plaque incubatrice.

Toutes les espèces d'oiseaux construisent des nids, plus ou moins élaborés suivant que les poussins à naître seront nidifuges — c'est-à-dire que leur séjour dans le nid sera très court — ou nidicoles — long séjour dans le nid. Les poussins nidifuges naissent couverts de duvet, ce qui leur permet de quitter rapidement le nid, mais les poussins nidicoles naissent nus et ont donc besoin d'un environnement calefeutré. A l'époque primitive, les oiseaux installaient leurs œufs à même le sol. Petit à petit, ils se mirent à creuser dans la terre de légères dépressions qu'ils apprirent à aménager avec des brindilles et des débris végétaux : c'était une première ébauche de nid. Après de nombreux tâtonnements, les oiseaux réussirent à construire des coupes sophistiquées, tissées et tapissées avec des matériaux fins, assurant ainsi la protection des oisillons.

Les œufs

Contrairement à ce qui se passe chez les mammifères, l'embryon de l'oiseau se développe à l'extérieur de l'organisme de la femelle, celle-ci conservant ainsi l'autonomie de vol dont elle a besoin pour se nourrir et échapper aux prédateurs.

L'époque de la ponte varie suivant l'espèce — sédentaire, migratrice partielle ou transsaharienne —, son origine — régions du nord ou du sud — et son habitat — en plaine ou en montagne. Beaucoup d'oiseaux ne pondent qu'une fois par an, certains effectuent deux ou trois pontes successives, comme les troglodytes et les hirondelles, d'autres nichent pratiquement toute l'année, comme les pigeons de ville.

En principe, les espèces sédentaires, qui ne sont pas liées à des impératifs migratoires, ont des pontes multiples. Quand une couvée est détruite, ce qui arrive assez souvent, bon nombre d'espèces en refont une, dite couvée de remplacement. Ce phénomène est connu depuis des temps très anciens, et l'homme l'a mis à profit chez la poule domestique et le canard en retirant les œufs au fur et à mesure que les femelles pondent ; une poule très prolifique peut ainsi produire 361 œufs en 365 jours !

Le nombre d'œufs de chaque ponte diffère d'une espèce à l'autre. Il dépend en partie de la taille de l'oiseau : les grands oiseaux pondent en général une petite quantité d'œufs (de 3 à 5 chez la cigogne), les petits un plus grand nombre (de 7 à 13 chez la mésange bleue). Chez une même espèce, d'une

année à l'autre apparaissent des différences quantitatives dues aux conditions climatiques particulières, comme les pluies de printemps. L'importance de la ponte varie aussi en fonction du nombre de jeunes qui peuvent être élevés par le couple, ce qui ne veut pas dire qu'une ponte importante aboutisse à l'envol de nombreux jeunes. C'est un problème très complexe sur lequel se penchent actuellement de nombreux spécialistes. Pour comprendre la démographie d'une population, il faut connaître et analyser des facteurs tels que l'altitude, le climat, l'insularité, l'origine des oiseaux. On a ainsi constaté que les mésanges bleues du nord de l'Europe pondent plus d'œufs que celles du Maghreb, mais ont une mortalité juvénile plus forte. Ce phénomène existe aussi chez les rouges-gorges : 6,3 œufs en moyenne par nichée en Finlande, 4,9 en Espagne, 3,5 aux îles Canaries.

La grosseur de l'œuf dépend du diamètre de l'oviducte par lequel il passe. Il n'est donc pas étonnant que le plus gros œuf pondu en Europe soit celui du cygne tuberculé, qui est l'oiseau le plus lourd de l'hémisphère Nord. La forme de l'œuf est, dans une certaine mesure, adaptée au type de nid de l'espèce. Chez les chouettes, qui sont cavernicoles, l'œuf est sphérique car il ne risque pas de tomber. Chez les pingouins, qui nichent sur les falaises, il est piriforme, ce qui l'empêche de rouler et de tomber dans la mer.
L'œuf provient de l'ovaire gauche car, chez la plupart des femelles, l'ovaire droit est atrophié, occasionnant ainsi un moindre poids. Lorsque la femelle est prête à pondre, les ovules contenus dans l'ovaire commencent à grossir les uns après les autres et forment les jaunes. Une fois leur croissance terminée, les ovules s'engagent dans l'oviducte où ils peuvent être fécondés, mais la ponte n'implique pas nécessairement une fécondation préalable. Les ovules vont mettre de 24 heures à 21 jours pour poursuivre leur développement dans l'oviducte et atteindre l'utérus où ils prennent alors leur aspect définitif. Le mécanisme de la formation de la coquille est le suivant : l'albumen, que l'on appelle le blanc, absorbe de l'eau et augmente de volume, ce qui tend les membranes résistantes qui l'enveloppent ; des sels minéraux vont venir se déposer sur ces membranes et former ainsi la coquille. La couleur et le vernis sont obtenus avant le passage de l'œuf dans le cloaque. Les pigments qui colorent la coquille proviennent d'une dégénérescence des globules rouges ; ils appartiennent à deux groupes chimiques : les porphyrines donnent les colorations rouges, brunes et noires ; les cyanines donnent les colorations vertes et bleues.

Les œufs de chaque espèce ont une coloration caractéristique, avec des variations individuelles non négligeables. Dans les endroits dégagés, ils ont des teintes cryptiques allant du jaune clair au brun, celles-ci jouant un rôle protecteur en camouflant les œufs par homochromie avec l'environnement immédiat du nid. En revanche, dans les sites assez sombres comme les haies et les buissons, les œufs présentent une dominante bleue. Ceux des espèces nichant dans des trous — pics, martinets — sont blancs car ils sont déjà à l'abri des prédateurs, et leur teinte claire facilite leur repérage par les oiseaux adultes. Cependant, la plupart des petits passereaux qui se reproduisent dans des cavités ont des œufs pointillés de roux, mais ces taches n'ont apparemment aucune signification particulière ; il semble que ce type de coloration soit un intermédiaire entre les œufs blancs et les œufs foncés ou très tachetés.
L'œuf pondu doit être maintenu à une température relativement élevée, sinon la croissance de l'embryon s'arrête. C'est ce qui explique que les oiseaux couvent les œufs. En principe, l'incubation débute au moment où le dernier œuf est pondu, assurant ainsi la synchronisation des éclosions. Toutefois, chez les espèces de grande taille comme les corbeaux et les rapaces, elle commence dès la ponte du premier œuf ; il en résulte un étalement des éclosions qui aboutit à la présence de jeunes d'âge différent. Ainsi, en cas de pénurie alimentaire, les oisillons nés les premiers accapareront toute la nourriture apportée par leurs parents et survivront au détriment de leurs frères et sœurs plus jeunes et donc moins forts.

Echelle 1/1

La reproduction du coucou gris est originale puisque le "couple" ne construit pas de nid et n'élève pas ses jeunes : lorsqu'une femelle de petit passereau (fauvette, accenteur...) est en train de pondre, la femelle coucou la fait fuir grâce à sa silhouette de rapace, se pose sur le nid, prend un œuf qu'elle exhibe pour faire croire à une prédation puis pond le sien en quelques secondes (souvent à côté du nid), sans que les parents hôtes s'en aperçoivent. La femelle coucou peut retarder la ponte de ses œufs en les gardant jusqu'à une journée dans son oviducte. Ce laps de temps correspond à une durée équivalente d'incubation et permet ainsi de réduire le décalage éventuel existant entre le début de la ponte de la femelle hôte et celui de l'œuf coucou. Certains individus semblent spécialisés pour parasiter une même espèce et la couleur des œufs pondus par le coucou est parfois proche de celle des œufs des parents hôtes. Des quatre exemples présentés ci-dessus, c'est le "coucou-fauvette orphée" qui est le plus ressemblant. En Europe, 125 espèces d'oiseaux peuvent être parasitées par le coucou gris. Dix heures après son éclosion, le poussin commence à éjecter ses faux "frères et soeurs" ou les œufs non éclos. Il se fait nourrir de 20 jours à 23 jours par ses parents adoptifs qui, plus petits que lui, montent sur son dos pour lui donner la becquée.

1. Œuf de coucou pondu dans un nid d'accenteur mouchet.
2. Œuf de coucou pondu dans un nid de troglodyte.
3. Œuf de coucou pondu dans un nid de fauvette orphée.
4. Œuf de coucou pondu dans un nid de rousserolle effarvatte.
1b. Œuf du couple hôte : accenteur mouchet.
2b. Œuf du couple hôte : troglodyte.
3b. Œuf du couple hôte : fauvette orphée.
4b. Œuf du couple hôte : rousserolle effarvate.

La femelle coucou pond, en principe, dans un nid de l'espèce qui l'a élevée. D'après plusieurs ornithologues, il existerait un phénomène de mimétisme qui éviterait à l'oeuf de l'espèce parasite d'être rejeté par le couple hôte. Si cela peut se révéler exact pour la fauvette orphée (3-3 b) et pour la rousserole effarvatte (4-4 b), la ressemblance n'est pas évidente pour l'accenteur mouchet (1-1 b) ni pour le troglodyte (2-2 b).

Généralement, la femelle assure l'essentiel de la couvaison, le mâle la nourrissant et la protégeant. La durée d'incubation est très variable ; elle est souvent proportionnelle à la taille de l'oiseau : 35 jours pour les cygnes, 30 jours pour les cigognes, de 16 à 18 jours pour les mésanges.
Avant sa sortie de l'œuf, l'oisillon arrivé à maturité établit un premier contact sonore avec ses parents en poussant de petits cris. Il va ensuite percer sa coquille grâce au diamant, éphémère organe dur situé à l'extrémité du bec, qui est animé par un puissant muscle de la nuque. En quelques heures, l'oisillon découpe une calotte du côté du gros bout de l'œuf et sépare la coquille en deux hémisphères aux bords réguliers. En séchant, les membranes qui tapissent la face interne de la coquille se replient sur les bords et forment un bourrelet qui se rabat vers l'intérieur. Les adultes emboîtent alors la petite partie de la coquille dans la grande et un seul voyage suffit pour débarrasser le nid de ses déchets.

ÉCHELLE 1/1

1. Goéland argenté. 2. Huîtrier pie. 3. Œdicnème criard. 4. Petit pingouin. 5. Bondrée apivore. 6. Épervier d'Europe. 7. Tétras lyre. 8. Perdrix rouge. 9. Faucon crécerelle. 10. Lagopède des Alpes. 11. Faucon pèlerin. 12. Aigle royal. 13. Buse variable. 14. Milan noir. 15. Guillemot de Troïl.

16. Corneille noire. 17. Chocard à bec jaune. 18. Choucas des tours. 19. Corbeau freux. 20. Huppe fasciée. 21. Coucou-geai. 22. Ganga cata. 23. Chevalier gambette. 24. Petit gravelot. 25. Gravelot à collier interrompu. 26. Bécassine des marais. 27. Chevalier guignette. 28. Vanneau huppé. 29. Poule d'eau. 30. Râle des genêts. 31. Râle d'eau. 32. Marouette ponctuée. 33. Engoulevent. 34. Echasse blanche. 35. Foulque macroule. 36. Mouette rieuse. 37. Sterne naine. 38. Sterne pierregarin. 39. Sterne caugek.

40. Pouillot siffleur. 41. Pouillot véloce. 42. Pouillot fitis. 43. Pouillot de Bonelli. 44. Troglodyte. 45. Roitelet huppé. 46. Roitelet triple-bandeau. 47. Sittelle torche-pot. 48. Grimpereau des jardins. 49. Grimpereau des bois. 50. Mésange à moustaches. 51. Mésange à longue queue. 52. Mésange rémiz. 53. Mésange nonnette. 54. Mésange boréale. 55. Mésange huppée. 56. Mésange noire. 57. Mésange bleue. 58. Mésange charbonnière. 59. Tichodrome échelette. 60. Verdier. 61. Linotte mélodieuse. 62. Chardonneret. 63. Tarin des aulnes. 64. Venturon montagnard. 65. Sizerin flammé. 66. Serin cini. 67. Pinson des arbres. 68. Niverolle. 69. Bouscarle de Cetti. 70. Locustelle luscinioïde. 71. Locustelle tachetée. 72. Lusciniole à moustaches. 73. Phragmite des joncs. 74. Cisticole des joncs. 75. Rousserolle verderolle. 76. Rousserolle effarvatte. 77. Rousserolle turdoïde. 78. Bruant proyer. 79. Bruant jaune. 80. Bruant zizi. 81. Bruant ortolan. 82. Bruant fou. 83. Bruant des roseaux. 84. Bouvreuil. 85. Bec-croisé. 86. Gros-bec. 87. Moineau domestique. 88. Moineau friquet. 89. Moineau soulcie. 90. Etourneau sansonnet. 91. Loriot. 92. Pie. 93. Casse-noix. 94. Geai des chênes.

95. Fauvette babillarde. 96. Fauvette des jardins. 97. Fauvette à tête noire. 98. Fauvette grisette. 99. Fauvette orphée. 100. Fauvette passerinette. 101. Fauvette pitchou. 102. Fauvette à lunettes. 103. Fauvette mélanocéphale. 104. Rouge-queue à front blanc. 105. Rouge-queue noir. 106. Rouge-gorge. 107. Rossignol philomèle. 108. Gorgebleue. 109. Gobe-mouches gris. 110. Gobe-mouches noir. 111. Hypolaïs polyglotte. 112. Hypolaïs ictérine. 113. Pipit rousseline. 114. Pipit des arbres. 115. Pipit spioncelle. 116. Pipit farlouse. 117. Accenteur alpin. 118. Accenteur mouchet. 119. Bergeronnette printanière. 120. Bergeronnette des ruisseaux. 121. Bergeronnette grise. 122. Hirondelle rustique. 123. Hirondelle de rocher. 124. Hirondelle de fenêtre. 125. Hirondelle de rivage. 126. Alouette calandrelle. 127. Alouette lulu. 128. Alouette des champs. 129. Cochevis huppé. 130. Alouette calandre. 131. Pie-grièche grise. 132. Pie-grièche à poitrine rose. 133. Pie-grièche à tête rousse. 134. Pie-grièche écorcheur. 135. Traquet motteux. 136. Traquet oreillard. 137. Traquet tarier. 138. Traquet pâtre. 139. Traquet rieur. 140. Merle bleu. 141. Merle de roche. 142. Merle noir. 143. Cincle plongeur. 144. Grive litorne. 145. Grive musicienne. 146. Grive draine.

En haut, à droite : hirondelles de fenêtre. Relève de l'un des partenaires qui était en train de couver les œufs.

Ci-contre, au centre : à l'éclosion, ce poussin de poule d'eau a ouvert avec son bec une poche d'air située au gros bout de l'œuf et qui lui a permis de respirer pendant qu'il perçait sa coquille. Cette dernière opération est facilitée par la présence sur la mandibule supérieure du « diamant », petite excroissance dure qui se résorbe au bout de quelques jours.

Ci-dessous : chardonneret élégant donnant la becquée à l'un de ses jeunes déjà volant.

L'élevage des poussins

Les oisillons séjournent dans le nid plus ou moins longtemps suivant leur espèce : de 10 à 14 jours chez les mésanges, 120 jours chez les vautours. Leur développement est extrêmement rapide ; le rouge-gorge, par exemple, pèse 2 g à sa naissance et 15 g le treizième jour, c'est-à-dire qu'il a grossi de 1 g par jour. Cette vitesse de croissance remarquable n'est possible que grâce à l'apport d'une nourriture riche et abondante.

Dès leur naissance, les poussins ont un appétit vorace et l'activité de nourrissage occupe la majeure partie du temps des parents. En principe, la fréquence des nourrissages est proportionnelle à la taille de l'oiseau ; les espèces les moins lourdes effectuent journellement un nombre d'allers et retours au nid plus nombreux que les espèces de taille moyenne : de 255 à 470 chez le pouillot, de 104 à 152 chez la grive litorne. La fréquence maximale de nourrissage a été observée chez un couple de mésanges très actif qui est parvenu à donner à ses petits 900 becquées en une journée, soit une par minute !

L'activité des parents dépend bien entendu de la nature et de la taille de la nourriture recherchée : un rapace met du temps à détecter ses proies et il ne réalisera pas le même « score » qu'une fauvette qui capture des insectes. Les conditions climatiques jouent aussi un rôle dans la fréquence des nourrissages : les martinets alimentent leurs jeunes en moyenne une fois toutes les deux heures mais, s'il survient une période de mauvais temps, le plancton aérien se raréfiera et ils devront parcourir de longues distances pour trouver leur pitance. Les oisillons tombent alors dans une léthargie qui leur permet de supporter jusqu'à 10 jours de jeûne.

Le transport de la nourriture dépend de la taille de l'espèce et de son régime alimentaire.

- **Les petits passeraux** apportent la nourriture en la tenant entre leurs mandibules puis il enfournent la becquée dans le gosier largement ouvert des poussins. L'acte de nourrissage est déclenché chez l'adulte par des stimuli visuels et auditifs produits par les jeunes : teintes vives de l'intérieur du gosier, mouvements de la tête, cris aigus. Lorsqu'il approche du nid, l'adulte émet des cris qui avertissent les oisillons de son arrivée, puis son atterrissage sur le bord du nid ébranle la structure et déclenche ainsi l'excitation des petits.

Chez les espèces nichant dans des cavités, l'entrée de l'adulte dans le trou d'envol provoque un réflexe chez les jeunes qui perçoivent l'alternance lumière, ombre, lumière. Comme les oisillons sont élevés dans une obscurité profonde, il faut que les adultes puissent les voir afin de leur distribuer la nourriture. Pour ce faire, les oisillons ont les bords de la mandibule supérieure pourvus de bourrelets jaune vif ou blancs, au pouvoir réfléchissant.

- **Les jeunes des pics, des martinets, des pigeons, de quelques passereaux granivores...** sont nourris par régurgitation. Les adultes emmagasinent les aliments dans le jabot, comme les pigeons, ou dans la gorge, comme les martinets, puis les régurgitent dans le gosier des oisillons. Les pigeons ont un régime essentiellement végétarien, aussi doivent-ils apporter un complément nutritif aux poussins dans les premiers jours de leur vie : le jabot des parents sécrète une substance dont la composition se rapproche de celle du lait, d'où son nom de « lait de pigeon ».

Les goélands ont sur le bec une pastille rouge que les poussins frappent pour provoquer le dégorgement.

- **Les jeunes rapaces** sont essentiellement nourris avec des petits mammifères rapportés par les adultes puis déchiquetés et distribués par la femelle.

L'ALIMENTATION

Fuligule milouin (herbivore)

Fauvette à tête noire (insectivore)

Martin-pêcheur (piscivore)

Faucon crécerelle (carnivore)

Bouvreuil (granivore)

L'organisation et le fonctionnement de l'appareil digestif des oiseaux sont tout à fait originaux et bien différents de ceux des mammifères. Au cours des millénaires, l'évolution de l'appareil digestif s'est faite en fonction de deux exigences essentielles : alléger les organes et améliorer l'efficacité des processus mécaniques et chimiques de la digestion.

Avoir un corps léger est à l'évidence indispensable pour des êtres qui évoluent dans les airs une grande partie de leur vie. Tous les organes lourds sont groupés près du centre de gravité de l'animal afin de lui assurer un bon équilibre. Les parties extrêmes du corps de l'oiseau — tête, pattes, queue — sont allégées au maximum. Certaines espèces ont une tête volumineuse (chouettes, hiboux) ou un bec important (gros-becs) : dans ce cas, lorsque l'oiseau est posé, sa position est verticale et non plus horizontale comme chez les autres espèces, cela afin de compenser le déplacement du centre de gravité vers l'avant du corps.

L'allégement de la tête s'est aussi accru grâce à la disparition des dents ; le bec est ainsi réduit à un simple rôle de préhension chez les oiseaux insectivores, de dilacération chez les oiseaux de proie, de fragmentation chez les granivores, de filtration chez les planctonophages. La mastication des aliments a donc été transférée de la bouche à l'estomac. L'absence de préparation buccale des aliments est compensée par une digestion gastrique très efficace. Ainsi, le gypaète barbu, ce vautour mangeur d'os, sécrète des sucs digestifs capables de dissoudre les tissus osseux les plus durs. La nourriture est également réduite en fines particules par les parois musculeuses du gésier et par l'action mécanique de petites graviers ou de débris durs absorbés par l'oiseau. Chez les tétras, dont le régime alimentaire comporte une bonne proportion de végétaux riches en fibres peu digestes, des appendices ou cæcums, situés au niveau de l'intestin, renferment une flore bactérienne très active qui assure la transformation d'une grande partie de la cellulose en sucres assimilables.

Toujours dans un but de légèreté mais aussi de rendement, la digestion est très rapide. Chez les passereaux, elle dure en moyenne 1 h 30, ce qui permet de satisfaire des besoins énergétiques considérables sans toutefois alourdir exagérément le corps. Les parties non digestibles sont rejetées de préférence par le bec : les rapaces, les guêpiers, les martins-pêcheurs, les mouettes, les petits échassiers avalent des proies avec leurs poils, plumes, écailles, carapaces, os ou arêtes, et, quelque temps plus tard, « vomissent » des agglomérats de ces restes non digérés sous la forme de pelotes de réjection.

Chez certaines espèces, des adaptations particulières sont apparues en fonction de comportements spécifiques. Ainsi, les pigeons et les gallinacés, essentiellement granivores, disposent d'une poche extensible, le jabot, située à la base du cou, le long de l'œsophage. Cet organe permet à ces oiseaux se nourrissant surtout à terre, et donc vulnérables à la prédation de mammifères carnivores comme les renards et les putois, d'emmagasiner rapidement de nombreuses graines et de les ramollir.

Les oiseaux exploitent pratiquement tous les milieux du globe, y compris les régions polaires et désertiques, aussi ont-ils des régimes alimentaires variés. On distingue deux grandes catégories relativement homogènes : les espèces végétariennes et les espèces carnivores. Toutefois, beaucoup d'oiseaux n'ont pas un régime uniforme tout au long de l'année car il peut se modifier en fonction de la nourriture disponible. Ainsi, à la belle saison, la mésange à moustaches se nourrit d'insectes, puis, en automne et en hiver, elle devient végétarienne et consomme principalement des graines de plantes aquatiques ; cette modification du régime alimentaire est vitale pour l'espèce car, sous nos latitudes, les proies animales se raréfient en hiver. Ce changement radical d'alimentation entraîne une transformation de l'estomac qui, habitué à broyer des proies molles en été, doit en hiver malaxer des graines aux enveloppes dures.

Le régime alimentaire d'une espèce peut aussi évoluer en fonction des ressources locales. Le plus souvent, l'abondance d'un certain type d'aliments provoque la spécialisation permanente ou temporaire d'une population d'oiseaux, entraînant ainsi une réduction de l'éventail alimentaire : en ville, les faucons crécerelles capturent principalement des moineaux domestiques alors que, en milieu rural, ils consomment surtout des petits rongeurs.

Les oiseaux à régime carnivore

Cette catégorie regroupe toutes les espèces qui se nourrissent de proies animales, qu'elle que soit leur spécialisation.

• **Les consommateurs d'animaux microscopiques (zooplancton).** Le canard souchet et plusieurs autres espèces de canards sont spécialisés dans ce type d'alimentation. Le canard souchet écume la surface de l'eau avec son long bec en forme de cuillère et trie les minuscules proies grâce à des lamelles cornées situées sur les bords internes de ses mandibules.

Le bec coudé du flamant rose lui sert à balayer latéralement la surface des eaux saumâtres afin d'y attraper crevettes et autres crustacés. Les pétrels-tempête ont le bec muni d'un organe de filtration au niveau de la mandibule supérieure, ce qui leur permet de prélever le plancton marin en volant au ras des vagues.

La variété des formes du bec des oiseaux est liée à la diversité des régimes alimentaires des différentes espèces. Outil extrêmement spécialisé, le bec est adapté à chaque type de nourriture :
- *les espèces herbivores ont un bec relativement court et large dont les bords sont garnis de lamelles cornées pour arracher les végétaux ;*
- *les espèces insectivores ont un bec fin, souvent en forme de pince, dont la taille varie suivant les techniques de chasse ;*
- *les espèces piscivores ont un bec en forme de dague pour harponner les poissons ; d'autres possèdent sur le bord des mandibules de petits crochets qui permettent de retenir une proie glissante ;*
- *les espèces carnivores ont un bec crochu, plus ou moins robuste suivant les espèces, très efficace pour dilacérer les proies ;*
- *les espèces granivores ont un bec conique plus ou moins épais qui décortique ou brise les graines.*

Ci-dessus : pour faire remonter à la surface de l'eau les petits animaux dont elle se nourrit, la mouette rieuse piétine la boue sur place, parfois même à reculons. Au fur et à mesure que les proies apparaissent, l'oiseau les happe d'un coup de bec. Certains échassiers comme l'aigrette garzette ou le petit gravelot ont le même comportement.

En bas, à droite : les fringilles, oiseaux granivores, ont tous un bec solide et conique dont la taille varie suivant les espèces en fonction du type de graines consommées : le bec du moineau friquet, par exemple, est suffisamment puissant pour ouvrir des graines de maïs ; en revanche, cet oiseau est dans l'impossibilité de broyer un noyau de cerise comme peut le faire le gros-bec.

• **Les consommateurs d'animalcules (vers, mollusques).** Sec ou humide, le sol recèle une nourriture abondante dont profitent de nombreuses espèces. En milieu terrestre, les grives, les merles, les huppes enfoncent leur bec dans la terre pour en extirper les lombrics ; en milieu humide, certains échassiers comme les bécasses et les bécassines plongent dans la vase leur bec démesuré dont les nombreux corpuscules tactiles des mandibules leur permettent de détecter la moindre présence animale.
Les canards de surface — colverts, chipeaux, sarcelles — ont une langue épaisse et charnue, et un bec aplati ; sur les bords internes du bec, des sillons latéraux s'emboîtent dans les sillons de la langue, formant ainsi un système de filtration comparable à celui des canards souchets, bien qu'il soit moins efficace.
Les canards plongeurs — eiders, macreuses, fuligules — se nourrissent surtout de coques et de moules qu'ils vont chercher au fond de l'eau, sur les rochers ou le sable. Ils avalent les mollusques en entier car leur bec leur permet de les détacher de leur support mais pas de briser les coquilles.

• **Les consommateurs de larves d'insectes et d'insectes.** Les espèces insectivores ont un bec fin qu'elles utilisent comme une pince. Les fauvettes, les roitelets, les mésanges inspectent les rameaux, les feuilles et les souches. En montagne, les tichodromes explorent les fissures des rochers avec leur long bec incurvé. Les pics percent des trous dans l'écorce des arbres et y glissent une langue démesurée qui englue les insectes. Les martinets, les hirondelles, les engoulevents ont un bec court, fin et largement fendu leur permettant de happer mouches et araignées qui constituent le plancton aérien.

• **Les consommateurs d'oiseaux et de mammifères.** Encore dans son œuf, poussin ou adulte, l'oiseau est lui-même une proie pour ses congénères. Les geais, les corneilles, les goélands et certains rapaces pillent les couvées d'autres espèces. De nombreux rapaces comme les éperviers, les aigles et les autours capturent les oiseaux et les mammifères par surprise ou en les poursuivant. Leurs facultés voilières, leur vue exceptionnelle et leurs redoutables armes — bec crochu et pattes aux serres acérées — sont des atouts essentiels qui leur permettent de s'attaquer à des proies mobiles, rapides, méfiantes et souvent de bonne taille. Les oiseaux de proie — dernier maillon des chaînes alimentaires — jouent un rôle primordial dans les écosystèmes car ils exercent un contrôle sanitaire sur les espèces proies.

• **Les consommateurs de cadavres.** En montagne, vautours, aigles, milans et grands corbeaux recherchent les charognes de mammifères emportés par des avalanches, tués par la foudre ou victimes d'accidents ou de maladies. En plaine, pies, buses et corneilles se nourrissent de cadavres surtout l'hiver lorsque la nourriture se fait rare.

• **Les consommateurs de poissons.** Au cours des temps, les diverses espèces d'oiseaux qui pêchent en mer ou en rivière ont développé des adaptations et des stratégies de pêche particulières. Le balbuzard fluviatile capture les poissons avec ses pattes et, pour ce faire, a la voûte plantaire recouverte de coussinets rugueux et antidérapants qui lui facilitent la prise d'une proie glissante recouverte de mucus. Les harles, ces canards qui chassent sous l'eau, ont de longues mandibules aux bords pourvus d'une denticulation qui joue aussi un rôle antidérapant. Les cormorans retiennent leurs prises grâce à un crochet situé au bout de leur bec. Les sternes, les hérons, les grèbes, les martins-pêcheurs harponnent ou saisissent les poissons grâce à leur long bec effilé en forme de poignard.

• **Les consommateurs de batraciens et de reptiles.** Les busards et les hérons mangent crapauds et grenouilles en quantité, surtout au moment de la reproduction des batraciens. Le circaète, bel aigle des régions arides, se nourrit presque exclusivement de serpents qu'il avale en entier.

Les oiseaux à régime végétarien

Les oies, les cygnes, les canards siffleurs et les foulques se nourrissent des parties vertes des végétaux et leur bec robuste a des bords coupants qui leur permettent de sectionner les tiges et les herbes. Ces aliments ont une faible valeur énergétique, aussi les oiseaux en consomment-ils une grande quantité.
A certaines périodes de l'année, les bouvreuils, les merles, les loriots et les fauvettes mangent des fruits dont la chair pulpeuse ne nécessite aucune adaptation.
Les fringilles se nourrissent principalement de graines et la forme de leur bec varie suivant leur spécialisation alimentaire : le bec du chardonneret est peu volumineux, fin et long, bien adapté pour extraire les semences de chardon de leurs capitules épineux ; celui du gros-bec est fort et conique, et sa forme facilite l'ouverture des samares et des noyaux les plus résistants qui libèrent alors leurs graines ; les pics et les sittelles ont un bec qui ne se prête pas au broyage, aussi martèlent-ils les graines en les coinçant dans une fissure d'écorce.

RÉGIME VÉGÉTARIEN

Espèce granivore : gros-bec

Tout en haut d'un grand arbre, le gros-bec passe le plus souvent inaperçu et seuls ses cris signalent sa présence. Il descend à terre pour casser des graines et utilise alors son bec couleur d'acier aux proportions démesurées. Son bec est, en effet, trois fois plus grand et quatre fois plus lourd que celui du pinson des arbres dont la taille corporelle est voisine. Il est mû par des muscles adducteurs d'une exceptionnelle puissance qui s'insèrent sur un crâne très ossifié. Pour dégager une amande de son enveloppe ligneuse, le gros-bec coince le noyau à l'arrière de son palais, entre deux bosses cornées et striées, puis exerce des mouvements de mandibules dont la pression peut atteindre 72 kg/cm^2.

Du mois de juillet à la fin du mois de septembre, la préférence du gros-bec va aux noyaux de cerises, de prunes et d'olives. Au cœur de l'été, il aime décortiquer les baies de prunellier, de cornouiller ou d'aubépine dont il extrait les graines, délaissant les parties charnues et pulpeuses. Un peu plus tard, il cherche au pied des charmes, des frênes ou des érables, les samares, ces graines volantes dont il brise la coque résistante en la mâchonnant dans son bec.

Cerises.

Baies de cotonéaster.

Samares d'érable.

Le gros-bec casse-noyaux apprécie les fruits et les baies non pas pour leur pulpe mais pour les noyaux qu'il casse en deux parties égales pour se régaler de leur amande. Ce grand fringille recherche aussi les samares de charme ou d'érable, ces graines ailées qu'il mâchonne longuement pour en extirper le précieux contenu.

RÉGIME CARNIVORE

Au centre, à droite : les gammares sont de petits crustacés.

En bas, à droite : animaux invertébrés composant le plancton : ver annélide, gammares et petits bivalves.

Espèce planctonophage : flamant rose

Le flamant rose a un bec fortement busqué, très sophistiqué et dont la structure est unique. Grâce à lui, il drague les fonds vaseux en y laissant des traces circulaires de « sillons », aspire et filtre les boues liquides.

Quand ce grand échassier se nourrit dans l'eau peu profonde des lagunes, il abaisse la tête au niveau des pieds puis, dans un mouvement latéral, promène sur le fond son bec entrouvert qui aspire la vase par son extrémité.
La succion des boues s'effectue pendant qu'il marche ou lorsqu'il fait une pirouette tout en piétinant sur place ; les animalcules en suspension sont retenus par un système de tamis, l'eau et les particules non comestibles sont rejetées sur les côtés du bec.

Les minuscules proies qui sont ingérées forment une sorte de purée grasse, très riche en protéines, constituée d'invertébrés microscopiques (bactéries, protozoaires), d'algues, de larves d'insectes, de petits crustacés, de mollusques et aussi de graines de plantes aquatiques comme le riz.

Les couleurs vives du flamant rose ont pour origine le carotène qui se trouve dans sa nourriture, caractéristique des milieux humides salés. La richesse de ce pigment, et donc la plus ou moins grande intensité des teintes rouges, est déterminée par la concentration du sel contenu dans son alimentation.

RÉGIME MIXTE À DOMINANTE CARNIVORE

Espèce piscivore : martin-pêcheur

Au bord de la rivière, perché sur une branche de saule, le martin-pêcheur surveille l'eau claire. Quand un reflet d'écailles annonce son repas, il attend que le petit gardon soit suffisamment proche de la surface puis il se laisse tomber dans l'eau. Lors de l'impact, sa silhouette profilée facilite la pénétration dans l'eau et ses yeux restent grands ouverts car ils se voilent d'une fine membrane protectrice. Dès qu'il atteint sa proie, le martin-pêcheur ouvre les ailes pour freiner sa plongée, pince sa victime entre ses mandibules noires et se laisse remonter à la surface comme un bouchon ou en s'aidant des ailes. Il rejoint son perchoir, frappe le poisson sur la branche et l'avale, la tête la première. Il n'a pas une plume mouillée car son plumage est parfaitement imperméabilisé par une mince couche d'huile sécrétée par deux glandes situées à la base de la queue.

Le régime alimentaire de cette espèce est essentiellement composé de poissons d'eau douce, parfois d'eau saumâtre, dont la taille ne dépasse pas 10 cm, avec une préférence pour les proies qui mesurent 2 cm ou 3 cm.

Le martin-pêcheur se nourrit aussi de crustacés (gammares), d'insectes et d'amphibiens. Les notonectes représentent environs 40 % des insectes capturés ; les grenouilles et les tritons ne représentent que 3 % de l'ensemble des proies et semblent donc consommés occasionnellement.

Ci-dessous, à droite : les notonectes, ces punaises aquatiques qui viennent respirer à la surface de l'eau, sont les insectes les plus consommés.

Ci-dessous, à gauche : goujon. Ce petit poisson de la famille des cyprinidés constitue de par sa taille et sa biologie un mets de choix pour le martin-pêcheur.

En bas, à gauche : les amphibiens, ici une grenouille verte, n'interviennent que faiblement (3 %) dans les composantes du régime alimentaire de l'espèce.

STATISTIQUE DES TYPES DE POISSONS CONSOMMÉS PAR LE MARTIN-PÊCHEUR, ÉTABLIE SUR 19 745 PROIES CAPTURÉES EN EUROPE OCCIDENTALE

Cyprins (gardons, goujons)	56 %
Chabots	28 %
Épinoches	6 %
Loches	4 %
Truitelles	3 %
Perches	2 %
Ombres	1 %

RÉGIME CARNIVORE

Espèce insectivore : guêpier d'Europe

Les guêpiers se regroupent souvent pour chasser ensemble des insectes dans les airs. Quand un guêpier capture une proie, il revient sur son perchoir et la frappe de plusieurs coups de bec avant de l'avaler.

Les guêpiers consomment des insectes hyménoptères (70 %) et surtout des guêpes et des frelons dont ils ne craignent pas les piqûres, des coléoptères (22 %), des libellules, des agrions et des æschnes (5 %). Le tableau statistique ci-dessous montre la différence d'alimentation entre les guêpiers vivant en Europe du Sud et en Europe centrale ; les statistiques ont été établies sur 1 864 proies capturées en Europe du Sud et 734 en Europe centrale.

Types d'insectes	Europe du Sud	Europe centrale
Hyménoptères (bourdons, guêpes, abeilles)	82 %	57 %
Coléoptères (carabes, hannetons)	14 %	29 %
Odonates (libellules)	1 %	9 %
Lépidoptères (papillons)	1 %	1 %
Autres insectes	2 %	4 %

Ci-contre : *coléoptère : longicorne.*

Ci-dessous : *lépidoptère : lycène.*

Au centre, à gauche : *hyménoptère : guêpe.*

En bas, à gauche : *odonate : agrion.*

Page de gauche : *hyménoptère : bourdon.*

Ci-contre, au centre : lâché par un gypaète, cet os long d'un grand mammifère herbivore s'est brisé sur une table rocheuse.

En bas, à gauche : les isards sont parfois emportés par des avalanches et leurs cadavres sont exploités par les gypaètes à la fonte des neiges.

En bas, à droite : à l'époque du rut, les bouquetins deviennent querelleurs et les rixes sont fréquentes ; lors de ces joutes, l'un des deux protagonistes peut dévisser et faire le bonheur d'espèces nécrophages comme les vautours fauves, puis celui des gypaètes.

Espèce nécrophage : gypaète barbu

C'est en parcourant les vallées et les versants des montagnes que le gypaète barbu détecte la présence des vautours fauves affairés sur une charogne. Après avoir décharné le cadavre, les rapaces délaissent les restes, au plus grand profit du gypaète. Incapable de dépecer ou de trancher les chairs, il est, en revanche, tout à fait adapté pour consommer les os longs des mammifères et même les sabots des ongulés. Nullement pressé d'exploiter les squelettes en l'absence de concurrents directs, ce vautour peut attendre plusieurs mois et même un an avant de s'en occuper.

Comme il ne peut avaler en entier les os de certains grands animaux, le gypaète a trouvé au cours de l'évolution une technique pour les briser. Le comportement de « cassage » a sans doute été découvert par hasard et affiné progressivement. L'oiseau laisse tomber les os sur des cibles dont la sélection répond à des critères bien précis : ce sont des plaques rocheuses d'environ 30 m^2 situées dans un couloir d'avalanches ou parmi des éboulis et entourées d'une zone sans neige.

Avant de prendre son envol face au vide, le gypaète nettoie méticuleusement son os, qui peut peser jusqu'à 2,500 kg. Cette préparation, qui améliore la pénétration de l'os dans l'air, accroît donc sa vitesse et augmente l'efficacité de l'impact sur la roche puisque les cartilages et les tendons qui auraient pu amortir la chute ont été enlevés. Malgré cette technique perfectionnée et la précision du lâcher, le charognard ne réussit à casser un os long de brebis du premier coup qu'une fois sur cinq ; la plupart du temps, il doit donc faire plusieurs tentatives, l'os se fracturant peu à peu. A chaque choc, de petites parcelles comestibles se libèrent, encourageant l'oiseau à persévérer.

Le gypaète lâche son os à une hauteur variant entre 30 m et 50 m, puis il descend en vrille et le survole en rase-mottes ; comme il tarde souvent à se poser, il arrive qu'il soit devancé par de grands corbeaux.

En l'an 456 avant Jésus-Christ, un gypaète « distrait » lâcha une tortue dont il espérait consommer la chair, mais celle-ci vint s'écraser sur la tête du pauvre Eschyle, célèbre poète grec, qui en mourut. Légende ou réalité ?

Ci-dessous, à gauche : c'est surtout en Grèce que les tortues terrestres sont consommées. Suivant la même technique que pour le cassage des os, le rapace lâche sa proie dont la carapace se brise en tombant sur un rocher.

Ci-dessous, à droite : les troupeaux de moutons sont encore nombreux dans les montagnes européennes malgré la diminution du pastoralisme : ce sont les cadavres de ces animaux (malades, blessés, tués par la foudre) qui fournissent la base de l'alimentation du gypaète.

<u>Ci-dessus, à gauche</u> : *le hérisson représente près de 9 % des proies consommées par le hibou grand-duc.*

<u>Ci-dessus, à droite</u> : *les lièvres et les lapins entrent pour 14 % dans le régime alimentaire de l'espèce.*

<u>Ci-contre</u> : *le rapace dépèce souvent ce mammifère insectivore en laissant la peau de côté avec ses piquants indigestes. Cette peau écorchée ressemble alors à la bogue d'une grosse châtaigne.*

<u>Au centre, à droite</u> : *après qu'un lapin a été consommé, les parties non digérées de l'animal (poils, os) sont vomies sous la forme d'une pelote caractéristique.*

<u>En bas, à gauche</u> : *parfois, le hibou avale, en même temps que la chair, les piquants qu'il rejette ensuite sous la forme d'une pelote de réjection.*

<u>En bas, à droite</u> : *les oiseaux comme les corvidés, ici un geai des chênes, représentent en moyenne 6 % des proies capturées.*

RÉGIME CARNIVORE

Hibou grand-duc

Le hibou grand-duc commence à chasser au crépuscule et regagne son repaire dès les premières lueurs de l'aube. En Scandinavie et dans toutes les régions septentrionales, la clarté permanente des nuits l'oblige à se déplacer malgré la lumière.

Très puissant, c'est le plus grand hibou d'Europe ; ses serres sont redoutables et son imposante envergure de 1,70 m est à peine inférieure à celle de l'aigle royal.

Le hibou grand-duc a un régime alimentaire très éclectique et il est difficile d'établir un régime type car il s'attaque à tous les animaux aux mœurs nocturnes qu'il peut maîtriser : petits mammifères et rongeurs (campagnols, mulots), hérissons, oiseaux de toute taille capturés dans leur sommeil ou à l'aube lorsqu'ils se réveillent, parfois lors d'une parade nuptiale (tétras).

L'abondance locale de certaines proies influe directement sur le régime : dans certaines régions, le « grand-duc » est spécialisé dans la prédation du rat surmulot qu'il chasse sur les décharges ménagères à ciel ouvert ; ce rongeur peut alors représenter 90 % des proies capturées. La période de l'année détermine également la composition de la nourriture : en hiver, il capture essentiellement des petits mammifères et des campagnols ; en été, il s'attaque plutôt aux lapins, aux lièvres et aux perdrix.

La propagation de la myxomatose, en décimant les populations de lapins de garenne, a aussi contribué à modifier le régime alimentaire du rapace : en Provence, sa consommation de lapins de garenne a été divisée par deux ces vingt-cinq dernières années et, aujourd'hui, celle de petits rongeurs augmente.

Ci-contre : les petits rongeurs sont, en fait, les proies les plus recherchées par ce rapace nocturne puisqu'elles représentent, en moyenne, 51 % des captures.
Dans certaines régions comme la Provence, les rats constituent une proie privilégiée représentant près de 24 % des prises.

Ci-contre : le « grand-duc » est un oiseau superprédateur puisqu'il lui arrive de tuer des rapaces diurnes comme le faucon pèlerin ou des busards (4 %).

Au centre : les poissons ne sont capturés qu'exceptionnellement.

Ci-dessous : les petits carnivores comme l'hermine n'interviennent que pour 1 % dans le régime alimentaire du hibou.

Comme tous les rapaces, le hibou grand-duc consomme ses victimes sans les préparer. Poils, os et carapaces des insectes sont donc avalés, partiellement dissous par les sucs digestifs puis rassemblés dans le gésier et agglomérés en une boulette compacte dont la remontée dans l'œsophage est facilitée par la fine couche de mucus qui l'entoure ; cette pelote de réjection est restituée par le bec. Les pelotes du hibou grand-duc ont une taille et un aspect variables en fonction des proies consommées ; généralement, leur diamètre est de 2 cm à 4 cm et leur longueur de 5,5 cm à 15 cm. Les pelotes fournissent des indications précises sur les composantes du régime alimentaires de l'espèce, sauf pour des proies totalement digérées qui ne laissent pas de traces, comme les mollusques. Voici un tableau comparatif des composantes du régime alimentaire du grand-duc, suivant l'altitude de son habitat et la région. Les statistiques ont été établies sur 1 667 proies capturées dans les Alpes du Nord, 2 228 dans les Alpes centrales, 214 dans le Massif central, 1 048 en Ardèche, 3 067 en Provence et 418 dans le Tarn.

Types de proies	Haute montagne		Altitudes inférieures à 1 000 m			
	Alpes du Nord + 1 800 m	**Alpes centrales – 1 800 m**	**Massif central**	**Ardèche**	**Provence**	**Tarn**
Mammifères Campagnols, mulots, muscardins, écureuils	62 %	28 %	31 %	93 %	42 %	51 %
Lièvres, lapins	1 %	14 %	15 %	4 %	27 %	22 %
Hérissons		10 %	17 %		7 %	19 %
Marmottes	1 %					
Renards, fouines, hermines		1 %		1 %	2 %	1 %
Oiseaux Tétras, perdrix	4 %	20 %	3 %		4 %	
Geais, corneilles	9 %	4 %	20 %		4 %	1 %
Rapaces	2 %	6 %	9 %		2 %	3 %
Pigeons		5 %	4 %		2 %	1 %
Divers Amphibiens, reptiles, poissons	15 %				3 %	
Insectes et oiseaux divers	6 %	12 %	1 %	2 %	7 %	2 %

RÉGIME MIXTE

Espèce omnivore : pie bavarde

Le régime alimentaire de la pie est très éclectique : environ 60 % de nourriture animale et 40 % de nourriture végétale (graines, parties vertes des végétaux).

La pie cherche sa nourriture essentiellement sur le sol. Très attirée par les couleurs métalliques des gros insectes coléoptères, elle mange de préférence les hannetons et les carabes, mais aussi les papillons, les sauterelles, les œufs et les poussins de nombreuses espèces d'oiseaux. En hiver, elle ne dédaigne pas les charognes qu'elle trouve au bord des routes et fréquente les décharges d'ordures.

Ci-dessous, à gauche : en période de nidification, la pie surveille les allées et venues des oiseaux dont elle repère les nids pour en piller les œufs ou les poussins.

Ci-dessous, à droite : les parties vertes de certains végétaux sont également consommées.

En bas, à gauche : les insectes coléoptères aux couleurs métalliques sont très appréciés par la pie.

En bas, au centre : les mollusques entrent en bonne proportion dans l'alimentation animale de cette espèce omnivore.

LES OISEAUX DES VILLES ET DES VILLAGES

Sur la majeure partie du globe, l'homme a modifié les milieux primitifs pour les adapter à ses exigences. Il s'en est suivi une modification de la végétation naturelle allant parfois jusqu'à sa disparition.

Les constructions les plus hétéroclites sont ainsi sorties de terre et le sol s'est progressivement recouvert d'asphalte et de béton. Les villes se sont ensuite développées de façon souvent anarchique, ne laissant qu'une portion congrue aux parcs, aux jardins et aux autres espaces de végétation, malheureusement trop souvent banalisés par la plantation d'essences exotiques.

Malgré l'importance des activités humaines qui entraînent dans leur sillage tout un cortège de nuisances — bruit, pollution, dérangement —, de nombreuses espèces d'oiseaux se sont installées au cœur des cités.

La "douceur" du climat hivernal, l'abondance de la nourriture disponible, la faible prédation ont conduit certains oiseaux à s'implanter durablement dans les villes. Souvent peu exigeants sur la qualité des milieux et des aliments, les pigeons, les moineaux, les merles et autes "sansonnets" ont colonisé le centre des cités pour y nicher, alors que les mouettes et les foulques ne séjournent sur les fleuves et les plans d'eau urbains qu'à la mauvaise saison.

D'affinités rurales, d'autres espèces — comme les pics, les fauvettes ou les grives — ont de telles contraintes biologiques en matière de qualité des habitats qu'elles ne peuvent s'installer que dans les banlieues riches en espaces de végétation et les grands parcs. Ces milieux, où la gent ailée est la plus abondante, sont en général très diversifiés et recèlent des sites favorables à la fois à la nidification et à l'alimentation.

Ci-contre : pie bavarde

LES MILIEUX DES VILLES ET DES VILLAGES

En haut, à droite : les écosystèmes des villages sont assez proches de ceux rencontrés dans les campagnes et les avifaunes y sont comparables.

L'avifaune urbaine évolue dans un environnement très particulier où la végétation joue un rôle fondamental. Dans les agglomérations, l'aménagement dans l'espace des différents éléments artificiels constitue des paysages variés et des milieux composites dont la possibilité d'accueil pour les oiseaux est très inégale.

Malgré cette hétérogénéité, il est possible de définir une succession d'habitats à l'intérieur desquels le nombre des espèces varie d'une ville à une autre suivant l'importance et la qualité de leurs surfaces végétales, le taux des pollutions, les dérangements...

● Le centre des villes

Le cœur des cités est, la plupart du temps, constitué d'un groupe de maisons souvent d'origine médiévale, où les rues sont étroites et les parcellaires très serrés, ne laissant qu'une place réduite à la végétation. Le tissu urbain exigu implique des squares et des jardins petits, ainsi que des cours d'immeubles minuscules. Peu d'espèces arrivent à s'implanter durablement dans le centre-ville historique : le pigeon biset de ville, le martinet noir, le moineau domestique, l'accenteur mouchet, le merle noir, l'étourneau, auxquels se joignent le faucon crécerelle et le choucas quand il existe des monuments imposants comme les églises, les tours ou les châteaux.

ÉVOLUTION DE LA TRAME VÉGÉTALE EN FONCTION DES DIFFÉRENTS PARCELLAIRES URBAINS

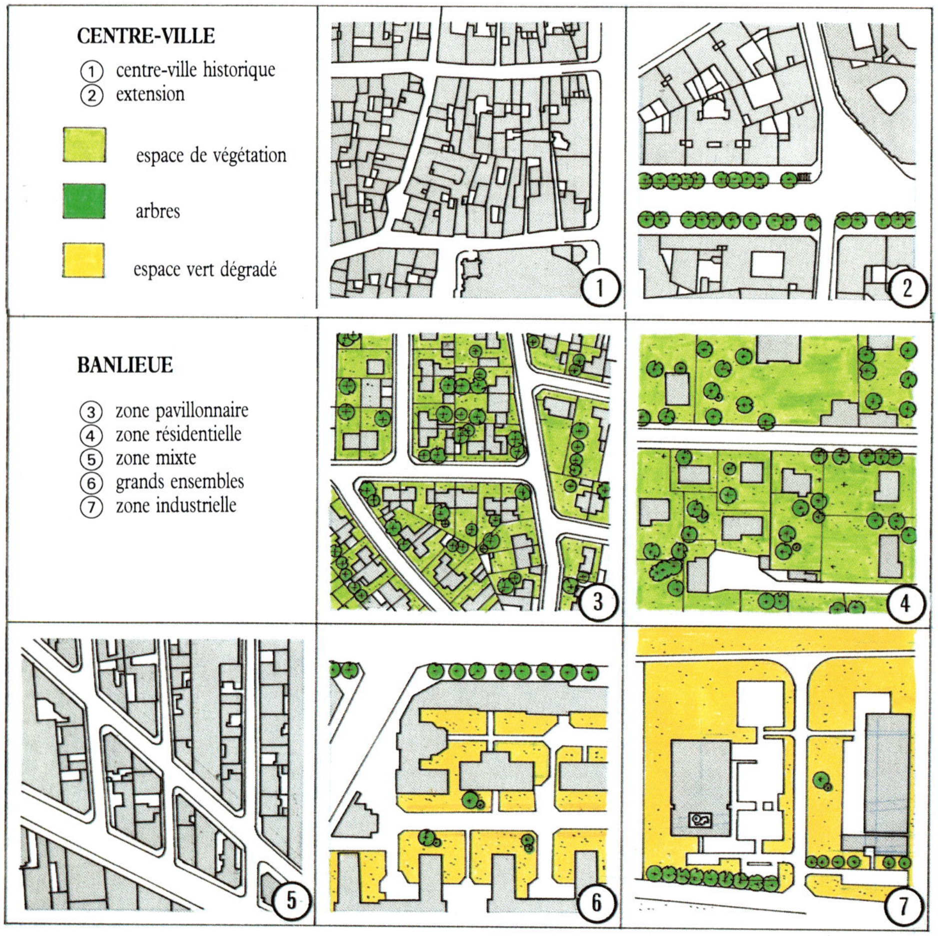

De création plus récente, l'extension du centre-ville a bénéficié d'une meilleure planification et montre une trame plus lâche où les avenues sont larges et bordées d'arbres. Ce type de milieu, beaucoup plus ouvert, permet une plus grande diversité d'espèces, puisqu'on y observe, en plus des précédentes, le pigeon ramier, la chouette hulotte, la pie, l'hirondelle de fenêtre, le verdier.

● Les banlieues

Les banlieues des grandes villes dont le passé est relativement récent — milieu du XIXe et début du XXe siècle — ont subi des transformations considérables et continuent à évoluer : la définition de milieux types est donc malaisée car les structures sont très variées, notamment dans les zones d'habitats et d'industries anciennes.

— Les zones d'habitats et d'industries implantées au début du siècle se sont développées de manière anarchique, diversifiant le tissu et ne laissant que peu de place à la végétation. Ce type de quartier est, à l'heure actuelle, progressivement remplacé par de l'habitat en petits collectifs ; le rouge-queue noir en est l'hôte caractéristique.

— Les zones d'habitats plus récentes sont composées de grands ensembles procurant de larges espaces dégagés trop souvent engazonnés. Leur valeur biologique est réduite du fait de la rareté de la nourriture disponible et de l'absence de couvert ; le pigeon ramier, le merle noir, la pie viennent y pâturer.

— Les zones industrielles ont également un tissu très lâche car la législation prévoie des superficies de végétation, d'ailleurs souvent laissées à l'abandon, proportionnelles à l'importance des terrains. L'alouette des champs, le cochevis huppé, le traquet pâtre, l'étourneau, la pie, la corneille fréquentent souvent ces espaces.

— Les zones pavillonnaires sont constituées d'habitations individuelles entourées de jardins dont les superficies et les contenus sont très divers. On y rencontre la tourterelle turque, les mésanges bleue et charbonnière, le rouge-gorge, la fauvette à tête noire, le serin cini, parfois l'hirondelle rustique.

— Les zones résidentielles recèlent, en principe, de nombreux espaces de végétation, souvent de qualité, ce qui permet à des oiseaux comme le geai, à plusieurs espèces de fauvettes, au rossignol, à la mésange nonnette, à la sitelle, aux pics vert et épeiche de s'y installer.

Parfois, le cœur des villes est traversé par un fleuve ; en hiver, il favorise la venue de fuligules milouins, de foulques macroules, de mouettes rieuses et même de goélands ; les canards colverts et les poules d'eau nichent alors sur ses rives.

1

2

3

4

1. Parc urbain.
2. Centre ville.
3. Banlieue industrielle.
4. Banlieue pavillonnaire.

LA REPRODUCTION EN AGGLOMÉRATION

En haut, à droite : pigeon biset de ville. Ce columbidé crée une animation indiscutable au sein des grandes agglomérations et donne par sa présence une illusion de nature libre au milieu du béton et des bruits citadins. Mais la démographie florissante de cette espèce provoque la dégradation des bâtiments et peut, dans certains cas, présenter une menace pour la santé publique.

Ci-dessous : merle noir femelle. La plage brune de ses ailes indique qu'il s'agit d'un oiseau immature.

La situation géographique des villes détermine pour une large part la diversité des peuplements d'oiseaux puisque certaines espèces nichent uniquement dans le Midi — comme la fauvette mélanocéphale —, alors que d'autres se limitent à la partie nord-est du pays — telle la fauvette babillarde. En outre, si la cité se trouve dans une vallée d'altitude, des espèces caractéristiques des milieux montagnards peuvent y être rencontrées : merle à plastron, bec-croisé... De même, la proximité du littoral ou la présence d'un fleuve favorisent la venue d'oiseaux aquatiques tels que les mouettes, les goélands ou les canards.

En règle générale, le nombre moyen d'espèces nicheuses augmente régulièrement du centre-ville vers les secteurs péri-urbains, pour se stabiliser en milieu rural. Ces variations s'inscrivent sur un gradient que nous appellerons « gradient d'urbanisation » ; elles sont déterminées par les besoins alimentaires, variables d'une espèce à une autre, et par les contraintes liées à la nidification.

Au fur et à mesure que le tissu urbain se resserre, les oiseaux granivores et omnivores sont dominants car ils bénéficient d'apports de nourriture, non seulement de la part des citadins mais aussi grâce aux activités industrielles où transitent les denrées. A l'inverse, les espèces au régime insectivore ne peuvent évoluer dans un univers pauvre en végétation et elles sont donc repoussées vers la périphérie des grandes villes ou dans les parcs. Leur présence dépend, en effet, de la qualité des surfaces végétales disponibles ainsi que de celle de l'air et, donc, du faible taux des pollutions.
En résumé, les milieux au tissu urbain dense du centre des agglomérations sont favorables à un nombre limité d'espèces comme le pigeon de ville ou le moineau, alors que les banlieues et les villages ont des peuplements d'oiseaux plus équilibrés. Les sites de nidification des espèces nichant dans les villes sont à peu près les mêmes que dans les habitats « naturels ». Cependant, quelques espèces sont très ingénieuses dans l'utilisation de supports nécessaires à la construction de leur nid : le faucon crécerelle, par exemple, s'installe parfois au sommet d'un grand lampadaire ; le choucas bouche le conduit d'une cheminée avec des kilos de branchages et dépose là ses œufs, dans une coupe de brindilles ; le pigeon ramier élit domicile sur un balcon, entre des pots de fleurs. Bien d'autres situations cocasses pourraient être citées mais, en règle générale, on distingue quatre catégories d'espèces :

- **Les espèces nichant au sol.** Elles sont, en principe, absentes du centre des villes car la végétation y est très dégradée et les dérangements trop importants. Les espèces qui adoptent ce type de nidification se trouvent dans certaines zones industrielles (alouettes) ou en banlieue habitée (rouge-gorge).
- **Les espèces nichant dans la végétation basse.** Elles aussi sont peu abondantes dans le centre des cités ; seuls, le merle noir et l'accenteur mouchet supportent des conditions médiocres pour se reproduire. Les fauvettes, les pouillots, les rossignols ne se rencontrent que dans les banlieues pavillonnaires ou résidentielles.
- **Les espèces nichant dans les frondaisons** sont relativement bien représentées. Les plantations linéaires des avenues ou les arbres des squares attirent les pigeons ramiers, les tourterelles turques, les pies ou les corneilles. En banlieue et dans les parcs, on peut trouver la chouette hulotte, le geai, le corbeau freux, le loriot, certains pics, des passereaux.
- **Les espèces dépendantes des bâtiments.** Les unes collent leur nid contre les facades des immeubles, sous les arches de monuments ou bien encore sous les balcons, comme l'hirondelle de fenêtre ; d'autres occupent des cavités quelle que soit leur structure : c'est le cas du pigeon de ville, du moineau, du martinet. Quant aux faucons crécerelles, aux pigeons colombins et aux chouettes effraies, ils déposent leurs œufs sur une corniche, dans un grenier, à l'intérieur d'un clocher.

1

2

3

4

Utilisation des milieux urbains par les oiseaux nicheurs

1. Moineau espagnol mâle. Les moineaux installent leurs nids volumineux un peu partout : dans un trou de bâtiment, derrière des volets, sous des tuiles, dans un lampadaire et même dans un poteau électrique.
2. Hirondelle de fenêtre. Cette espèce construit son nid constitué de boulettes de boue agglomérées sous les balcons, les avant-toits, les arcades de monuments...
3. Cigogne blanche. Ce bel échassier, qui se raréfie d'année en année dans les bourgs alsaciens installe son nid sur une cheminée, sur un toit ou même sur un poteau.
4. Chouette effraie. La « dame blanche » habite les combles des vieilles bâtisses, les granges, les pigeonniers, les cavités des monuments et même les clochers.

Cigogne blanche

Ciconia ciconia

Profitant de quelques courants d'air chaud en cet après-midi de mai, une silhouette blanc et noir, agrémentée de rouge, tournoie légèrement dans le ciel d'un petit bourg alsacien. Nonchalante, le cou tendu et les pattes pendantes, la cigogne blanche regagne son nid, amas circulaire de branches juché au faîte d'une cheminée. Uni pour la vie, le couple procède dès son retour d'Afrique à la réfection de l'édifice souvent abîmé par les intempéries hivernales.

Après ces travaux de restauration, les cigognes commencent leurs jeux nuptiaux pendant lesquels les deux partenaires se font des révérences : la tête renversée en arrière au point de toucher le dos est ramenée lentement en avant et vers le bas, mouvement accompagné de claquements rapides du bec. Ce craquètement, amplifié par l'œsophage gonflé, s'entend à des centaines de mètres de distance. Mais ce bruit particulier de claquette s'éteint dans bien des villes et des villages, et il ne sera bientôt plus qu'un souvenir car, victime de la chasse et des collisions avec les câbles électriques, le bel échassier régresse d'année en année dans la plupart des pays d'Europe de l'Ouest, excepté dans certaines régions de la péninsule Ibérique.

Grande migratrice diurne, la cigogne blanche se dirige de la mi-juillet à septembre vers l'Afrique et revient de ses quartiers d'hiver en mars et en avril.

Ci-dessus : cigogne blanche adulte.

Ci-contre : nid de cigogne à la sortie d'un village. Les jeunes sont reconnaissables à leur bec foncé.

Sur le terrain : grand échassier bicolore au bec et aux pattes rouges. En vol, le cou est toujours tendu.
Plumage : les deux sexes sont identiques. Les jeunes ont le bec et les ailes brun-noir.
Nourriture : la cigogne cherche ses proies dans les prairies ou dans les zones humides où elle capture des vers, des mollusques, des insectes (sauterelles), des reptiles, des batraciens et des petits rongeurs.
Site du nid : elle s'installe en général à proximité des habitations, souvent sur un bâtiment, une ruine, une cheminée, un poteau ; les nids à même le sol sont exceptionnels.
Nid : au printemps, le mâle restaure une structure volumineuse (de 90 cm à 2 m de diamètre) formée d'un amas de branches et dont la coupe peu profonde est garnie de plumes, de végétaux ...
Nichée : de 3 à 5 œufs blanc crayeux, à la coquille épaisse et mate, sont pondus entre la mi-mars et la mi-juin, et couvés de 28 à 30 jours par le couple, la femelle assurant l'incubation de nuit.
1 ponte annuelle.
Semi-nidicole.
Quitte le nid entre le 54e et le 70e jour.
Longueur : 1 m.
Poids : 3,500 kg.
Longévité : peut atteindre 35 ans.

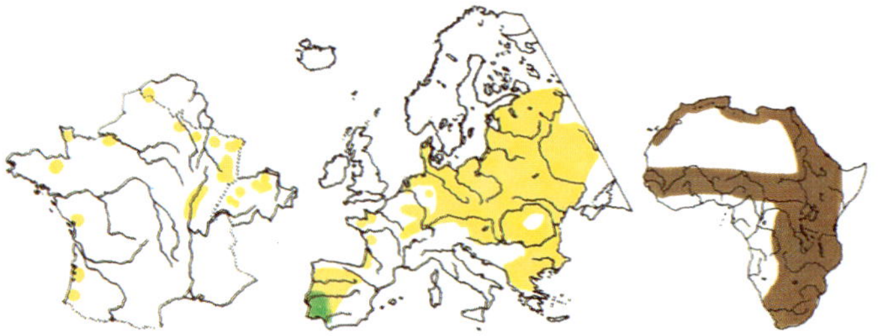

En vert : sédentaire. En marron : visiteur d'hiver. En jaune : visiteur d'été.

En haut, à gauche, et ci-dessus : mouettes rieuses adultes en plumage hivernal. Cette espèce est présente dans les agglomérations de juillet à avril.

Au centre, à gauche : poule d'eau.

Ci-contre : goélands argentés. Capturés ici sur une décharge, ils sont bagués afin d'étudier leur démographie. L'augmentation des effectifs des populations européennes pose, en effet, des problèmes aux municipalités côtières qui déplorent les dégradations des toits des maisons où les goélands s'installent, les collisions avec les avions sur les aéroports... Au premier plan, le goéland de gauche est en plumage hivernal, caractérisé par les fines flammèches de la tête et du cou. Les oiseaux à la livrée foncée, au bec noir et à l'iris sombre sont des jeunes ; ils acquerront leur plumage adulte vers quatre ans.

Cygne tuberculé

Cygnus olor

Glissant majestueusement à la surface de l'eau, le cygne tuberculé s'approche rapidement du promeneur qui lui jette des morceaux de pain. Il est toujours sur ses gardes, et le moindre geste brusque de la main nourricière déclenche sa fureur : les ailes gonflées en arc au-dessus du dos, il souffle et grogne, le bec ouvert prêt à pincer si l'on s'approche.

Dès le Moyen Age, le cygne fut domestiqué car on goûtait tout à la fois son élégance et la finesse de sa chair. Apprécié aujourd'hui pour ses seules qualités ornementales, il vit en semi-liberté sur de nombreux plans d'eau.

A la fin de l'hiver, l'agressivité des mâles atteint son paroxysme et chaque oiseau défend avec acharnement son domaine contre les intrus. Propulsés par leurs pattes fortement palmées, les mâles engagent alors des poursuites spectaculaires au ras de l'eau, dans un fracas d'écume et de battements d'ailes d'autant plus violent que le cygne tuberculé est l'un des oiseaux les plus gros volant actuellement dans le monde. Ses décollages sont souvent difficiles car sa lourde carcasse lui demande beaucoup d'efforts pour s'élever dans les airs mais, une fois l'élan pris, il progresse rapidement ; le battement régulier de ses ailes est alors rythmé par un sifflement musical qui témoigne de la forte pression exercée sur les plumes.

Très sédentaire, il ne s'éloigne guère des sites où il a vu le jour, sauf lorsque les périodes de gel se prolongent. Des oiseaux du nord de l'Europe hivernent régulièrement à l'ouest du continent.

Ci-dessus : le cygne tuberculé est aussi appelé cygne muet.

Au centre : canard carolin mâle. Originaire d'Amérique du Nord, cette espèce est souvent introduite sur les plans d'eau au même titre que les canards mandarins.

En bas : canard domestique.

Page de droite : cygne tuberculé en posture agressive.

Sur le terrain : très gros oiseau aquatique blanc, muni d'un long cou et d'un bec orangé.
Plumage : le mâle arbore au-dessus du bec un tubercule noir, plus gros que celui de la femelle.
Le cou est également plus large et tenu en forme de S.
Nourriture : le cygne tuberculé broute ou arrache les plantes aquatiques sur les berges ou sous l'eau. Son long cou lui permet de fouiller la vase où il trouve de petits invertébrés.
Site du nid : le nid est installé dans la végétation inondée d'un plan d'eau ou sur un îlot.
Nid : la femelle construit un nid très volumineux avec des branches mélangées à de la terre et avec des roseaux et des herbes apportés par le mâle.
Nichée : de 5 à 7 œufs vert pâle sont pondus de mars à avril et couvés de 30 à 35 jours, surtout par la femelle. 1 ponte annuelle. Nidifuge. Vole vers le 130e jour.
Longueur : 1,50 m.
Poids : de 10 kg à 23 kg.
Longévité : peut atteindre 22 ans.

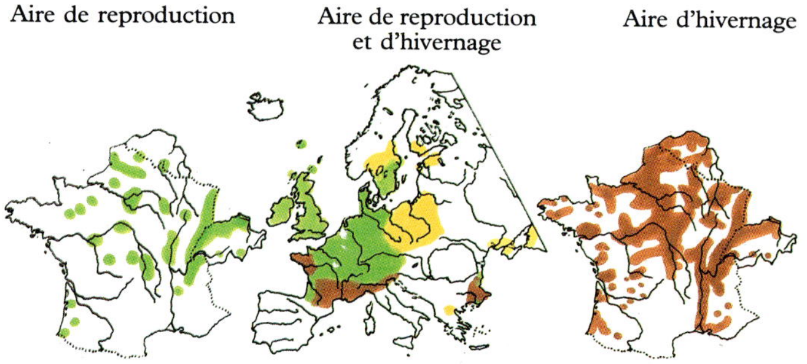

En vert : sédentaire. En marron : visiteur d'hiver. En jaune : visiteur d'été.

Faucon crécerelle

Falco tinnunculus

<u>En haut, à droite</u> : le moineau domestique représente, en ville, la proie préférée du faucon crécerelle, tandis que, en milieu rural, ce sont les petits mammifères comme les rongeurs qui sont recherchés.

<u>Ci-dessous</u> : faucon crécerelle.

La grande cathédrale gothique lance ses tours et ses flèches vers le ciel où évoluent quelques martinets noirs en quête de plancton aérien. Sur le monument, plusieurs choucas et quelques pigeons se disputent bruyamment une corniche et, malgré le brouhaha de la circulation, une série de cris aigus déchire la rumeur. Soudain, deux faucons surgissent et frôlent la pierre ; ils prennent rapidement de la hauteur puis planent en cercle dans l'azur.

Rapace de plaine comme de montagne, le faucon crécerelle a trouvé dans les villes un environnement qui lui rappelle sans doute les falaises où il installe habituellement son aire.

Prédateur de petits mammifères à la campagne, l'oiseau a su s'adapter aux nouvelles conditions de sa vie urbaine en chassant les moineaux domestiques, proies beaucoup plus abondantes que les mulots et autres souris. Sur le bord des routes ou sur les friches des terrains vagues, on l'observe souvent en vol sur place, comme suspendu dans le ciel, prêt à plonger sur un rongeur imprudent. Cette espèce a su également profiter de l'évolution rurale dont la mécanisation a favorisé les invasions de petits mammifères ; mais elle a souffert des persécutions des paysans et des chasseurs, ainsi que de l'épandage de produits chimiques sur les cultures.

Migrateurs partiels diurnes, les faucons crécerelles d'Europe centrale et septentrionale se déplacent vers le sud de la fin du mois d'août au début de novembre. Les mâles adultes, plus sédentaires que les jeunes et les femelles, hivernent volontiers près des sites de nidification tant que les conditions climatiques ne sont pas rigoureuses.

Sur le terrain : petit faucon aux ailes pointues et à longue queue arrondie. Vole souvent sur place (vol en Saint-Esprit).
Plumage : le mâle a la tête grise, le dos roux moucheté de sombre, la queue grise avec une bande noire à l'extrémité. La femelle est rousse, avec le dos tacheté et la queue barrée de brun. Les jeunes sont comme leur mère, mais plus rayés.
Nourriture : le faucon crécerelle capture surtout des petits mammifères. Il consomme aussi des insectes, des araignées, des escargots, des lézards... En ville, il se nourrit principalement de moineaux.
Site du nid : il s'installe sur une corniche de falaise, dans une grange, un vieux château, une cathédrale, ou encore sur un arbre.
Nid : une légère dépression obtenue par grattage du sol forme une coupe. Il utilise souvent un vieux nid de pie ou de corneille.
Nichée : de 3 à 6 œufs brun-rouge sont pondus entre mars et juin, et couvés de 27 à 30 jours par la femelle. 1 ponte annuelle. Semi-nidicole. Quitte le nid entre le 27e et le 29e jour.
Longueur : 34 cm.
Poids : 200 g.
Longévité : peut atteindre 16 ans.

En vert : sédentaire. En marron : visiteur d'hiver. En jaune : visiteur d'été.

Pigeon biset

Columba livia

Déambulant sur le trottoir, un pigeon pique quelques miettes ici et là puis, pressé par un piéton, accélère sa course et saute lourdement dans le caniveau où il reprend paisiblement son chemin. S'aventurant plus avant sur la chaussée, il décolle bientôt juste devant les roues d'une voiture et va se poser sur le rebord d'une fenêtre à proximité d'une femelle. Il s'approche alors en tournant sur lui-même, la queue étalée raclant le béton et le jabot gonflé exhalant des roucoulement sonores pour séduire la belle ; mais, agacée, elle s'envole vers un bâtiment voisin.

Domestiqué depuis la plus haute Antiquité, le pigeon biset, qui est à la base des théories de Darwin sur l'évolution, a été l'objet de sélections successives qui ont modifié sa taille et les couleurs de son plumage originel. Partout abondant, sauf dans les agglomérations d'altitude, le pigeon de ville pose aujourd'hui de sérieux problèmes à nombre de municipalités qui lui reprochent de salir les toitures et les automobiles, de dégrader la pierre des monuments historiques et d'obstruer les tuyaux de descente des eaux. Cette forte démographie est liée à un environnement favorable : cavernicole, il profite des trous dans les habitations ; omnivore, il trouve facilement sa nourriture.

A l'état sauvage, le pigeon biset habite les falaises maritimes ou les gorges abruptes des montagnes. Alors très méfiant, il demeure caché dans les anfractuosités de la roche. Cet oiseau est menacé car il a été longtemps chassé pour sa chair et subit actuellement des pollutions génétiques.

Très sédentaire, ce pigeon n'effectue aucun déplacement d'amplitude importante.

Sur le terrain : pigeon gris au croupion blanc et aux pattes rouges. Il est très confiant.
Plumage : les deux sexes sont identiques.
Le plumage présente de nombreuses variantes : lie-de-vin, partiellement blanc ou noir.
Seul pigeon à iris rouge-orangé. Les adultes ont des reflets irisés sur le cou mais pas les jeunes. Les pattes sont brunes.
Nourriture : omnivore, il consomme des graines et toutes sortes de détritus trouvés dans les rues.
Site du nid : le pigeon biset s'installe dans une cavité de bâtiment.
Nid : la femelle construit une mince plate-forme avec les branchettes apportées par le mâle.
Nichée : 2 œufs blancs sont pondus à n'importe quel moment de l'année et couvés de 17 à 19 jours par le couple. De 3 à 8 pontes annuelles. Nidicole. Quitte le nid entre le 30e et le 35e jour.
Longueur : 32 cm.
Poids : 250 g.
Longévité : peut atteindre 6 ans.

Aire de reproduction — Aire de reproduction et d'hivernage — Aire d'hivernage

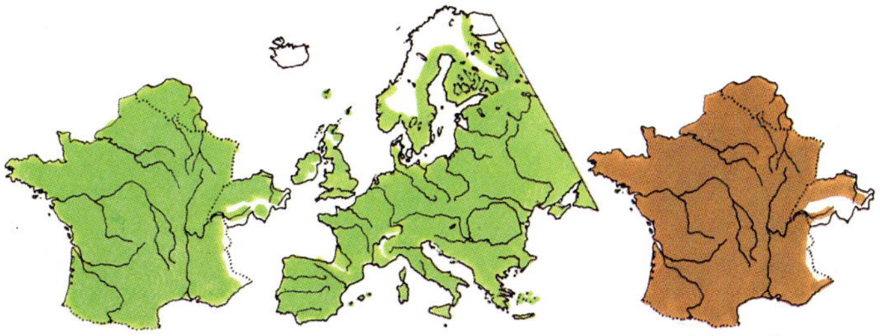

En vert : sédentaire. En marron : visiteur d'hiver. En jaune : visiteur d'été.

Ci-contre et en bas : pigeon biset de ville. Cette espèce semi-domestique, très abondante dans les agglomérations de plaine, possède des plumages divers où se mêlent le blanc, le noir, le lie-de-vin, le roux..., mais certains individus arborent la même coloration que leurs congénères sauvages (photo du haut).

Pigeon ramier

Columba palumbus

En haut et au centre, en bas : pigeon ramier. La colonisation des villes par cette espèce date de 1830 et, à cette époque, le « ramier » fréquentait les espaces plantés d'arbres comme les avenues ou les parcs. Aujourd'hui, ses capacités d'adaptation lui permettent de s'installer dans des sites où la végétation est presque absente, concurrençant dans certaines localités le pigeon biset de ville.

Sur la pelouse du jardin, un gros pigeon gris au cou strié de blanc arpente l'herbe rase, s'arrête un moment, alerté par un bruit insolite, regarde les alentours de ses yeux blancs puis reprend sa quête en picorant quelques brins de gazon.

Dans un arbre voisin, un mâle excité par la présence d'une femelle lance son roucoulement à cinq syllabes, s'élève droit dans le ciel et, arrivé au sommet de son ascension, claque bruyamment des ailes puis retourne sur son perchoir. Manifestation visuelle et acoustique, cette parade marque non seulement le territoire du propriétaire mais également son agressivité à le défendre.

Espèce des bois et des forêts, le pigeon ramier a colonisé les milieux urbains dès le début du siècle, s'installant dans les grands parcs et les avenues plantées d'arbres. Aujourd'hui, sa faculté d'adaptation lui permet de construire son nid à l'intérieur de toutes petites cours d'immeuble et même sur les balcons. Son régime alimentaire plus spécialisé que celui du pigeon de ville l'oblige à se déplacer vers de vastes espaces de végétation comme les cimetières, les jardins, les hippodromes ou les stades.

Migrateurs partiels, les pigeons ramiers scandinaves et d'Europe centrale traversent de septembre à novembre l'ouest du continent où certains hivernent. D'autres franchissent les Pyrénées pour rejoindre la péninsule Ibérique ; mais le passage de la montagne est périlleux car de nombreux Basques et Béarnais les attendent pour les piéger dans leurs filets ou pour les tirer au fusil. Les retours s'échelonnent de février à avril. Les oiseaux fréquentant les villes sont, en principe, sédentaires.

Sur le terrain : gros pigeon gris au cou marqué de blanc. En vol, les taches blanches des ailes sont visibles.
Plumage : les deux sexes sont identiques. Les jeunes n'ont pas les reflets irisés, ni la tache blanche du cou, qu'arborent les adultes.
Nourriture : granivore, il cherche les semences de céréales, de légumineuses, les bourgeons, les glands et les baies. Il consomme aussi des vers de terre, des mollusques et des insectes.
Site du nid : il niche partout où il y a des arbres.
Nid : la femelle, ou le couple, construit une coupe de branchettes et de brindilles. Il occupe parfois un vieux nid.
Nichée : 2 œufs blancs sont pondus entre mai et août, et couvés de 15 à 17 jours par le couple. 2 ou 3 pontes annuelles. Nidicole. Quitte le nid entre le 29e et le 35e jour.
Longueur : 40 cm.
Poids : 500 g.
Longévité : peut atteindre 16 ans.

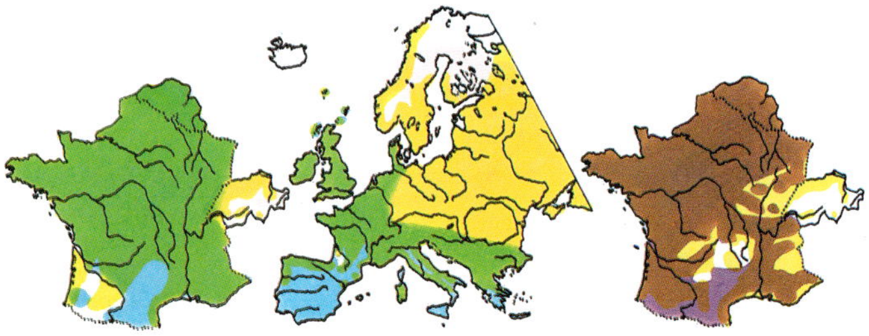

En vert : sédentaire. En marron : visiteur d'hiver. En jaune : visiteur d'été.

Tourterelle turque

Streptopelia decaocto

Posée sur un fil électrique, une tourterelle gris teinté de rose vineux, avec un demi-collier noir, lance son roucoulement à deux syllabes, tout en cherchant son équilibre ; bousculée par le vent, elle quitte son perchoir en jetant un cri nasal, puis se pose non loin de là sur un poteau télégraphique.

Originaire des Balkans et de Turquie, l'espèce s'est répandue vers l'ouest sans raison apparente, s'installant progressivement et durablement dès 1945 dans toute l'Europe centrale. Cette formidable extension de son aire de répartition n'est pas encore parfaitement expliquée. Toutefois, les ornithologues pensent que les nombreuses nichées réalisées par l'espèce constituent probablement un facteur déterminant dans le processus de colonisation ; des couvées ont d'ailleurs été trouvées en plein mois de janvier par des températures inférieures à − 10 °C. Ce phénomène et des facultés d'adaptation hors du commun vis-à-vis des activités humaines sont sûrement à l'origine de cette évolution démographique.

Recherchant la proximité de l'homme, la tourterelle turque s'installe dans l'environnement urbain à condition qu'elle dispose d'espaces de végétation assez vastes et variés. Elle fréquente alors les jardins, les squares de quartier, les parcs de banlieue et les hameaux où elle fait bon ménage avec les « ramiers » et les « bisets ».

Aujourd'hui, la tourterelle turque est parvenue jusqu'en Scandinavie et on l'a même vue dans un village esquimau du Groenland. Renforçant chaque année ses effectifs dans les territoires conquis, l'espèce va-t-elle continuer sa progression vers l'ouest et coloniser le Nouveau Monde ?

Sur le terrain : tourterelle grise dont l'extrémité de la queue est blanche dessous. Son vol rapide et saccadé la différencie des pigeons.
Plumage : les deux sexes sont identiques. Contrairement aux adultes, les jeunes n'ont pas de demi-collier noir et blanc sur la nuque.
Nourriture : granivore, elle consomme aussi des baies et parfois des petits animaux. Elle profite des grains trouvés près des silos à maïs, des poulaillers.
Site du nid : la tourterelle turque s'installe dans un arbre, de préférence un conifère, ou sur un poteau télégraphique, parfois contre un mur.
Nid : le couple construit un nid à claire-voie, très plat, formé de brindilles et de tiges végétales.
Nichée : 2 œufs blancs sont pondus entre mars et septembre, et couvés de 14 à 17 jours par le couple. De 3 à 5 pontes annuelles. Nidicole. Quitte le nid entre le 18e et le 29e jour.
Longueur : 27 cm.
Poids : 200 g.
Longévité : peut atteindre 14 ans.

Ci-dessus : tourterelle turque. Inconnue en France avant 1950, cette espèce a colonisé l'Europe en moins de trente ans.

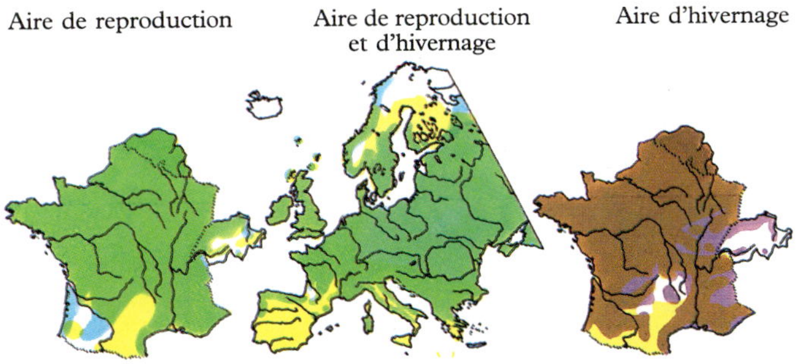

En vert : sédentaire. En marron : visiteur d'hiver. En jaune : visiteur d'été.

Chouette effraie

Tyto alba

Le soleil vient de disparaître à l'horizon et la nuit ensevelit peu à peu la petite bourgade campagnarde. Les réverbères s'allument un à un sur la place du village, diffusant leur lumière blafarde au pied de la vieille église dont le clocher se dresse vers le ciel. Tout en haut de l'édifice, là où les carillons sonnent le temps qui passe, résonne une longue plainte roucoulante suivie de ronflements et de chuintements inquiétants. Apparaissant bientôt dans une embrasure de la pierre, la « dame blanche » à la face en forme de cœur et à l'expression humaine prend son essor dans un souffle et s'éloigne sans un bruit, engloutie par l'obscurité.

La silhouette fantomatique et les vocalises surprenantes de la chouette effraie ont pendant des siècles effrayé les villageois qui lui ont attribué des pouvoirs maléfiques surnaturels. Persécutée depuis des temps très anciens, elle fut clouée aux portes des fermes afin de conjurer les mauvais esprits. Malgré l'acharnement absurde à le détruire, cet oiseau « de mauvais augure » continue de fréquenter les dépendances des fermes.

Somnolant le jour, la chouette effraie part en chasse au crépuscule : grâce à son ouïe extrêmement développée, elle localise et capture dans le noir le plus complet les petits mammifères dont elle fait son ordinaire.

Surtout sédentaires, les jeunes chouettes effraies peuvent se déplacer sur de longues distances et aller parfois jusqu'en Espagne.

Sur le terrain : presque blanche, elle arbore un grand disque facial en forme de cœur. En vol, ses longues ailes la différencient des autres chouettes.
Plumage : les deux sexes sont identiques. On peut observer deux sortes de livrées : l'une blanche, l'autre rousse, plus rare.
Nourriture : elle capture des petits mammifères et des oiseaux qu'elle avale en entier : musaraignes, mulots, souris, moineaux.
Site du nid : la chouette effraie s'installe dans un trou d'arbre, dans un clocher, une grange, un pigeonnier ou dans une vieille bâtisse.
Nid : des pelotes de réjection (amas d'os et de poils) garnissent une petite dépression.
Nichée : de 4 à 7 œufs blancs sont pondus entre avril et juin, et couvés par la femelle de 32 à 34 jours. 1 ou 2 pontes annuelles. Nidicole. Quitte le nid entre le 68e et le 80e jour.
Longueur : 34 cm.
Poids : 300 g.
Longévité : peut atteindre 21 ans.

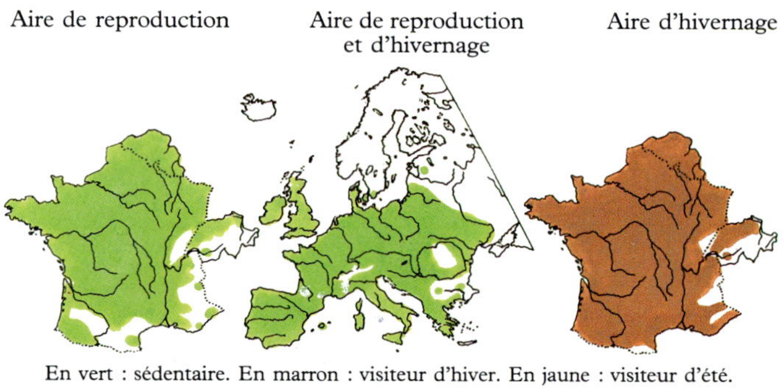

En vert : sédentaire. En marron : visiteur d'hiver. En jaune : visiteur d'été.

Martinet noir

Apus apus

A la fin de la journée, lorsque le village commence à s'animer malgré la chaleur encore pesante de cette soirée de juillet, des cris stridents et perçants retentissent. Une dizaine d'oiseaux noirs aux ailes en forme de faux apparaissent au coin d'une rue et se poursuivent à grande vitesse au ras des toits et des murs. A la nuit tombante, les poursuites effrénées cessent, les oiseaux prennent peu à peu de l'altitude et disparaissent dans l'obscurité, haut dans le ciel où ils vont dormir en planant des heures d'affilée.

Merveilleuse créature très à l'aise en vol, les martinets noirs possèdent des ailes profilées, « dessinées » pour effectuer des déplacements à grande vitesse : étroites et rejetées vers l'arrière, elles ne présentent aucune échancrure ni fente qui pourraient ralentir l'oiseau dans sa progression. Leurs longues ailes rigides cinglent l'air à chaque battement. En outre, la queue qui agit comme un gouvernail est très courte car à grande vitesse les changements de direction se font par de légers mouvements des rectrices. Ils ont un corps fuselé parfaitement adapté pour pénétrer dans l'air. Cette aisance leur permet d'écumer de grands espaces à la recherche de proies qu'ils capturent le bec largement ouvert, en effectuant d'étonnantes figures acrobatiques. A terre, l'oiseau est handicapé car ses minuscules pattes et ses ailes démesurées ne lui permettent pas de prendre un essor suffisant pour s'arracher du sol.

Grand migrateur diurne et parfois nocturne (surtout en fin de saison), le martinet noir quitte l'Europe de juillet à août pour rejoindre l'Afrique tropicale et méridionale. Les retours, peu échelonnés dans le temps, ont lieu en avril et en mai selon les régions.

Sur le terrain : très grosse « hirondelle » noire, aux longues ailes en forme de faux et à la queue courte et échancrée.
Plumage : les deux sexes sont identiques. Les jeunes sont plus bruns que les adultes et le blanc de leur gorge est plus étendu.
Nourriture : insectivore, le martinet noir capture ses proies à grande vitesse près du sol ou haut dans les airs, en fonction des conditions climatiques.
Site du nid : il s'installe dans un trou de bâtiment, sous un toit ou sous une fenêtre ; exceptionnellement dans une cavité naturelle (arbre).
Nid : des brins d'herbe, des feuilles et des plumes sont récoltés dans les airs puis agglutinés avec de la boue et de la salive afin de construire une coupe peu profonde.
Nichée : 3 œufs blancs sont pondus en mai ou en juin et couvés de 18 à 20 jours par le couple. 1 ponte annuelle. Nidicole. Quitte le nid entre le 35e et le 40e jour.
Longueur : 16 cm.
Poids : 35 g.
Longévité : peut atteindre 21 ans.

Ci-dessus : martinet noir. L'aérodynamisme du corps de cet oiseau est parfait ; sa forme fuselée facilite la pénétration dans l'air.

Page de gauche : chouette effraie. Ce rapace nocturne, souvent victime du trafic routier, ne s'installe pas dans les grandes cités mais dans les villages ou à la périphérie des villes.

Aire de reproduction — Aire de reproduction et d'hivernage — Aire d'hivernage

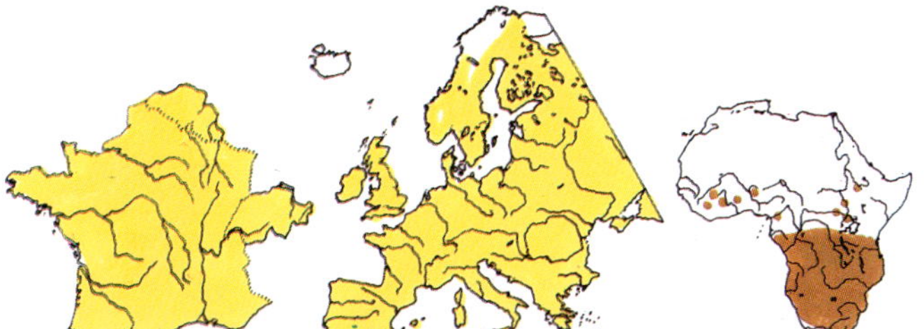

En vert : sédentaire. En marron : visiteur d'hiver. En jaune : visiteur d'été.

Hirondelle rustique

Hirundo rustica

Pénétrant par la lucarne ouverte de la grange, un faisceau de lumière éclaire le sol poussiéreux de la bâtisse dont l'intérieur est parfumé d'une douce odeur de paille sèche et de foin. Dehors, des séries de cris fins, d'abord éloignés, se rapprochent peu à peu et déclenchent bientôt des appels venus de la pénombre, juste au-dessous d'une poutre de chêne. Rentrant à grande vitesse dans l'obscurité, une hirondelle rustique, le bec chargé d'insectes, vient se poser sur une petite coupelle de boue séchée où s'égosillent des poussins affamés. Déposant équitablement le produit de sa chasse dans chaque gosier écarlate, elle reste quelques instants agrippée au nid, attendant que l'un des oisillons expulse sa capsule fécale dans son bec ; puis la femelle s'envole rejoindre son partenaire qui gazouille au-dehors, perché sur un fil électrique.

Après la saison de reproduction, les hirondelles se réunissent par milliers dans les roselières où elles passent la nuit ; le jour, des centaines d'individus se regroupent sur les lignes télégraphiques. Ce comportement annonce leur départ pour l'Afrique qui a lieu de la fin du mois d'août à octobre ; les retours s'échelonnent de la fin du mois de mars à mai. Si, à leur arrivée en Europe, les conditions climatiques sont défavorables, beaucoup d'hirondelles rustiques succombent sous l'effet des périodes froides et pluvieuses qui les privent de nourriture : les premières hirondelles ne font pas toujours le printemps !

Ci-dessus et ci-contre : hirondelle rustique. La longueur des filets de la queue de cet oiseau indique qu'il s'agit d'un mâle ; ceux de la femelle sont nettement plus courts.

Sur le terrain : hirondelle crème dessous et bleue dessus. La queue est prolongée par deux longues plumes (filets).
Plumage : les filets de la queue sont plus longs chez le mâle que chez la femelle. Les jeunes sont plus ternes que les adultes et les reflets métalliques du dessus sont estompés.
Nourriture : insectivore, l'hirondelle rustique capture en vol du plancton aérien, au ras de la végétation ou de l'eau : mouches, chironomes, moustiques...
Site du nid : à l'intérieur d'un bâtiment, elle s'installe contre une poutre ou des chevrons et, dehors, sous un pont, dans une grotte, plus rarement dans un arbre.
Nid : le couple construit une coupe constituée de boulettes de boue et de la salive mélangées à des fibres, à des débris végétaux et à des plumes.
Nichée : 4 ou 5 œufs blanc rosé, piquetés de brun-roux, sont pondus entre mai et juillet, et couvés par le couple de 14 à 16 jours. 2 ou 3 pontes annuelles. Nidicole. Quitte le nid entre le 17e et le 24e jour.
Longueur : 19 cm.
Poids : 20 g.
Longévité : peut atteindre 16 ans.

En vert : sédentaire. En marron : visiteur d'hiver. En jaune : visiteur d'été.

Hirondelle de fenêtre

Delichon urbica

Les vastes pelouses vertes du grand parc s'étendent entre les allées symétriques, les rangées d'arbres et les parterres de fleurs multicolores. Au centre du jardin, une pièce d'eau est animée par une fontaine et, à l'entrée, un arc de triomphe — vestige de l'époque napoléonienne — impose sa masse de pierre.

Voletant autour de l'édifice, des dizaines d'hirondelles de fenêtre ponctuent leurs acrobaties aériennes de cris durs et brefs, certaines s'engouffrant sous les arcades, d'autres en surgissant à grande vitesse. Accrochés sous la voûte du monument, plusieurs nids construits sur les moulures des fresques montrent leur demi-sphère de terre sèche. Non loin de là, posés sur une corniche, des pigeons surveillent les mouvements incessants des hirondelles venant nourrir leurs jeunes : agrippés à la structure de boue, les parents enfournent des boules d'insectes dans le gosier grand ouvert des poussins, puis repartent en jetant une série de cris lorsqu'ils jaillissent à l'extérieur. Entre deux becquées, les jeunes sortent tour à tour leur tête à la fenêtre du nid pour s'intéresser aux allées et venues des badauds ou aux bagarres des moineaux.

Grandes migratrices diurnes, les hirondelles de fenêtre quittent l'Europe de septembre à la fin d'octobre, donc plus tardivement que les hirondelles rustiques puisque leurs derniers jeunes s'envolent en septembre. Les retours s'échelonnent de la fin du mois de mars à mai.

Sur le terrain : hirondelle blanche dessous et noire dessus, avec le croupion clair. La queue est échancrée et les pattes sont emplumées.
Plumage : les deux sexes sont identiques. Les jeunes ont le dessus brun foncé sans reflets métalliques bleutés.
Nourriture : insectivore, elle capture le plancton aérien.
Site du nid : l'hirondelle de fenêtre s'installe à l'abri d'un surplomb de rocher, d'un balcon, contre un mur ou une falaise, sous un pont.
Nid : le couple construit une demi-coupe fermée, avec des boulettes de boue et de salive qu'il mêle à de petits graviers.
Nichée : 4 ou 5 œufs blancs sont pondus entre mai et juillet, et couvés par le couple de 13 à 19 jours.
2 pontes annuelles.
Nidicole.
Quitte le nid entre le 19e et le 25e jour.
Longueur : 13 cm.
Poids : 17 g.
Longévité : peut atteindre 14 ans.

Ci-dessus et en bas, à gauche : hirondelle de fenêtre. Cette espèce pénètre au centre des villes et s'installe en général sur les bâtiments situés à proximité d'un fleuve où les oiseaux peuvent trouver la boue nécessaire à la construction de leurs nids.

Aire de reproduction — Aire de reproduction et d'hivernage — Aire d'hivernage

En vert : sédentaire. En marron : visiteur d'hiver. En jaune : visiteur d'été.

Rouge-queue noir

Phoenicurus ochruros

Lorsque l'aube n'a pas encore totalement dissipé l'obscurité régnant sur le dédale des rues, un trille grésillant déchire le silence d'un quartier. Ces strophes peu mélodieuses qui semblent venir d'une antenne de télévision ou d'une cheminée sont produites par un petit oiseau couleur de suie à la queue rousse perpétuellement agitée d'un tremblement.

Dès son retour du Midi où il passe la mauvaise saison, le « rossignol des murailles » émet son chant nuptial dont les phases rappellent le bruit d'un papier que l'on froisse. Attirant ainsi une femelle sur son territoire, le mâle tente alors de la séduire en exécutant une danse où il balance le corps en arrière, les ailes étalées montrant bien leur belle plage blanche et la queue largement déployée traînant sur le sol.

Autrefois confiné dans les régions de montagne, ce petit oiseau aux mœurs terrestres affirmées a aujourd'hui pénétré le cœur des agglomérations où il parcourt les toitures et les murs en quête de quelques mouches et fourmis.

Migrateurs partiels nocturnes, du mois d'août à la mi-octobre les rouges-queues noirs quittent les sites de reproduction pour des régions où la douceur du climat et le faible enneigement leur permettent de passer l'hiver sans trop de problèmes. Certains oiseaux traversent même la Méditerranée pour rejoindre l'Afrique du Nord ; les retours s'échelonnent de mars à avril.

Sur le terrain : petit oiseau sombre dont la queue rousse s'agite continuellement.
Plumage : le mâle se distingue de la femelle par des teintes plus vives, mais tous deux ont une livrée discrète, délicatement rehaussée par le roux de la queue.
Les jeunes sont semblables à leur mère mais mouchetés de noir.
Nourriture : le rouge-queue noir consomme des insectes divers, surtout de petite taille, comme les mouches, les fourmis, les papillons (adultes et chenilles) et les araignées. En automne, il ajoute des baies à son alimentation habituelle.
Site du nid : en ville, il recherche les anfractuosités des bâtiments ; en montagne, les cavités naturelles (rochers, éboulis). Il s'installe rarement sur le sol.
Nid : la femelle construit une coupe avec des herbes et des mousses puis elle la garnit de plumes.
Nichée : de 4 à 6 œufs blancs sont pondus entre avril et juin, et couvés 14 jours par la femelle. 2 ou 3 pontes annuelles. Nidicole. Quitte le nid entre le 12e et le 19e jour.
Longueur : 15 cm.
Poids : 17 g.
Longévité : peut atteindre 8 ans.

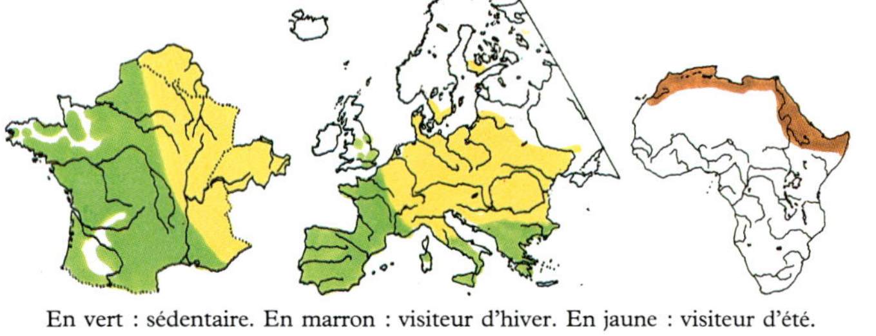

En vert : sédentaire. En marron : visiteur d'hiver. En jaune : visiteur d'été.

Ci-contre : rouge-gorge chantant en sourdine à la fin de l'hiver.

Page de gauche
En haut : rouge-queue noir mâle.

En bas : bergeronnette grise en plumage hivernal.

Mésange bleue

Parus cæruleus

Cette nuit de février a été froide et le jardin, figé dans la blancheur du givre, s'éveille lentement. Un merle, dérangé par le chat du voisin, s'éloigne en protestant, tandis que deux rouges-gorges, bombant leur torse orangé, s'expliquent à la frontière de leurs territoires hivernaux. Au fur et à mesure que le soleil monte dans le ciel, l'animation grandit : un couple de pies pâture sur la pelouse alors qu'une troupe de mésanges vient se poser dans le noisetier dont les chatons de velours ocre annoncent le retour du printemps.

Une « nonnette » s'approche de la mangeoire à graines, ponctuant sa progression par des cris énergiques, tandis que deux mésanges bleues posées sur un petit plateau suspendu se gavent de morceaux de gras. Une fois rassasiés, les deux oiseaux vont se poser dans un buisson pour nettoyer leur bec englué en le frottant vigoureusement sur un rameau.

Cette petite mésange, d'habitude insectivore, fréquente les points de nourrissage que les citadins disposent dans leurs jardins car, l'hiver, les proies qu'elle capture sous les écorces, parmi les feuilles tombées et à l'intérieur des tiges de roseaux, deviennent rares. Mais les jours rallongent peu à peu et la nourriture devient plus abondante, ce qui permet aux mésanges bleues de célébrer le retour du printemps par leurs chants et leurs parades nuptiales.

Quelque temps après leur envol, les jeunes mésanges bleues vagabondent sur de courtes distances, alors que les adultes sont plutôt sédentaires. Certaines années, des populations d'Europe centrale poussées à l'exode par une pénurie alimentaire se dirigent vers l'ouest du continent, atteignant parfois la péninsule Ibérique.

Sur le terrain : petite mésange jaune et bleu.
Plumage : la femelle est plus terne que le mâle. Les jeunes ont les joues jaune pâle et la calotte teintée de gris-vert.
Nourriture : la mésange bleue consomme des insectes et leurs larves. En hiver, elle se nourrit de chrysalides, de graines, de baies.
Site du nid : elle s'installe dans une cavité d'un arbre feuillu, d'un mur ou d'un rocher ; elle occupe souvent un nichoir.
Nid : la femelle construit une coupe avec des herbes, des mousses, de la laine, des feuilles mortes et des toiles d'araignée, puis elle la garnit de crins et de laine.
Nichée : de 7 à 12 œufs blancs, piquetés et tachés de brun-rouge, sont pondus entre avril et juin, et couvés de 12 à 16 jours par la femelle. 2 pontes annuelles. Nidicole. Quitte le nid entre le 15e et le 23e jour.
Longueur : 11 cm.
Poids : 12 g.
Longévité : peut atteindre 12 ans.

Aire de reproduction — Aire de reproduction et d'hivernage — Aire d'hivernage

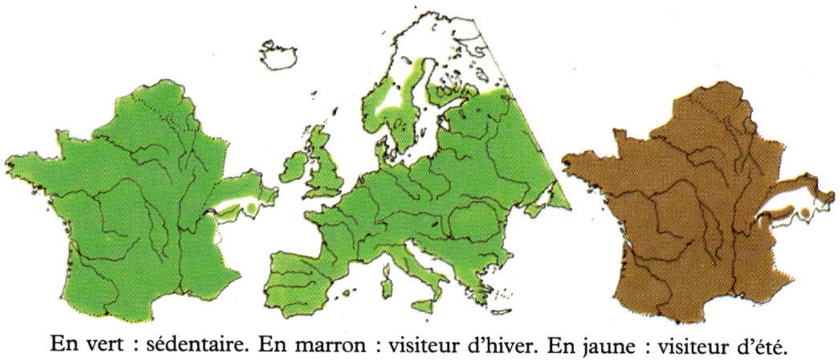

En vert : sédentaire. En marron : visiteur d'hiver. En jaune : visiteur d'été.

Mésange charbonnière

Parus major

A la fin de l'hiver, lorsque les bourgeons sont prêts à éclater, manifestant ainsi la renaissance d'une nature endormie depuis l'automne, les mésanges charbonnières visitent les anfractuosités, les fissures et les trous des arbres, à la recherche d'un futur emplacement de nidification. Après avoir fouillé sans succès un verger, une haie, un petit bois et un mur de pierre, un mâle arrive enfin à proximité du nichoir de planches que l'on a posé au début de l'hiver. Intriguée par cette construction, la mésange hésite quelques instants avant de disparaître dans le nid artificiel. Ravi de sa trouvaille, l'oiseau en sort et va se poser sur une branche voisine où il entame de sa voix argentine son chant nuptial composé de sons brefs à deux ou trois syllabes répétées sur un rythme rapide.

Une femelle, attirée par ce manège, s'approche du séducteur qui lui montre alors sa découverte par des vols successifs puis s'agrippe à l'entrée dont il martèle les bords à coups de bec. Séduite, la mésange pénètre dans la cavité, tandis que le mâle va capturer une proie qu'il s'empresse d'offrir à sa compagne. Mais ce n'est qu'à la fin du mois de mars que la femelle construira un nid douillet avec des flocons de laine et des crins.

Après la saison de reproduction, les mésanges charbonnières demeurent, en principe, aux alentours des sites de nidification. Pourtant, certaines années, à partir de la mi-septembre et jusqu'en novembre, des oiseaux venus de l'est réalisent des déplacements, parfois longs de plus de 1 000 km, qui les mènent en Europe occidentale. Les retours ont lieu de février à avril.

Sur le terrain : grosse mésange jaune et noir.
Plumage : la femelle présente une raie médiane noire plus étroite que celle du mâle. Les jeunes sont plus pâles que les adultes : le noir de la tête est mêlé de brun, les côtés de la tête et le cou sont blanchâtres, et la raie médiane est peu marquée.
Nourriture : insectivore, la mésange charbonnière cherche surtout les chenilles auxquelles elle ajoute des araignées, des graines et des baies.
Site du nid : elle s'installe dans une cavité d'arbre ou de mur, dans une fente de toit, à moins de 6 m de hauteur. Elle occupe parfois un ancien nid, très souvent, un nichoir.
Nid : la femelle construit une coupe avec des racines, des mousses, des lichens et des herbes auxquels sont incorporés du duvet et des toiles d'araignée. L'intérieur est tapissé de crins, de poils et de duvet.
Nichée : de 8 à 13 œufs blancs, piquetés et tachés de brun-rouge, sont pondus entre avril et juin, et couvés par la femelle 13 ou 14 jours. 1 ou 2 pontes annuelles. Nidicole. Quitte le nid entre le 16e et le 22e jour.
Longueur : 13 cm.
Poids : 13 g.
Longévité : peut atteindre 15 ans.

Aire de reproduction — Aire de reproduction et d'hivernage — Aire d'hivernage

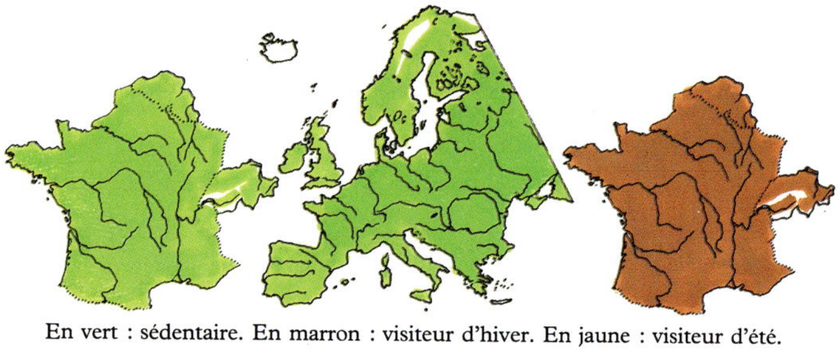

En vert : sédentaire. En marron : visiteur d'hiver. En jaune : visiteur d'été.

Ci-dessus, à gauche : mésange bleue.

Ci-dessus, à droite : mésange charbonnière mâle.

Ci-contre : mésange charbonnière mâle. Cette espèce est commune dans tous les jardins urbains. Querelleuse, elle ne supporte pas la présence d'une mésange bleue sur une table de nourrissage. La « charbonnière » est aussi l'hôte habituel des nichoirs.

Pie bavarde

Pica pica

En haut, à droite : corneille noire. Les friandises jetées à des pigeons par un promeneur intéressent vivement cet oiseau qui a perdu toute la méfiance habituelle de ses congénères vivant à la campagne.

Ci-dessous : pie bavarde.

Jacassant sur la pelouse, un couple de pies marche à pas mesurés, tenant à l'horizontale le long balancier de leur queue. Non loin de là, un chat tapi derrière un fourré de cotonéasters, babines retroussées et moustaches au vent, est pris d'une étrange convulsion de l'arrière-train. Fasciné par la vue des oiseaux, il s'apprête à bondir ; mais avant que le félin ait pu engager le moindre mouvement agressif, les pies sont déjà au sommet d'un peuplier. Très méfiant, ce corvidé, dont la familiarité n'est qu'apparente, descend au sol uniquement lorsqu'il est certain de l'absence de danger.

Cherchant à terre de petits animaux dont elle se nourrit, la pie a une préférence marquée pour les gros insectes coléoptères aux couleurs de bronze, de cuivre et d'acier, comme les scarabées. Cette prédilection explique peut-être sa tendance à chiper près des habitations des objets brillants qu'elle s'empresse de dissimuler, comme s'il s'agissait d'une proie qu'elle viendrait chercher ultérieurement. L'habitude de cacher ses prises lui permet, en période d'abondance, de faire des réserves très utiles lorsque la nourriture vient à manquer.

A la fin de l'hiver, le couple, probablement uni pour la vie, resserre ses liens par des cérémonies nuptiales : le mâle sautille autour de sa partenaire accroupie, tout en exhibant ses belles plumes blanches ébouriffées et sa longue queue largement déployée en éventail.

Très casanière, la pie demeure près des sites où elle a vu le jour.

Sur le terrain : oiseau bicolore blanc et noir, à longue queue.
Plumage : les deux sexes sont identiques. Les reflets métalliques des jeunes ne sont pas aussi marqués que ceux des adultes.
Nourriture : omnivore, la pie bavarde consomme des gros insectes à carapace dure, des escargots, des limaces, des araignées, des œufs et des poussins.
Site du nid : elle s'installe dans un buisson épineux, un arbre ou un bâtiment, le plus souvent à grande hauteur, exceptionnellement en dessous de 2 m.
Nid : le couple construit un nid volumineux avec des branchettes puis il consolide la coupe avec de la boue et la garnit de fines racines. Un dôme ajouré composé de rameaux surmonte l'ensemble.
Nichée : de 5 à 8 œufs verdâtres, tachés de brun, sont pondus en avril ou en mai et couvés 17 ou 18 jours par la femelle. 1 ponte annuelle. Nidicole. Quitte le nid entre le 22e et le 28e jour.
Longueur : 45 cm.
Poids : 210 g.
Longévité : peut atteindre 15 ans.

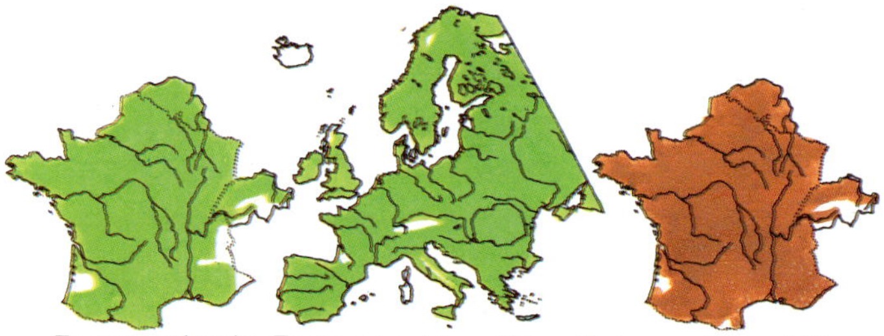

En vert : sédentaire. En marron : visiteur d'hiver. En jaune : visiteur d'été.

Choucas des tours

Corvus monedula

Dominant la ville et les vallonnements de la campagne, un château Renaissance découpe ses tours et ses créneaux dans le ciel où volent quelques martinets noirs. Plus bas, posé sur une corniche de la façade, un petit corbeau — œil vif et livrée ardoisée — lance un cri clair et bref vers deux congénères qui se poursuivent dans les airs en un combat aérien sans merci.

Très grégaire, le bien nommé choucas des tours vit en colonies organisées en de véritables sociétés où existent une hiérarchie élaborée et des classes bien définies. Les couples semblent unis pour la vie et, chaque année, à l'époque des amours, les deux partenaires réalisent des cérémonies rituelles : le mâle gonfle les plumes grises de la tête et du cou tout en poussant des cris perçants, tandis que la femelle s'accroupit en frémissant des ailes et de la queue ; elle lisse ensuite les plumes de la nuque de son compagnon qui lui présente alors une offrande qu'elle accepte.

Depuis le début du siècle, les populations de choucas n'ont cessé de croître. Autrefois inconnu dans le Midi, le choucas fit son apparition en 1927 à Carcassonne, en 1938 à Pézenas, puis il colonisa les villes du Languedoc-Roussillon vers 1945. Ce phénomène d'expansion démographique reste difficile à expliquer, mais la disparition de ses prédateurs comme l'autour des palombes ou le faucon pèlerin en est probablement l'une des raisons.

Plutôt sédentaire, cette espèce quitte peu les sites de reproduction, excepté les jeunes qui effectuent des déplacements de bonne amplitude. En revanche, les populations de l'est de l'Europe migrent dès le mois d'octobre pour rejoindre l'ouest du continent où elles hivernent. Les retours ont lieu en février et en mars.

Sur le terrain : petit corbeau à tête ronde dont la nuque est plus ou moins grise suivant la saison. L'iris blanc est bien visible.
Plumage : les deux sexes sont identiques. Les jeunes sont lavés de brun.
Nourriture : omnivore, le choucas des tours consomme des mollusques, des vers, des batraciens, des insectes, des oiseaux, des petits mammifères auxquels il ajoute parfois des végétaux et divers détritus.
Site du nid : il s'installe dans les cavités naturelles des falaises, des arbres ; il occupe aussi les cheminées et les trous dans les murs.
Nid : le couple construit une coupe de rameaux qu'il garnit de laine, de foin, de plumes et de crins.
Nichée : de 4 à 6 œufs blanc verdâtre tachés et piquetés de brun sont pondus en avril ou en mai et couvés 17 ou 18 jours par la femelle.
1 ponte annuelle. Nidicole. Quitte le nid entre le 32e et le 36e jour.
Longueur : 32 cm.
Poids : 230 g.
Longévité : peut atteindre 14 ans.

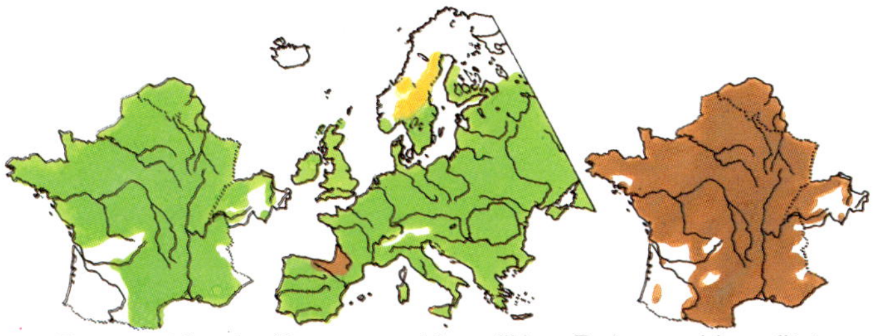

En vert : sédentaire. En marron : visiteur d'hiver. En jaune : visiteur d'été.

Ci-contre : choucas des tours. Comme son nom l'indique, ce petit « corbeau » hante les églises et les châteaux où il vit en société.

Étourneau sansonnet

Sturnus vulgaris

En haut, à droite : étourneau sansonnet. L'hiver, des bandes de plusieurs milliers d'individus se rassemblent le soir à la périphérie des villes ; puis, à la nuit tombante, ils rejoignent un dortoir situé en pleine agglomération. Les problèmes engendrés par cette espèce sont divers : pollution des trottoirs et des véhicules, nuisances acoustiques, destruction des fils électriques, collisions avec les avions sur les aéroports.

Ci-dessous : étourneau sansonnet en plumage internuptial. En été, les oiseaux n'ont pas les taches blanches bien visibles ici sur le corps.

Par une belle journée de juin, une volée d'oiseaux vient de s'abattre sur le cerisier du jardin que, la veille, on avait projeté de délester de ses fruits mûrs. Trop tard ! Après le passage bruyant des étourneaux, il ne reste plus que noyaux et fruits piqués et à moitié ouverts.

Connue pour sa grande sociabilité, cette espèce reste grégaire même en pleine période de reproduction, époque à laquelle les individus sont, en principe, le plus indépendants. Ce phénomène est probablement accentué par la surpopulation de l'espèce observée dans maintes localités.

Autrefois inconnu dans les régions de montagne, l'étourneau pénètre aujourd'hui les vallées les plus reculées et s'y installe peu à peu. Absente des villes méridionales jusqu'en 1947, date à laquelle elle fait son apparition dans l'Hérault, l'espèce gagne ensuite la Provence en 1970 et le Var en 1974. Cette formidable explosion démographique est en grande partie liée à l'activité humaine qui non seulement a exterminé son prédateur attitré, l'épervier, mais lui fournit aussi d'abondantes sources alimentaires issues, notamment, des décharges d'ordures ménagères et des nouvelles pratiques agricoles. Il faut également ajouter que la pose inconsidérée de nichoirs opérée dans les pays de l'Est a favorisé sa progression.

A l'heure actuelle, des millions d'oiseaux arrivent chaque automne à l'ouest de l'Europe et en Afrique du Nord, de la mi-septembre à la fin du mois de novembre, augmentant ainsi les populations locales sédentaires. En hiver, les dortoirs regroupent des centaines de milliers d'oiseaux qui se rassemblent au cœur de certaines villes et cela, suivant les régions, jusqu'en février ou en mars, période des retours vers le nord.

Sur le terrain : oiseau de la taille d'un merle, aux reflets métalliques, avec un bec jaune et une queue courte. Proche parent du mainate, il imite le chant d'autres espèces ou des bruits insolites comme le klaxon d'une automobile ou le sifflet d'un gendarme.
Plumage : la femelle est plus terne que le mâle.
En hiver, les deux sexes présentent une livrée tachée de blanc. Les jeunes sont brun clair.
Nourriture : surtout insectivore en été, l'étourneau devient omnivore en hiver.
Il consomme des graines, des bourgeons, des fruits, des insectes et divers déchets.

Site du nid : il s'installe dans une cavité d'arbre, de rocher ou de bâtiment, à plus de 3 m de hauteur.
Nid : le mâle construit une coupe avec de la paille, des tiges et des fragments d'écorce, puis il la garnit de laine et de mousse ; la femelle ajoute des fleurs.
Nichée : de 5 à 7 œufs bleu-vert pâle sont pondus en avril ou en mai et couvés de 12 à 15 jours par le couple. 1 ou 2 pontes annuelles. Nidicole. Quitte le nid entre le 20e et le 22e jour.
Longueur : 18 cm.
Poids : 78 g.
Longévité : peut atteindre 20 ans.

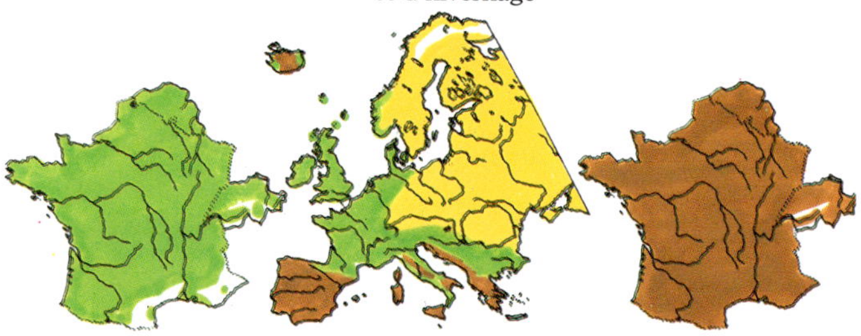

En vert : sédentaire. En marron : visiteur d'hiver. En jaune : visiteur d'été.

Moineau domestique

Passer domesticus

La vie du moineau domestique est depuis des temps reculés — probablement dès la période préhistorique — liée à celle de l'homme. Omniprésent de la mer à la montagne, le « pierrot » a su tirer parti des différentes pratiques agricoles qui lui fournissent encore en grande quantité les grains dont il fait son ordinaire.

Au cours du XIXe siècle, le « moineau des maisons », comme l'appellent les Britanniques, était beaucoup plus abondant qu'aujourd'hui dans le centre des agglomérations. Il profitait alors du crottin des chevaux dont il extrayait les graines et les insectes détritivores. La disparition progressive du grand mammifère herbivore eut pour conséquence de réduire considérablement les effectifs de cette espèce. Mais sa débrouillardise, son insolence et son aptitude à estimer les dangers ont permis au moineau de survivre près des jardins et partout où il y a des espaces de végétation.

Très grégaires, il n'y a pas un moment de leur vie où les moineaux sont solitaires : ils se reproduisent en colonie, dorment en troupe plus ou moins importante, cherchent leur nourriture en compagnie de congénères... Même lors des parades nuptiales, les mâles d'un clan se réunissent pour courtiser des femelles en sautillant, le plumage ébouriffé, les ailes pendantes et la queue dressée — cérémonies qui se terminent souvent par des bagarres. Ce type de jeu sexuel permet à la communauté de synchroniser la reproduction, notamment en stimulant les femelles afin de les préparer simultanément à la fécondation.

Particulièrement casanier, le moineau domestique ne quitte pas les sites où il a vu le jour.

Ci-contre : moineau domestique mâle en plumage nuptial.

Ci-dessous : moineau domestique femelle.

Sur le terrain : oiseau très familier gris-brun avec un bec conique.
Plumage : en été, le mâle a le bec et la gorge noirs, le dessus brun-roux, la calotte grise et le dessous crème ; la femelle est gris-beige.
Nourriture : omnivore, il consomme des graines, des bourgeons, des fruits, des insectes et divers déchets.
Site du nid : les moineaux s'installent en colonies, dans une cavité de bâtiment, un trou d'arbre, un nid d'hirondelle, sous une tuile ou dans le soubassement d'une aire de rapace ou de grand échassier.
Nid : avec de la paille, des tiges, des feuilles, du papier, le couple construit un nid informe et volumineux, muni d'une entrée latérale.
La coupe est garnie de plumes et de laine.
Nichée : de 3 à 6 œufs blanc sale, fortement tachés et rayés de gris-brun, sont pondus entre avril et juillet, et couvés de 11 à 14 jours par la femelle.
De 2 à 4 pontes annuelles.
Nidicole.
Quitte le nid vers le 15e jour.
Longueur : 15 cm.
Poids : 30 g.
Longévité : peut atteindre 10 ans.

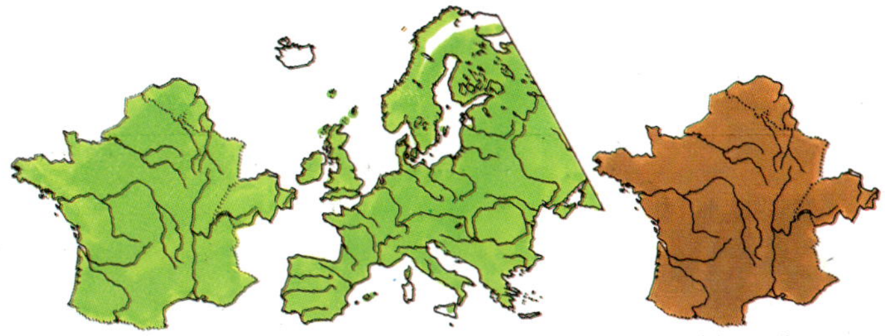

En vert : sédentaire. En marron : visiteur d'hiver. En jaune : visiteur d'été.

LES OISEAUX DES PRAIRIES, DES CHAMPS ET DES HAIES

Vastes étendues herbacées, les prairies pâturées ou fauchées et les champs couvrent la plupart des terres défrichées de plaine ; entre ces parcelles à la végétation basse, se dressent des haies qui forment un quadrillage d'arbres et de buissons : c'est le bocage. Ce type de paysage rural disparaît peu à peu au profit d'une agriculture "industrielle" dont les pratiques pertubent considérablement les écosystèmes.

Dans les champs, la pauvreté floristique de la strate herbacée est accentuée par des traitements contre les "mauvaises herbes". En fait, la meilleure diversité animale est souvent observée dans les haies car elles procurent à de nombreuses espèces un couvert protecteur et des sources alimentaires abondantes.

Au printemps et en été, les herbes et les fleurs des prairies abritent les couvées de certains busards, des faisans, des œdicnèmes, des traquets tariers ou des bergeronnettes printanières ; les cultures dissimulent les nids des outardes, des perdrix, des cailles ou des alouettes, et les haies abritent à peu près les mêmes oiseaux que dans les bois avec, toutefois, des habitants particuliers comme l'engoulevent, la chouette chevêche ou le torcol.

En automne, les blés sont déja moissonnés, les maïs sont coupés, et seuls les chaumes témoignes de la présence passée d'une végétation ; sur le sol, des pigeons et diverses espèces granivores comme les moineaux et les bruants glanent des grains.

L'hiver, les troupes de vanneaux, de pluviers, de corbeaux freux et parfois d'oies, poussées par les vents du nord, s'installent dans les labours pour pâturer, tandis que les sizerins, les linottes et les pipits farlouses explorent les friches et les prairies.

Ci-contre : pluvier doré

LES MILIEUX DES PRAIRIES, DES CHAMPS ET DES HAIES

Primitivement, la forêt couvrait l'Europe entière excepté certaines régions où la pluviosité n'était pas suffisante pour que le développement des arbres soit possible ; les steppes, constituées d'herbes et de rares boqueteaux, s'étendaient alors sur de vastes superficies. Mais, au cours des siècles, l'homme a progressivement défriché les massifs forestiers pour cultiver les terres fertiles, modifiant ainsi les paysages pour leur donner un aspect de bocage où les champs alternent avec les haies, laissant en quelques endroits des prés de fauche ou des prairies réservées au bétail.

A l'origine, les oiseaux européens étaient donc en majeure partie forestiers, puis, à la suite des modifications opérées sur les massifs, ils se sont progressivement adaptés aux nouveaux biotopes que l'homme a modelés à sa convenance.

Ces milieux semi-ouverts sont aujourd'hui peu à peu remembrés en raison des besoins des pratiques agricoles modernes, altérant ainsi les caractéristiques biologiques de systèmes écologiques déjà modifiés. Devenant des plaines sans arbres où les monocultures céréalières s'étendent à perte de vue, ces régions sont nettement plus pauvres en communautés animales que le bocage, du fait de l'homogénéité des strates végétales, de leur faible diversité et des traitements chimiques. L'outarde canepetière, la perdrix grise, l'alouette des champs, le moineau friquet arrivent toutefois à se maintenir sur ces étendues monotones.

En revanche, les milieux variés quadrillés par des haies d'arbres et d'arbustes regorgent de vie : on y rencontre des espèces propres aux habitats ouverts, comme les alouettes ou les bruants, et aussi des oiseaux des biotopes fermés des bois et des forêts, comme les pics, les sitelles, les mésanges ou les pinsons. De plus, certains prédateurs — faucons crécerelles ou buses variables — viennent chasser sur ces terrains riches en petits vertébrés. Les insectes également nombreux, sont consommés par les gobe-mouches, les hirondelles et autres martinets ; mais c'est avant tout là que la nourriture végétale est la plus abondante, notamment en automne. Aussi retrouve-t-on la majeure partie des petits oiseaux granivores — chardonnerets, linottes, moineaux, bruants — sur ces terres rurales à forte productivité. Ils procurent aux espèces des habitats où la végétation n'est pas très haute mais touffue et inondée de lumière, favorisant le développement de la vie. Les oiseaux y trouvent une nourriture abondante et un couvert pour leurs nids... Les prédateurs aussi !

En fait, c'est toujours dans les zones de contact écologique que la flore et la faune atteignent leur plus grande diversité : non seulement les habitants de deux milieux juxtaposés y vivent côte à côte, mais s'y ajoutent les espèces particulières aux lieux de transition. Cette richesse garantit la qualité des systèmes biologiques et leur bon fonctionnement.

En haut, à gauche : vanneau huppé mâle en plumage de noces chassant des insectes au milieu d'une prairie.

Ci-contre : champ de coquelicots.

Page précédente : faisan de colchide.

1

2

3

4

1. Paysage de bocage.
2. Champ.
3. Friche.
4. Champ labouré.

RÉPARTITION VERTICALE DE L'ACTIVITÉ DES MÉSANGES SUR UN ARBRE

Les compétitions alimentaires entre les espèces d'oiseaux ont été réduites par la nature au strict nécessaire car les manifestations agressives sont coûteuses en énergie et provoquent une perte de temps qui peut être dommageable, surtout en hiver lorsque la durée du jour est relativement courte et que les ressources alimentaires sont rares.

Les mésanges ont un métabolisme très élevé puisqu'il leur faut chaque jour l'équivalent de leur poids (de 9 g à 18 g) en nourriture pour vivre, et des ségrégations se sont opérées au cours de l'évolution.

L'isolement des espèces a pris la forme d'une différenciation d'habitats : les mésanges noires et huppées fréquentent les massifs de résineux alors que les mésanges bleues, charbonnières, nonnettes et à longue queue occupent les boisements d'arbres feuillus. Même lorsqu'elles cohabitent, une forme de répartition verticale au niveau des strates de végétation est apparue. Ainsi, quand plusieurs mésanges exploitent un même arbre à des fins alimentaires, on remarque que chaque espèce utilise des secteurs déterminés et une hauteur préférentielle pour s'alimenter. En outre, les diverses techniques de recherche de nourriture développées par les mésanges (pendues la tête en bas pour inspecter l'envers des feuilles, accrochées à un tronc...), ainsi que les différences de structure de leur bec vont dans le sens de l'isolement écologique.

L'importance des ressources alimentaires joue un grand rôle dans la vie de ces passereaux : en été, elle favorise les associations entre certaines espèces (mésanges bleues, charbonnières et nonnettes) ; en revanche, la pénurie hivernale accentue la concurrence et, par conséquent, leur séparation.

En ce qui concerne la stratification verticale de l'activité, on constate que, dans les régions où les charbonnières sont sédentaires, elles se nourrissent principalement au sol entre le mois de décembre et mars ; au début de l'été, attirées par la sortie des chenilles, elles gagnent progressivement les frondaisons, strate où elles demeurent jusqu'au début de l'automne, période à laquelle les oiseaux se nourrissent à tous les niveaux de l'arbre, les sources d'alimentation déterminant alors leur présence.

La distribution des mésanges bleues est caractérisée en toutes saisons par un large domaine d'investigation. Ainsi, en hiver, elles se dispersent des buissons bas aux sommets des plus grands arbres ; au milieu de l'été, les voûtes sont peu à peu désertées pour des secteurs moins élevés. Cette espèce évite de descendre au sol et ne le fait que pour aller ouvrir les noisettes tombées à terre dont elle consomme l'amande, ou bien pour piquer quelques baies.

Les mésanges nonnettes montent peu dans les cimes des grands arbres, leur préférant les parties basses. Quant aux mésanges à longue queue, elles inspectent en général le sommet des arbustes et la strate inférieure des frondaisons.

D'autres phénomènes contribuent à séparer les espèces, comme la différenciation des zones végétales prospectées : la mésange à longue queue est avant tout la mésange des fins rameaux alors que la mésange bleue est celle des feuilles et des petites branches ; la mésange charbonnière cherche ses proies à terre, contre les troncs ou dans les parties inférieures des arbres et des buissons ; la mésange nonnette présente à peu près la même répartition, mais elle a tendance à s'élever un peu plus pour inspecter les grosses branches.

Le schéma ci-dessous montre bien qu'il existe une différence significative dans l'utilisation des nombreuses strates végétales d'un arbre par les quatre espèces de mésanges étudiées : de gauche à droite, mésange bleue, mésange à longue queue, mésange charbonnière, mésange nonnette.

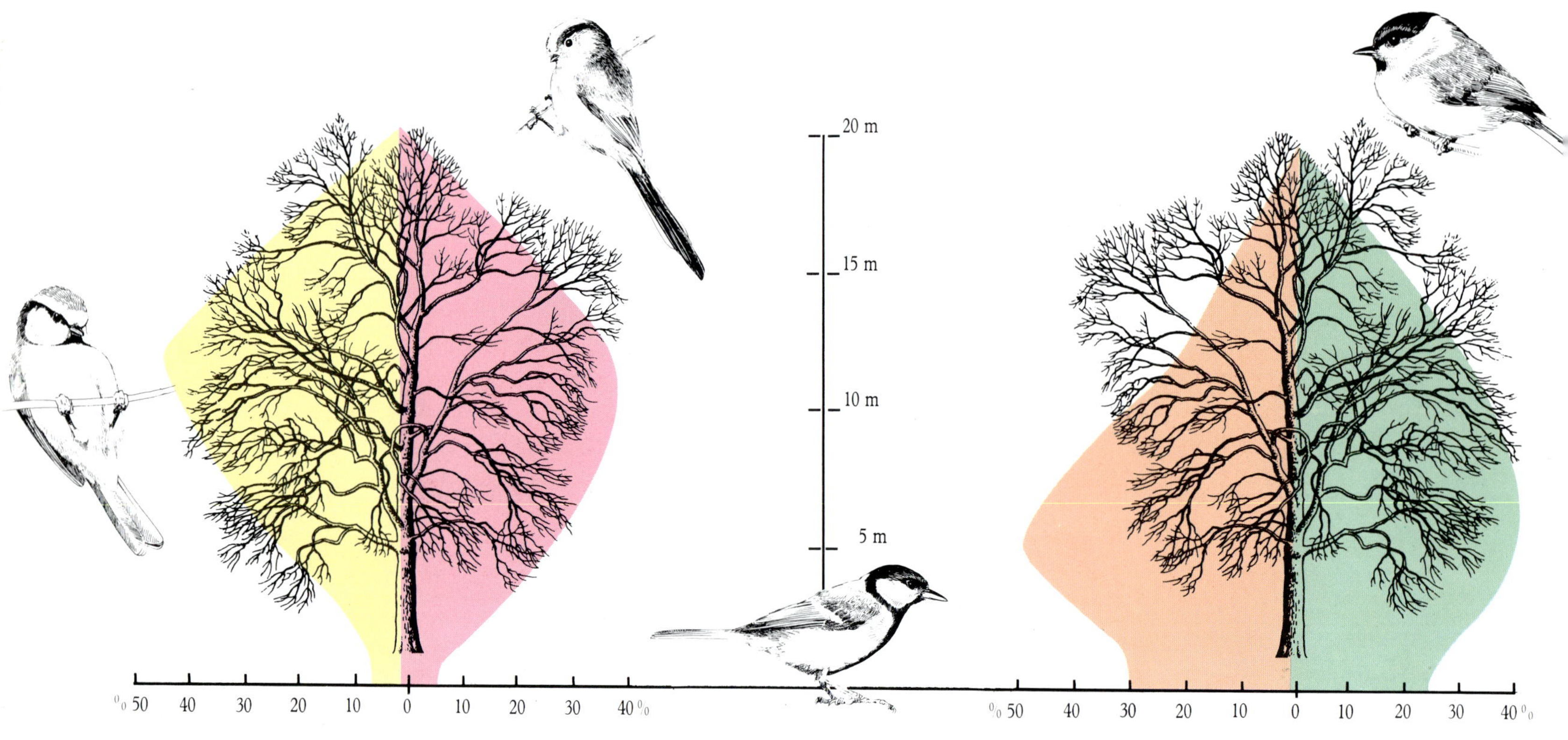

RÉPARTITION VERTICALE DE QUATRE ESPÈCES DE MÉSANGES PENDANT L'ACTIVITÉ DE NOURRISSAGE

1

**solement écologique
les mésanges**

'. Mésange à longue
ueue.
'. Mésange bleue.
'. Mésange nonnette.
'. Mésange
harbonnière.

2

3

4

Perdrix grise

Perdix perdix

Au lever du jour, les maïs ruisselant de rosée se dressent autour de la mare dont les eaux fumantes frissonnent sous l'effet d'une légère brise.

Sur la rive, bien au-delà des vasières où quelques bécassines sondent mécaniquement les boues onctueuses, une bergeronnette grise trottine entre des pieds morts de maïs qui n'ont pas supporté l'immersion prolongée. Un peu plus loin, le long d'un sillon dans la forêt dense des cannes jaunies par le soleil, une perdrix grise avance à petits pas. Le cou tendu à l'horizontale, attentive, elle sort prudemment du couvert, fait une courte pause puis reprend son chemin, bientôt suivie par des congénères. Les gallinacés se rassemblent à force de gloussements étouffés, les uns picorant des insectes sur le sol, les autres arrachant les parties vertes des renouées et autres plantes adventices des cultures. Rassasiée, la compagnie regagne le couvert où chaque perdrix vaque à ses occupations : certaines s'occupent de leur toilettage en prenant des bains de poussière suivis de longues séances de lustrage des plumes, d'autres se reposent, couchées dans le sillon d'une rangée de céréales.

Inquiétées, les perdrix grises se plaquent contre le sol, immobiles ; elles se fondent complètement dans l'environnement, ressemblant alors à des mottes de terre. Si le danger se rapproche, elles décollent dans un concert de cris rudes et grinçants, d'un vol glissé interrompu par quelques battements rapides. Peu à l'aise dans les airs, les oiseaux se posent après quelques centaines de mètres.

L'espèce est sédentaire.

Ci-dessus : perdrix grise. Cet oiseau acquiert son plumage adulte ; la tête et le cou sont encore en livrée juvénile.

Ci-contre : perdrix grise adulte.

Sur le terrain : oiseau tout en rondeur, aux teintes neutres et court sur pattes.
Plumage : la femelle a le dessus de la tête plus tacheté de jaunâtre que le mâle, et le « fer à cheval » marron du ventre est estompé ou absent. Les jeunes sont comme la femelle mais avec le dessus de la tête brun-noir strié de jaunâtre, le bec noirâtre et les pattes jaunes.
Nourriture : surtout granivore, la perdrix grise consomme des semences de graminées et de renouées, ainsi que des feuilles, des pousses, des fleurs, des baies et des racines. En été, elle ajoute à cette alimentation des insectes, des araignées, des escargots.
Site du nid : elle s'installe sur le sol dans un champ de céréales, entre les herbes d'une friche, dans une haie, à la lisière d'un boqueteau.
Nid : un creux de terre est garni d'une mince litière d'herbes et de feuilles sèches, bien camouflée.
Nichée : de 10 à 20 œufs brun-olive ou gris-vert, pondus de la mi-mai à août, sont couvés de 24 à 26 jours par la femelle.
1 ponte annuelle.
Nidifuge. Vole entre le 15e et le 17e jour.
Longueur : de 28 cm à 30 cm.
Poids : de 290 g à 500 g.
Longévité : peut atteindre 8 ans.

Aire de reproduction — Aire de reproduction et d'hivernage — Aire d'hivernage

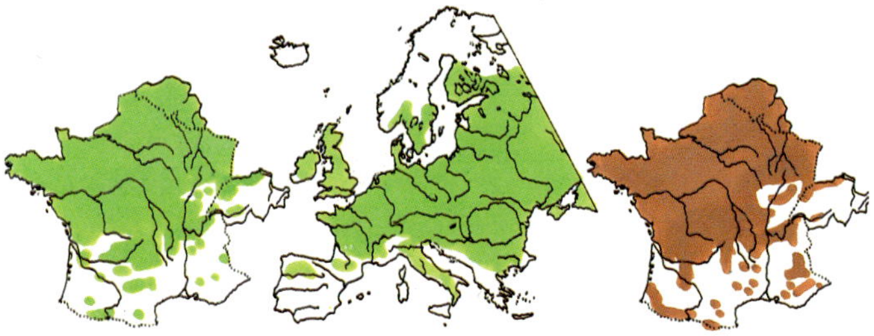

En vert : sédentaire. En marron : visiteur d'hiver. En jaune : visiteur d'été.

Faisan de colchide

Phasianus colchicus

Aux premières lueurs du jour, un double coup de clairon résonne dans la campagne. Avec son plumage resplendissant de cuivre, d'or et de bronze, un faisan de colchide se décide à sortir du couvert. A pas mesurés, il rejoint une prairie, bientôt suivi d'une compagnie de femelles et de jeunes dont la livrée terne se fond dans le fouillis des grandes herbes. Pendant des heures, les gallinacés se nourrissent au sol, picorant des graines de graminées ou grattant la terre de leurs pattes robustes afin de déchausser quelques tubercules. Un bruit suspect, et toute la troupe est en alerte, le cou dressé ; si le danger se précise, les faisans regagnent le couvert à grandes enjambées, la queue étagée relevée tandis que le corps est pris d'un étrange balancement.

Au début du printemps, les mâles quittent les compagnies automnales et hivernales — qui rassemblent plusieurs individus — pour se cantonner sur un territoire. Très agressif durant cette période, le coq indique les limites de son domaine par son double cri, dressant le corps et battant furieusement des ailes au point de décoller. Les caroncules rouges de la tête sont alors gonflées de sang et les deux petites aigrettes de l'arrière du crâne tenues en évidence. Lors de la parade nuptiale, le prétendant tourne autour de la poule, le plumage gonflé et la tête basse, inclinant une aile pendante et la queue étalée dans sa direction.

Cette espèce sédentaire a été introduite en Angleterre et en Europe centrale dès le Moyen Age.

Sur le terrain : c'est le plus grand et le plus coloré de nos gallinacés. La grande queue, la tête verte aux joues rouges, le cou cerclé de blanc et les flancs cuivrés sont typiques de l'espèce.
Plumage : la femelle contraste par sa modeste livrée brun-roux et par sa courte queue. Les jeunes sont comme leur mère mais plus pâles, avec le dessous tacheté et la queue plus courte, barrée de noir.
Nourriture : surtout végétarien, il consomme des graines trouvées dans les cultures, principalement celles de maïs, auxquelles il ajoute des baies, des glands, ainsi que des petits vertébrés.
Site du nid : le faisan de colchide s'installe à même le sol, entre les herbes d'une prairie ou d'un champ de luzerne, dans un bois clair, près d'un marais.
Nid : la femelle gratte le sol pour former une dépression qu'elle garnit d'une mince litière de brindilles.
Nichée : de 8 à 12 œufs brun-olive, parfois bleu pâle, sont pondus de la mi-mars à juin et couvés de 22 à 25 jours par la femelle. 1 ponte annuelle. Nidifuge. Vole entre le 10e et le 12e jour.
Longueur : de 66 cm à 83 cm.
Poids : mâle, 1,400 kg ; femelle, 1,150 kg.
Longévité : peut atteindre 8 ans.

En vert : sédentaire. En marron : visiteur d'hiver. En jaune : visiteur d'été.

Ci-contre : poule faisane.

Au centre et ci-dessous : faisan mâle. Les éleveurs de gibier pratiquent l'hybridation entre les différentes races de faisans, donnant naissance de cette manière à de nombreuses variantes. Ainsi, l'aspect des mâles varie considérablement suivant leur hérédité. Sur la photo (au centre), l'individu arbore un collier blanc indiquant ainsi qu'il possède des gènes de la race du faisan à collier. Le coq de la photo (ci-dessous) présente un plumage qui se rapproche beaucoup du « standard » des faisans de Colchide des régions asiatiques d'où ils sont originaires.

Caille des blés (en bas). Ce petit gallinacé des prairies et des cultures de céréales quitte l'Europe du milieu du mois d'août à septembre pour rejoindre le Maghreb et le Sahel. Les retours ont lieu de la fin de février à la fin de juin.
Outarde canepetière mâle (en haut). Cette espèce habite les grandes étendues à végétation herbacée relativement haute où elle peut se cacher. Migratrice partielle, elle quitte les sites de nidification d'octobre à novembre pour rejoindre le bassin méditerranéen et l'Afrique du Nord. Certaines populations du sud du continent sont sédentaires. Les retours ont lieu en mars et en avril.

Busard cendré

Circus pygargus

Les bois, les haies et les cultures balayés par le vent et les ondées du mois de mars quadrillent les vallonnements de la campagne. Parmi les chaumes, des corbeaux freux promènent leur triste livrée, glanant de-ci, de-là quelques graines alors que le hululement d'une chouette résonne dans le fond d'un talweg.

Débouchant de derrière une colline boisée, un busard cendré rase un champ. Poussé par une courte série de battements souples, il glisse, les ailes relevées en V, louvoie dans la pente, s'arrête un instant en vol sur place et se laisse tomber vers le sol ; les serres en avant sont projetées violemment dans les chairs d'un campagnol qui couine dans un dernier spasme. Après avoir consommé sa proie, le rapace reprend sa patrouille nonchalante en lisière d'un bois, descend dans le creux d'un vallon, suit un moment une rivière et disparaît. Le vol particulier du busard lui permet de sillonner la campagne et d'inspecter les moindres recoins du relief sans trop dépenser d'énergie.

A l'arrivée des femelles, les mâles commencent leurs vols nuptiaux faits d'arabesques, de piqués en vrille et de ressources. Lors des vols en duo, les deux partenaires s'élèvent progressivement dans les airs, cerclent quelques instants en vol plané puis plongent dans un piqué vertigineux, les ailes à moitié fermées.

Grands migrateurs diurnes, les busards cendrés quittent l'Europe du milieu du mois d'août au début d'octobre pour rejoindre les savanes et les steppes d'Afrique tropicale. Les retours s'échelonnent de la fin du mois de mars au mois de mai.

Sur le terrain : busard gris dont la ressemblance avec le busard Saint-Martin est étonnante. Les femelles des deux espèces sont très difficiles à distinguer.
Plumage : les femelles sont brunes. Les jeunes sont roux-orangé la première année.
Nourriture : le busard cendré consomme surtout des petits rongeurs et des oiseaux terrestres comme les pipits et les alouettes. Il ajoute à ce régime des lézards, des insectes, des vers, des batraciens et des reptiles.
Site du nid : il s'installe parmi les hautes herbes d'une prairie humide, d'une lande à genêts, d'une friche, d'un champ de céréales.
Nid : une mince litière d'herbes sèches repose sur le sol.
Nichée : de 3 à 6 œufs blanc verdâtre ou bleuâtre, parfois tachetés de brun pâle, sont pondus en mai ou au début de juin et couvés de 28 à 30 jours par la femelle. 1 ponte annuelle. Semi-nidicole. Quitte le nid entre le 55ᵉ et le 65ᵉ jour.
Longueur : de 40 cm à 42 cm.
Poids : mâle, de 236 g à 310 g ; femelle, de 268 g à 322 g.
Longévité : peut atteindre 16 ans.

Aire de reproduction — Aire de reproduction et d'hivernage — Aire d'hivernage

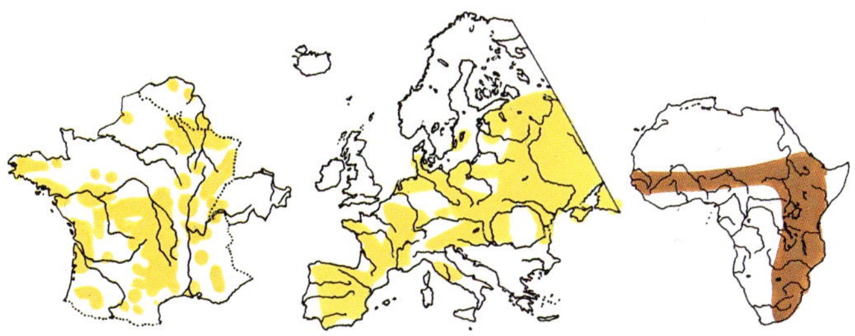

En vert : sédentaire. En marron : visiteur d'hiver. En jaune : visiteur d'été.

Ci-dessus : busard cendré mâle adulte ; cette espèce ressemble à s'y méprendre au busard Saint-Martin. La barre noire du dessus des ailes, bien visible ici, et l'absence de blanc sur le croupion permettent de distinguer les deux rapaces.

Ci-contre : grue cendrée lors de sa parade nuptiale. Cette espèce se reproduit en Scandinavie et hiverne en Afrique du Nord, et depuis peu en France. Elle traverse l'ouest de l'Europe d'octobre à novembre et de février à mars.

Alouette des champs

Alauda arvensis

En bordure d'un champ de céréales, une friche égayée par des coquelicots éclatants se perd dans les ronces et les buissons. Un chardonneret pendu à la fleur d'une bardane s'acharne à en extraire quelques graines tandis qu'une linotte au torse lavé de framboise égrène son chant nuptial.

Parmi les herbes rases et les boutons d'or, tapie sur ses œufs, une alouette des champs au plumage couleur de terre disparaît complètement dans l'environnement. Attentive, elle suit des yeux une corneille qui traverse le ciel, écoute le moindre bruissement d'herbes ; les mouvements de sa courte huppe traduisent son émotion. S'élevant au-dessus du champ, le mâle entame une ascension verticale, attiré dans les airs par une force irrésistible. Survolant son territoire, ses larges ailes vibrant dans l'azur, l'alouette monte sans arrêter de débiter son chant nuptial composé de phrases interminables aux tonalités et aux motifs variés. Stabilisé à une centaine de mètres au-dessus du sol, l'oiseau redescend en vol plané après avoir décrit de larges arabesques.

Très adaptée à la vie terrestre, l'alouette passe la plus grande partie de la journée au sol et, même pressée par un danger, elle ne s'envole qu'au dernier moment, parcourant une petite distance de son vol à courts battements pour disparaître dans une friche.

Migratrices partielles diurnes ou nocturnes, les alouettes des champs se regroupent en petites bandes à la fin du mois d'août et se déplacent d'octobre à novembre vers le sud. Les retours s'échelonnent de février à mars et jusqu'en mai dans les régions septentrionales.

Sur le terrain : sorte de gros moineau à petite huppe. Toujours au sol ou en vol sur place en train de chanter.
Plumage : les deux sexes sont identiques.
Les jeunes ont un aspect moucheté.
Nourriture : végétarienne en automne et en hiver (graines de céréales, de plantes sauvages...), l'alouette des champs devient insectivore au printemps (coléoptères, orthoptères, chenilles) ; elle ajoute à ce régime des vers et des mollusques.
Site du nid : elle s'installe à terre dans une dépression du sol, parfois dans une touffe d'herbes.
Nid : la femelle construit une petite coupe lâche, peu profonde, à l'aide d'herbes sèches et de radicelles, puis elle la tapisse d'herbes fines et de crins.
Nichée : de 3 à 5 œufs allant du jaune au gris, tachetés de brun, sont pondus d'avril à juillet et couvés de 11 à 14 jours par la femelle. 1 ponte annuelle. Nidicole. Quitte le nid entre le 28e et le 35e jour.
Longueur : 18 cm.
Poids : 40 g.
Longévité : peut atteindre 9 ans.

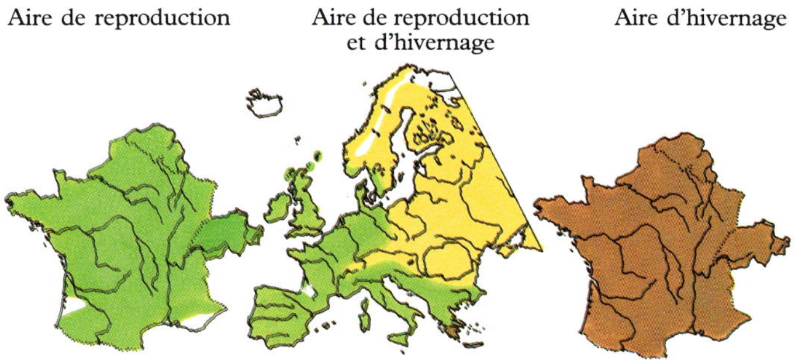

En vert : sédentaire. En marron : visiteur d'hiver. En jaune : visiteur d'été.

Bergeronnette printanière

Motacilla flava

Dans la prairie humide, deux vanneaux se poursuivent en rase-mottes, chacun montrant alternativement son manteau mordoré aux reflets métalliques et son ventre blanc. Sur les parcelles plus sèches du pré, quelques vaches pâturent paisiblement l'herbe rase et des bergeronnettes printanières, magnifiques taches jaunes parmi la végétation verdoyante, trottinent légèrement entre les sabots des ruminants ; un mouvement de tête un peu brusque d'un bovin, et un oiseau s'éloigne en une courte envolée ponctuée de cris brefs. Marchant avec élégance, les « printanières » balancent régulièrement leur queue, picorent un insecte que le pied d'une vache vient de déloger ou capturent d'un bond une proie en l'air. Continuant pendant des heures leur recherche de nourriture, les bergeronnettes quittent la prairie dans un concert d'appels aigus.

Grégaires en période migratoire, les bandes se désagrègent au moment de la reproduction. En avril, les mâles se cantonnent, surveillant leur territoire du haut d'une clôture ou du sommet d'un buisson. A l'approche d'un congénère, l'oiseau propriétaire gonfle la poitrine, rejette la tête vers l'arrière, abaisse les ailes et laisse sa queue traîner ; puis l'affrontement a lieu, tel un combat de sumō, chaque mâle essayant de renverser l'autre.

Grandes migratrices diurnes, parfois nocturnes, les bergeronnettes printanières se déplacent en bandes nombreuses du début du mois d'août à octobre, franchissant les montagnes à haute altitude. Les retours s'échelonnent de la fin du mois de mars à mai.

Ci-dessus : *bergeronnette printanière mâle.*

En bas, à gauche : *bergeronnette printanière femelle.*

Sur le terrain : ressemble à une bergeronnette des ruisseaux, mais s'en distingue par une queue plus courte qui lui donne l'allure d'un pipit et aussi par les cris.
Plumage : la femelle est plus terne que le mâle avec le dessus teinté de brun et le dessous moins vif et plus roussâtre. En automne, le mâle ressemble à la femelle, mais le croupion vert jaunâtre et le dessous jaune empêchent les confusions. Les jeunes sont comme leur mère mais plus roux, avec le dos tacheté de noirâtre.
Nourriture : la bergeronnette printanière consomme surtout des insectes et leurs larves : diptères, coléoptères, sauterelles, pucerons, ainsi que des araignées, des petits vers et des mollusques.
Site du nid : elle s'installe sur le sol, dans une culture, un marais, une lande, sous une touffe d'herbes ou sous une motte, parfois dans l'empreinte d'un pied de cheval.
Nid : la femelle construit une coupe avec des brindilles, des tiges et des racines sèches puis elle la garnit de crins, de laine, plus rarement de plumes.
Nichée : de 3 à 6 œufs allant du blanc jaunâtre au blanc verdâtre, fortement tachés de brun-gris sombre, sont pondus de la fin du mois d'avril à juillet et couvés 12 ou 13 jours par la femelle. 2 pontes annuelles. Nidicole. Quitte le nid le 17ᵉ ou le 18ᵉ jour.
Longueur : 18 cm.
Poids : 17 g.
Longévité : peut atteindre 9 ans.

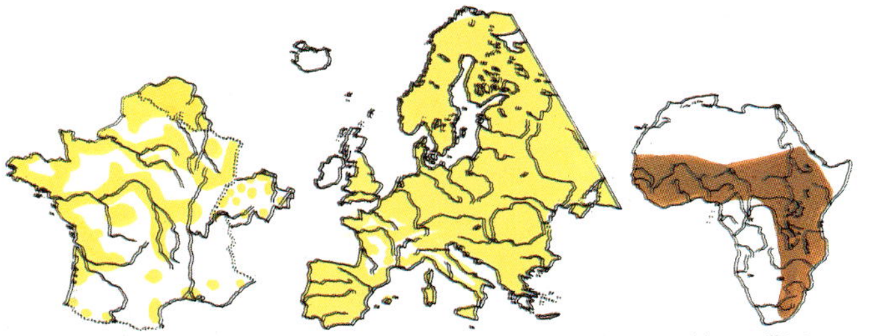

En vert : sédentaire. En marron : visiteur d'hiver. En jaune : visiteur d'été.

Traquet pâtre

Saxicola torquata

En haut, à droite : traquet mâle en plumage nuptial.

Ci-dessous : pipit des arbres. Ce pipit habite les lisières des bois, les clairières des forêts, les friches bordées de haies. Arrivant en Europe à la fin du mois de mars et au début d'avril, les couples installent leurs nids sous des arbustes ou parmi des herbes. Après l'élevage de leurs trois à six jeunes, les pipits des arbres quittent les sites de reproduction d'août à septembre pour rejoindre les savanes d'Afrique tropicale.

Au bord de la route, sur le haut d'un talus à la maigre végétation, un cochevis dont la huppe est malmenée par le vent chemine en lançant son appel fluide et sonore, tandis qu'une volée de moineaux friquets s'abat dans les blés mûrs.

Perché sur un fil téléphonique, un petit traquet tout en rondeur et encapuchonné de noir semble perpétuellement inquiet, agitant sa courte queue et ses ailes de mouvements saccadés, avant de jeter une série de cris durs et brefs, dévoilant ainsi son irritation. De son poste de guet, le traquet pâtre surveille son territoire et, soudain, il se précipite dans l'herbe rase, cueille une petite sauterelle puis rejoint son perchoir. A d'autres moments, il poursuit un papillon dans une acrobatie aérienne ou exécute un vol sur place avant de plonger sur sa proie.

Comme la plupart des espèces de traquets, le « pâtre » aime les terrains ensoleillés des friches et des flancs de coteaux, les landes à arbustes épineux et les collines rocailleuses qui lui procurent une abondante nourriture et des recoins secrets où il peut dissimuler sa couvée.

Sédentaires ou migrateurs partiels suivant les régions, les traquets pâtres quittent les sites de nidification d'août à octobre ; ils se dirigent vers le sud de la France et l'Espagne, et atteignent parfois l'Afrique du Nord.

Les retours s'échelonnent de la fin du mois de février à la mi-avril.

Sur le terrain : de la taille d'une mésange, ce traquet a la tête noire soulignée d'un col blanc qui contraste avec le roux vif de la poitrine.
Plumage : la femelle est moins contrastée que le mâle, avec le manteau brun, la tête marquée de brun, de jaunâtre et de noirâtre. Les jeunes ont le dessus très tacheté de blanchâtre et de roux, et le dessous jaunâtre.
Nourriture : surtout insectivore, il capture à l'affût des sauterelles, des petits papillons et des chenilles, des mouches, des fourmis, des araignées, des cloportes. Il y ajoute des petits mollusques et quelques graines.
Site du nid : le traquet pâtre s'installe au sein d'un talus de route, de voie ferrée ou de chemin creux, dans des friches, des dunes, à proximité d'un marais, et surtout dans les landes.
Nid : la femelle gratte le sol entre des herbes pour y construire une structure grossière avec des tiges, des feuilles sèches et surtout beaucoup de mousses, puis elle la garnit de fines radicelles, de crins, de laine et de plumes.
Nichée : de 4 à 6 œufs vert bleuâtre, finement ponctués de rougeâtre ou de brun pâle, sont pondus de la fin du mois de mars à juin, et couvés de 13 à 17 jours par la femelle. 2 pontes annuelles. Nidicole. Quitte le nid entre le 15e et le 18e jour.
Longueur : 12 cm.
Poids : de 12 g à 19 g.
Longévité : peut atteindre 6 ans.

Aire de reproduction — Aire de reproduction et d'hivernage — Aire d'hivernage

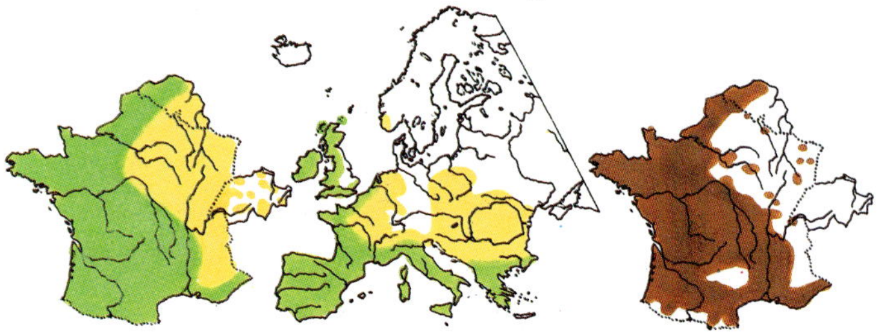

En vert : sédentaire. En marron : visiteur d'hiver. En jaune : visiteur d'été.

Pipit farlouse

Anthus pratensis

La lande marécageuse à la végétation herbacée, parsemée de rares buissons, s'étend jusqu'aux peupliers qui bordent le cours d'eau et se perd dans les roseaux et les laîches inondés. Les appels rapides et métalliques d'un couple de linottes qui s'affairent près d'une touffe d'alpistes couvrent un instant la stridulation lancinante d'une locustelle tachetée. Louvoyant au ras du sol, un coucou femelle cherche une « victime » pour déposer ses œufs.

Non loin, un pipit farlouse s'élève d'un vol battu et régulier à près de 30 m du sol, décrit un orbe horizontal puis se laisse glisser « en vol parachute », la queue et les ailes étalées ; son évolution s'achève par un vol vibré, ses pattes roses pendantes. Lors de cette démonstration nuptiale, le « farlouse » émet son chant composé de cinq à trente-cinq syllabes plus ou moins accélérées, aux tonalités douces et grêles.

Grégaires en dehors de la saison de reproduction, de petites troupes pâturent dans les champs en quête de graines des plantes adventices des cultures. Inquiété, le groupe s'envole en émettant des séries de plaintes aiguës qui ponctuent chaque battement d'ailes.

Migrateurs diurnes partiels, les pipits farlouses commencent leurs déplacements de la mi-septembre à novembre. Les longues périodes de gel et la neige provoquent des fuites vers le sud. Les retours s'échelonnent de la fin du mois de février au début du mois de mai.

Sur le terrain : pipit gracile, plutôt bas sur pattes, avec un plumage rayé toute l'année. En hiver, il est difficile à distinguer du pipit spioncelle.
Plumage : les deux sexes sont identiques. Les jeunes ont le dessus plus sombre et le dessous plus jaune que les adultes.
Nourriture : à la belle saison, le pipit farlouse consomme des insectes coléoptères, hyménoptères, orthoptères, ainsi que leurs larves. En automne et en hiver, il ajoute à ce régime des panicules et des graines de graminées, de renouées, de crucifères, et des araignées.
Site du nid : il s'installe sur le sol, parmi la végétation herbacée d'une lande marécageuse ou sèche, d'une dune, d'une prairie humide, d'un marais.
Nid : la femelle construit dans un creux du sol une coupe composée de fines tiges sèches de graminées, avec ou sans mousse ; elle la garnit de crins.
Nichée : de 3 à 6 œufs allant du gris au gris verdâtre, parfois couverts de points et de taches brun-noir ou de filaments noirâtres, sont pondus de la mi-avril à juillet et couvés 13 jours par la femelle. 1 ou 2 pontes annuelles. Nidicole. Quitte le nid entre le 12e et le 14e jour.
Longueur : 14 cm.
Poids : de 17 g à 25 g.
Longévité : peut atteindre 8 ans.

Ci-dessus : le pipit des prés est aussi appelé pipit farlouse.

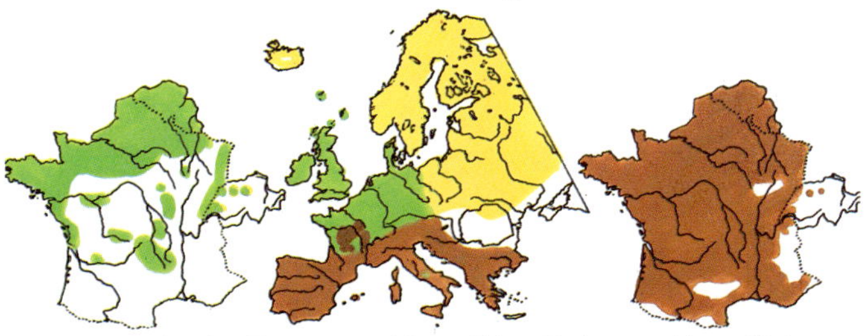

En vert : sédentaire. En marron : visiteur d'hiver. En jaune : visiteur d'été.

Troglodyte mignon

Troglodytes troglodytes

Dans un coin ombragé du champ, à l'emplacement où l'on a soigneusement aligné les bûches, un trille nerveux et sonore retentit. A l'écoute de ce chant, on s'attend à rencontrer un oiseau de bonne taille mais c'est une minuscule boule de plumes, très agitée, à la queue curieusement dressée, qui apparaît des branchages. Familier mais discret, le troglodyte a un caractère des plus grincheux et, de surcroît, querelleur. Présent un peu partout dans les bois, à la lisière des forêts, près des haies des régions de bocage, il s'installe dans les buissons, au bord d'un cours d'eau ou à l'intérieur d'une habitation.

A la belle saison, le mâle construit plusieurs nids confortables que les femelles du voisinage sont invitées à visiter. Pour les y inciter, il chante tout en s'étirant et en laissant pendre ses ailes arrondies ; il agite ensuite sa queue largement déployée avant d'entrer dans l'une de ses constructions. Il en ressort rapidement et recommence son manège à plusieurs reprises. Si son talent de séducteur est reconnu, il peut attirer... et retenir deux ou trois femelles. Son travail de père de famille devient alors éprouvant puisqu'il doit aider à l'élevage d'une quinzaine d'oisillons.

Dans nos régions, le troglodyte est en principe sédentaire ; en revanche, les populations d'Europe centrale quittent leur site de nidification de septembre à la mi-novembre pour hiverner à l'ouest du continent. Les retours s'échelonnent de mars à avril.

Sur le terrain : petit oiseau rondelet brun, dont la queue courte est toujours relevée à la verticale. La puissance de son chant est étonnante.
Plumage : les deux sexes sont identiques. Les jeunes sont plus roux que les adultes.
Nourriture : surtout insectivore, le troglodyte mignon chasse dans les buissons ou à terre des proies peu actives comme les pucerons, les chenilles ou les araignées.
Site du nid : il s'installe près du sol, entre les racines ou dans un lierre grimpant.
Nid : le mâle construit une boule de feuilles, de mousses et d'herbes que la femelle garnit de plumes, de mousses sèches et de poils.
Nichée : de 5 à 8 œufs blancs, piquetés de brun, sont pondus entre avril et juillet, et couvés de 14 à 17 jours par la femelle.
2 pontes annuelles.
Nidicole.
Quitte le nid entre le 14e et le 20e jour.
Longueur : 10 cm.
Poids : 9 g.
Longévité : peut atteindre 6 ans.

Aire de reproduction — Aire de reproduction et d'hivernage — Aire d'hivernage

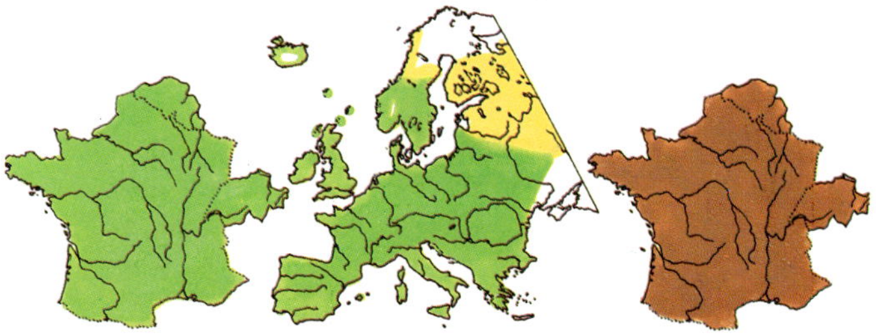

En vert : sédentaire. En marron : visiteur d'hiver. En jaune : visiteur d'été.

Accenteur mouchet

Prunella modularis

Un chemin creux serpente entre les champs et les haies du bocage, à l'ombre des érables. Au pied des grands arbres, plusieurs verdiers « mâchonnent » de leur bec puissant des samares dont ils extraient le précieux contenu. Au cœur d'un fourré, un petit oiseau aux teintes discrètes, tout à fait insignifiant, se faufile comme une souris dans le bas de la végétation, cherchant probablement quelques menues graines. Sautillant rapidement sur le sol, l'accenteur mouchet arrive bientôt à découvert et, le temps de s'emparer d'une araignée, il est de nouveau à l'abri dans l'entrelacs d'un roncier.

Menant une vie très effacée, il ne se met en évidence en un point élevé d'un arbre que pour susurrer des phrases rapides rappelant celles du troglodyte. Chantant à peu près toute l'année, l'intensité de ses émissions vocales augmente à la fin de l'hiver, période des amours durant laquelle les mâles poursuivent les femelles de leur assiduité : sautant de branche en branche, ils font vibrer leurs ailes tendues qu'ils ouvrent et ferment par saccades.

Migrateurs nocturnes partiels, les accenteurs mouchets quittent les sites de nidification de septembre à novembre pour rejoindre des régions où le climat est moins rigoureux. Les retours s'échelonnent de mars à avril. Cependant, beaucoup d'oiseaux restent sur place à condition que les périodes de gel et d'enneigement soient assez courtes pour ne pas compromettre leur survie.

Sur le terrain : petit oiseau d'aspect grisâtre, marron dessus et gris dessous, au bec fin et pointu.
Plumage : la femelle est légèrement plus brune que le mâle. Les jeunes ont le dessous roussâtre rayé de brun.
Nourriture : surtout insectivore, il consomme aussi des mollusques et des graines, et, en automne, des baies.
Site du nid : il s'installe près du sol dans un endroit sombre, le long d'un mur ou dans une plante grimpante. Il peut aussi occuper un ancien nid.
Nid : la femelle construit une coupe volumineuse avec de la mousse verte et des herbes sèches, puis elle la garnit de brindilles, de radicelles, de crins et de laine.
Nichée : 4 ou 5 œufs bleu turquoise sont pondus entre avril et juillet, et couvés 12 ou 13 jours par la femelle.
2 ou 3 pontes annuelles.
Nidicole.
Quitte le nid vers le 12e jour.
Longueur : 15 cm.
Poids : 19 g.
Longévité : peut atteindre 9 ans.

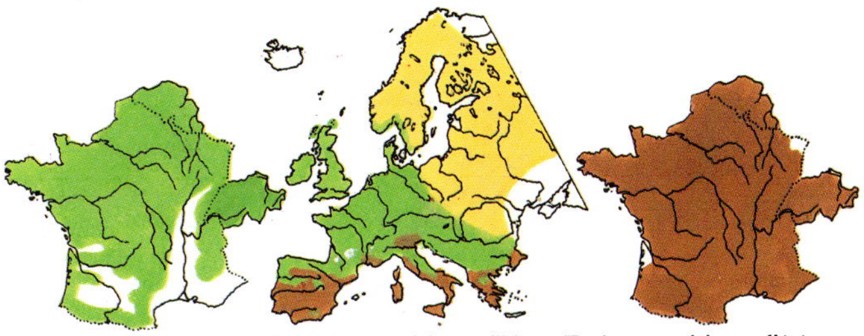

En vert : sédentaire. En marron : visiteur d'hiver. En jaune : visiteur d'été.

Ci-contre : accenteur mouchet. Le plumage cryptique de l'oiseau le fait complètement passer inaperçu quand il est sur le sol.

Page de gauche
En haut : troglodyte mignon.
En bas : ce troglodyte mignon s'est installé dans un vieux nid d'hirondelle rustique qu'il a aménagé à sa convenance afin d'y pondre ses œufs.

Ci-contre : rouge-queue à front blanc mâle.

Ci-dessous : rouge-queue à front blanc femelle.

Rouge-queue à front blanc

Phoenicurus phoenicurus

Perché sur le piquet d'une clôture, un petit oiseau vif, à la queue tremblotante, au plumage brillamment coloré de roux et de noir, inspecte les alentours, juché sur ses hautes pattes foncées. Pris soudain de courbettes nerveuses, le rouge-queue à front blanc s'envole d'un bond pour capturer une piéride ; puis, revenant sur son perchoir, il frappe violemment le papillon sur le bois et l'avale sans autre préparation.

Dès son retour d'Afrique, le mâle cherche des emplacements possibles pour l'installation du nid en parcourant les haies des régions de bocage, les petits bois et même les jardins des villages. Lançant à tout moment sa courte phrase mélodieuse où sont intégrées des imitations d'autres passereaux, l'oiseau attire une femelle qui viendra se poser à ses côtés. Le mâle étire alors son cou tout en laissant pendre ses ailes et déplie en un large éventail sa queue qu'il appuie contre le sol, montrant le roux vif de ses plumes. Cette cérémonie est suivie de la présentation rituelle de la cavité de nidification : le propriétaire incite sa compagne à pénétrer à l'intérieur en entrant et en sortant du trou d'arbre à plusieurs reprises, n'interrompant ses allées et venues que pour faire entendre sa voix.

Grands migrateurs nocturnes, les rouges-queues à front blanc quittent l'Europe du mois d'août à la mi-octobre pour se diriger vers le continent africain. Les retours s'échelonnent du début du mois d'avril à la mi-mai.

Sur le terrain : oiseau vivement coloré, aux hautes pattes et à la queue rousse agitée de tremblements presque permanents.
Plumage : la femelle est entièrement gris-brun clair, excepté la queue et le croupion qui sont roux. Les jeunes sont comme les femelles mais tachetés de brun foncé.
Nourriture : insectivore, il capture des papillons, des mouches, des coléoptères, ainsi que des vers, des petites limaces, des mille-pattes, des araignées, auxquels il ajoute des baies en automne.
Site du nid : le rouge-queue à front blanc s'installe dans des cavités d'arbres, de rochers, de murs. Il utilise parfois un ancien nid d'hirondelle ou aménage une dépression dans le sol entre des racines.
Nid : la femelle construit une coupe lâche faite d'herbes sèches, de mousses, de racines, puis elle la garnit de plumes, de flocons de laine et de crins.
Nichée : de 6 à 10 œufs brillants, de couleur bleu turquoise, sont pondus entre la fin d'avril et le début de juillet, et couvés de 11 à 14 jours par la femelle. 1 ponte annuelle. Nidicole. Quitte le nid entre le 15ᵉ et le 21ᵉ jour.
Longueur : 14 cm.
Poids : 15 g.
Longévité : peut atteindre 10 ans.

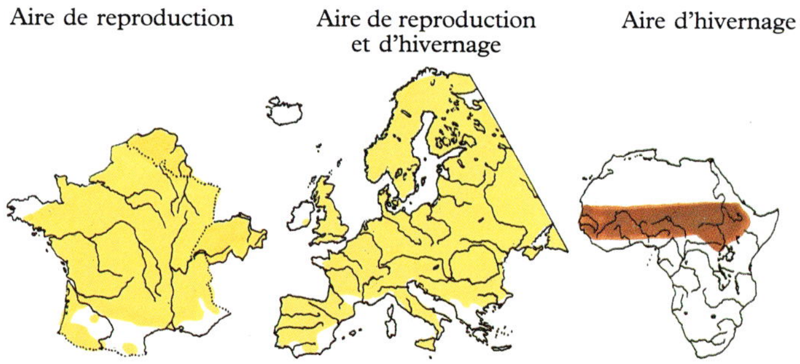

En vert : sédentaire. En marron : visiteur d'hiver. En jaune : visiteur d'été.

Pouillot véloce

Phylloscopus collybita

Un vieux cerisier sauvage attire une multitude d'insectes bourdonnants qui s'affairent autour des fleurs. Plusieurs abeilles aux pattes jaunies de pollen disparaissent quelques instants dans les corolles délicatement teintées de rose tandis que, à l'extrémité d'un rameau, un petit oiseau très mobile volette sur place. Claquant légèrement du bec à chaque capture d'insecte, le pouillot véloce se pose maintenant sur une branche et commence à inspecter soigneusement les feuilles avec son bec fin. Piquant avec son alêne de menues araignées et de minuscules larves de papillon, l'oiseau progresse rapidement dans le feuillage puis s'arrête.

Perché sur un rameau frêle, il égrène alors deux ou trois notes sautillantes, toujours les mêmes, dont la monotone répétition peut durer une quinzaine de secondes d'affilée. Attirant ainsi une femelle, le chanteur s'approche d'elle puis la suit dans tous ses déplacements, les ailes vibrant légèrement. Au paroxysme de l'excitation, le mâle, bien campé sur ses pattes dans une attitude dressée, gonfle son plumage et déploie sa queue en poussant de fins sifflements.

Dès le mois d'août, les pouillots véloces quittent les sites de reproduction et commencent leur migration nocturne qui s'intensifie en septembre et en octobre pour se terminer au début du mois de novembre. Certains oiseaux ne traversent pas la Méditerranée pour hiverner sur le continent africain mais demeurent dans le sud de l'Europe. De longues périodes de gel ou d'enneigement peuvent alors décimer les populations hivernantes. Les retours s'échelonnent de mars à mai.

Sur le terrain : petite « fauvette » mobile, au bec fin et aux pattes sombres. Chant caractéristique.
Plumage : les deux sexes sont identiques. Les jeunes ont la gorge et la poitrine lavées de brun.
Nourriture : insectivore, il cherche surtout les chenilles. Il consomme aussi des petites araignées.
Site du nid : le pouillot véloce s'installe près du sol, mais rarement à terre, dans des sites broussailleux, des herbes hautes ou sur une branche basse de buisson.
Nid : la femelle construit une boule avec de la mousse, des tiges et des feuilles mortes puis elle la garnit d'une épaisse couche de plumes. L'entrée du nid est latérale.
Nichée : de 4 à 9 œufs blancs tachetés de brun-pourpre sont pondus entre avril et juin, et couvés 13 ou 14 jours par la femelle. 1 ou 2 pontes annuelles. Nidicole. Quitte le nid entre le 12e et le 15e jour.
Longueur : 11 cm.
Poids : 8 g.
Longévité : peut atteindre 7 ans.

Aire de reproduction — Aire de reproduction et d'hivernage — Aire d'hivernage

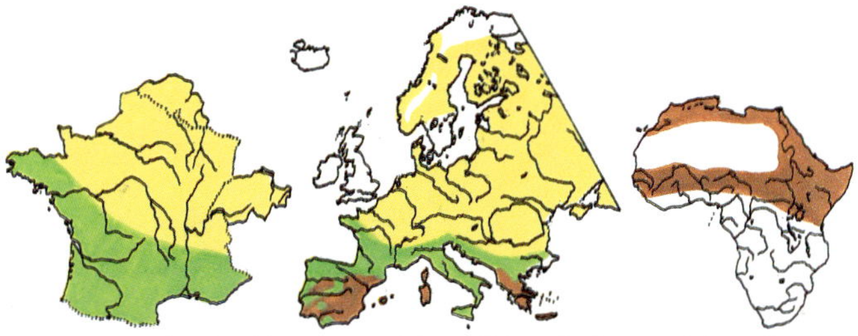

En vert : sédentaire. En marron : visiteur d'hiver. En jaune : visiteur d'été.

Hypolaïs polyglotte

Hippolais polyglotta

Au milieu des herbes folles de la friche marécageuse, des chardonnerets sont agrippés sur les capitules violets des chardons épars. Au pied d'un bouquet de saules, une fauvette babillarde, se sentant observée, plonge dans les ronces, ne laissant apercevoir dans sa fuite que les deux traînées blanches de sa queue.

A la cime de l'un des arbustes, un peu masqué par le feuillage, un oiseau, mi-fauvette, mi-rousserolle, proclame sa présence, le bec grand ouvert et la gorge vibrante. L'hypolaïs polyglotte, comme le laisse supposer son nom, possède le talent d'un imitateur remarquable. Son chant est, en fait, un pot-pourri de cris, de babils, de gazouillis et de sons flûtés empruntés au répertoire des merles, des fauvettes, des phragmites, des rousserolles..., et qu'il adapte au gré de l'improvisation. De temps à autre, souvent après l'émission de l'une de ses strophes — qui peut durer plusieurs minutes d'affilée —, l'hypolaïs s'extrait de la verdure, s'élève dans les airs et redescend en vol plané vers un autre fourré où il entame de nouveau son chant nuptial.

Grands migrateurs nocturnes, les hypolaïs polyglottes quittent le continent européen d'août à septembre, se dirigeant vers l'Afrique tropicale. Les retours s'échelonnent du début du mois d'avril jusqu'au début du mois de mai.

Sur le terrain : fauvette jaunâtre au long bec dont le chant caractéristique intègre de nombreuses imitations d'autres espèces d'oiseaux.
Plumage : les deux sexes sont identiques. Les jeunes sont plus brun dessus et plus blanc dessous que les adultes.
Nourriture : insectivore, l'hypolaïs polyglotte consomme principalement des pucerons, des petits papillons, des insectes diptères et coléoptères. Il y ajoute des araignées et des baies.
Site du nid : il s'installe dans les haies d'un coteau, les buissons d'un talus, les clairières de forêt, entre 70 cm et 1,70 m au-dessus du sol, au milieu d'un enchevêtrement de ronces ou dans l'enfourchure d'une branche.
Nid : la femelle tisse une coupe avec de longs brins d'herbe, des tiges de graminées, du duvet, puis elle la garnit de crins et de quelques plumes.
Nichée : de 3 à 5 œufs lilas, ponctués et tachés de noir avec des filaments foncés, sont pondus de la mi-mai à la mi-juin et couvés de 11 à 13 jours par la femelle. 1 ou 2 pontes annuelles. Nidicole. Quitte le nid entre le 11e et le 13e jour.
Longueur : 13 cm.
Poids : de 10 g à 17 g.
Longévité : peut atteindre 6 ans.

Aire de reproduction — Aire de reproduction et d'hivernage — Aire d'hivernage

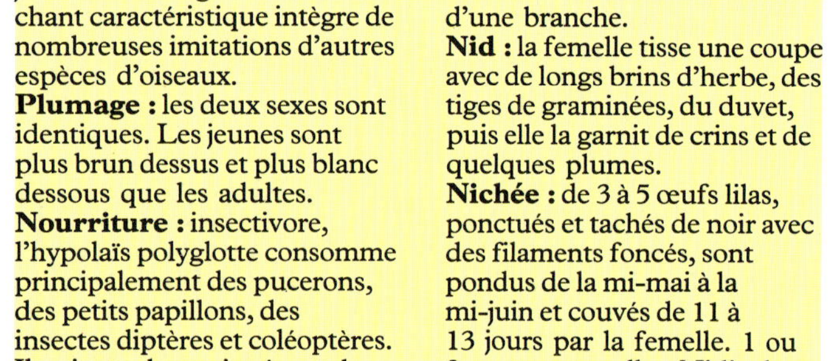

En vert : sédentaire. En marron : visiteur d'hiver. En jaune : visiteur d'été.

Fauvette des jardins

Sylvia borin

Page de droite
En haut : mésange à longue queue à l'entrée de son nid.
Au centre : mésange bleue. L'importance et l'intensité du bleu de la nuque de cet individu indique qu'il s'agit d'un mâle.
En bas : mésange charbonnière mâle.

Au début du mois de mai, lorsque les feuilles couvrent les arbres d'un épais manteau vert, les premiers motifs mélancoliques de la fauvette des jardins se perdent dans le chœur bucolique de la gent ailée. Fauvettes à tête noire, rossignols et pouillots clament également leur flamme et font passer inaperçue l'une des plus belles voix de la sylve dont les riches harmonies sont épurées de toute fioriture.

Le chant ténu de l'oiseau, sa modeste livrée aux teintes uniformes et sa vie discrète au sein des fourrés rendent son observation difficile. Et ce n'est qu'au moment des noces, lorsque le mâle parade près de sa compagne, la queue déployée en éventail et les ailes vibrantes, ou lors des vols nuptiaux, qu'il est plus facile à rencontrer.

Contrairement à son nom, cette fauvette fréquente rarement les jardins car, très exigeante sur la qualité des espaces de végétation, elle ne peut s'installer que dans les grands parcs, les haies, les taillis ou tout autre milieu lui fournissant un couvert et une nourriture de qualité.

Après un long voyage le mâle choisit le site de reproduction puis construit des ébauches de nids en attendant la femelle qui choisira et terminera l'ouvrage.

Grandes migratrices nocturnes, les fauvettes des jardins quittent l'Europe du mois d'août au début du mois d'octobre pour rejoindre leurs quartiers d'hiver africains situés sous les tropiques. Les retours s'échelonnent d'avril à juin.

Sur le terrain : fauvette grise sans trait distinctif. Très discrète, elle passe souvent inaperçue. Seul son chant la signale.
Plumage : les deux sexes sont identiques. Les jeunes ont le dessus plus roux et le dessous plus sombre que les adultes.
Nourriture : insectivore, la fauvette des jardins consomme surtout des chenilles. En été et en automne, elle cherche des baies de sureau, de mûrier, de framboisier.
Site du nid : elle s'installe en lisière, à faible hauteur, dans un buisson, un taillis ou un sous-bois.
Nid : le couple construit une coupe, grande et lâche, avec des herbes sèches, des mousses et des brindilles, puis il la garnit de crins et de brins d'herbes.
Nichée : 4 ou 5 œufs allant du blanchâtre au verdâtre, tachetés de brun, sont pondus de mai à juin, et couvés de 10 à 12 jours par le couple. 1 ou 2 pontes annuelles. Nidicole. Quitte le nid le 15e jour.
Longueur : 20 cm.
Poids : 20 g.
Longévité : peut atteindre 8 ans.

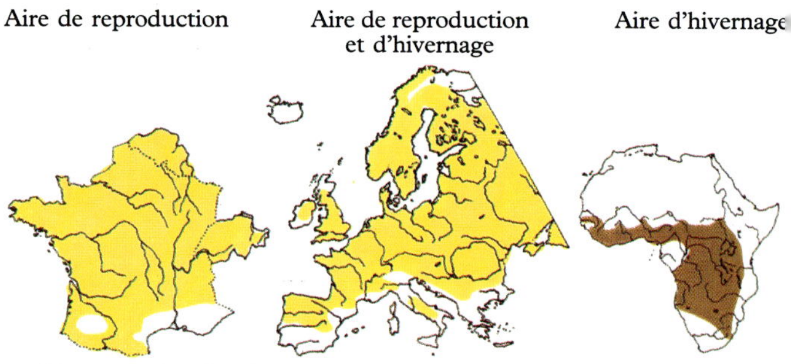

En vert : sédentaire. En marron : visiteur d'hiver. En jaune : visiteur d'été.

Mésange à longue queue

Aegithalos caudatus

Une troupe d'une demi-douzaine de mésanges s'affaire dans un saule dont les chatons montrent leur velour vert amande. Chaque oiseau inspecte soigneusement les ramilles à la recherche d'araignées et d'insectes, en réalisant des acrobaties bien compliquées. Soudain, plusieurs trilles retentissent et l'ensemble de la troupe s'éloigne vers un bouleau à l'écorce argentée.

Petite boule de plumes soyeuses teintée de rose et de noir dont la queue démesurée ondule pendant les déplacements aériens, la mésange à longue queue vagabonde, l'hiver, entre les haies, les lisières et même à l'intérieur des grands parcs. Le soir, les mésanges se rassemblent sur une branche, serrent leurs petits corps les uns contre les autres pour se réchauffer et, par très grand froid, se recouvrent même de leurs ailes.

A la fin de l'hiver, la bande s'éparpille, chaque couple s'installant séparément dans un buisson. C'est au cours du mois de mars que les mésanges commencent à construire leur nid, véritable chef-d'œuvre d'architecture, fabriqué avec du duvet et des milliers de plumes trouvés près des fermes ou sur des oiseaux morts. Au bout d'une vingtaine de jours, la structure terminée a la forme d'un gros œuf couvert de lichens et de fragments d'écorce, percé dans sa partie supérieure d'un orifice circulaire latéral.

Après la saison de reproduction, les mésanges à longue queue errent sur quelques kilomètres autour des sites de nidification. Toutefois, au mois d'octobre de certaines années, des oiseaux appartenant aux populations nordiques apparaissent à l'ouest de l'Europe.

Sur le terrain : petite mésange à longue queue étagée. La plupart du temps, les mésanges à longue queue se déplacent en groupe.
Plumage : les deux sexes sont identiques. Les jeunes ont les joues, la nuque, le dos et les épaules brun foncé, et leur queue est plus courte que celle des adultes.
Nourriture : la mésange à longue queue cherche des insectes de petite taille et des araignées. En hiver, elle consomme des œufs et des chrysalides. Elle complète ce régime par des graines.
Site du nid : elle s'installe dans un buisson épais ou contre un tronc, à hauteur variable.
Nid : le couple construit une boule avec des plumes, des lichens, des mousses, des toiles d'araignée et du duvet, et en garnit l'intérieur de plumes, de crins et de poils.
Nichée : de 8 à 12 œufs blancs teintés de rose et pointillés de rouge sont pondus en avril et en mai, et couvés de 12 à 14 jours par la femelle. 1 ponte annuelle. Nidicole.
Quitte le nid entre le 14e et le 18e jour.
Longueur : 13 cm.
Poids : 9 g.
Longévité : peut atteindre 7 ans.

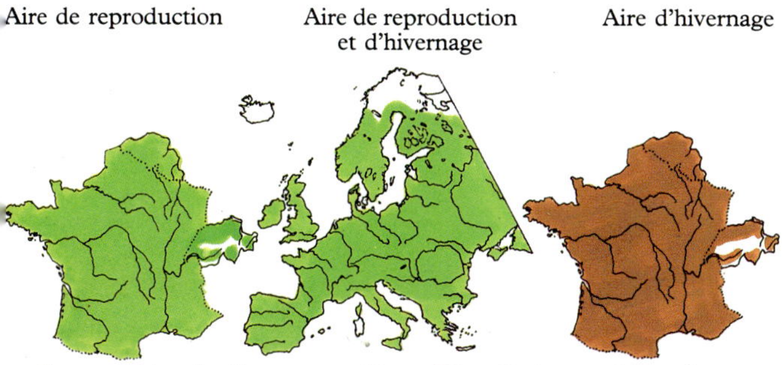

En vert : sédentaire. En marron : visiteur d'hiver. En jaune : visiteur d'été.

Pie-grièche écorcheur

Lanius collurio

Ci-contre : pie-grièche écorcheur mâle apportant la becquée à ses jeunes.

Ci-dessous : la pie-grièche écorcheur (ici un jeune), bien qu'appartenant à l'ordre des passereaux, ressemble davantage à un petit rapace ; son bec est d'ailleurs légèrement crochu. Cette espèce a pour habitude d'empaler sur des rameaux épineux ses proies : bourdons et hannetons (49 %), abeilles et guêpes (40 %), sauterelles et criquets (4 %), petits mammifères (surtout campagnols : 3 %), petits oiseaux (1 %) et animaux divers (insectes, vers : 3 %).

Les grandes armoises et les chardons élancés dominent le herbes folles de cette végétation désordonnée qui pousse l long des haies et des champs. Au-dessus de la friche, un fauvette grisette décrit des festons dans le ciel tout en jetan quelques strophes précipitées, puis elle disparaît dans le ronces cependant qu'un bruant jaune ressasse son refrain monotone.

A l'ombre d'une aubépine en fleur, une pie-grièche écor cheur vient de capturer un très gros frelon dont elle malax méticuleusement l'abdomen avec ses mandibules de rapace détruisant ainsi le dard venimeux. Après avoir terminé cett opération, l'oiseau rejoint une branche aux épines acérées o il empale l'hyménoptère. Un bourdon, un lézard des souche et une musaraigne garnissent déjà le « lardoir », transpercé par l'aiguillon végétal. L'habitude d'embrocher ses capture est acquise très tôt, apparemment dès le 40e jour après l naissance. Cette technique originale permet à la pie-grièch de faciliter le dépeçage de la proie et de constituer u garde-manger très utile pendant les périodes de pluie qu réduisent l'activité des insectes. Chassant à l'affût, l'« écor cheur » attend patiemment, perché sur un buisson, sur veillant les allées et venues de ses victimes ; quand il a repér une sauterelle, l'oiseau se laisse tomber en vol plané sur l sol, se saisit de l'acridien puis retourne dans le fourré.

Grandes migratrices nocturnes, les pies-grièches écorcheur quittent l'Europe du milieu du mois d'août à la mi-octobre Les retours s'échelonnent de la fin du mois d'avril au débu de mai.

Sur le terrain : gros moineau coloré à l'allure de rapace. Le bec est crochu.
Plumage : la femelle, qui n'a pas les bandeaux noirs de la tête ni les teintes vives du mâle, a une livrée sans contraste. Les jeunes sont comme leur mère mais d'un aspect écailleux.
Nourriture : surtout insectivore, elle capture depuis un poste d'affût des sauterelles, des coléoptères, des papillons. Elle ajoute à ce régime des escargots, des araignées, des oisillons et des petits mammifères.
Site du nid : la pie-grièche écorcheur s'installe dans un buisson épineux ou un jeune conifère, à une hauteur variant entre 50 cm et 2 m.
Nid : le mâle construit une coupe avec des tiges sèches et des mousses que la femelle garnit de radicelles, de tiges fines et parfois de crins.
Nichée : de 5 à 8 œufs brillants, allant du crème au verdâtre, tachetés de brun et de gris, sont pondus entre la fin d'avril et le milieu du mois d'août, et couvés de 14 à 16 jours par la femelle. 1 ou 2 pontes annuelles. Nidicole. Quitte le nid le 14e ou le 15e jou
Longueur : 17 cm.
Poids : 30 g.
Longévité : peut atteindre 7 ans.

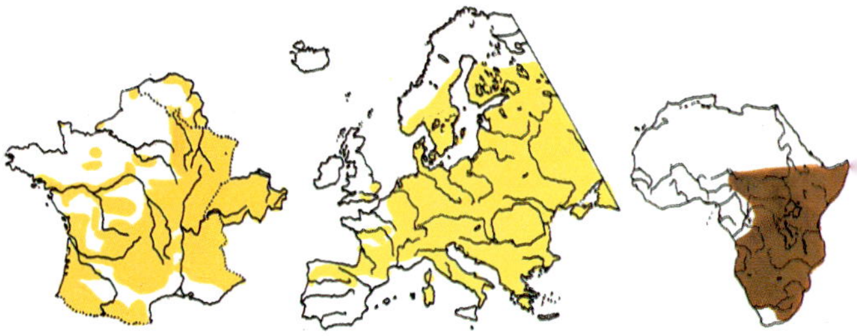

En vert : sédentaire. En marron : visiteur d'hiver. En jaune : visiteur d'été.

Corbeau freux

Corvus frugilegus

La lumière rasante de cette belle journée de février éclaire la campagne dont les labours creusés dans la terre gelée sont parcourus par une troupe de corbeaux freux. Venant se mêler au rassemblement de silhouettes noires, un groupe bruyant de choucas s'approche rapidement puis s'abat sur le champ.

A peu de distance les uns des autres, les « freux » suivent les sillons, picorant ici et là des grains ou plantant leur bec noir dans le substrat dur afin d'en dégager un tubercule. Le soir venu, les corbeaux quittent peu à peu les sites de nourrissage pour se diriger vers un bois où ils vont dormir. Tous les oiseaux de la région se sont donnés rendez-vous et des milliers d'individus volent au-dessus du dortoir en un formidable carrousel animé par des croassements rauques et des figures aériennes acrobatiques. C'est dans l'obscurité que les « freux » descendent vers les arbres en vrilles étourdissantes.

A la fin de l'hiver, cette espèce, dont le grégarisme persiste même pendant la période de reproduction, s'installe en colonies au sommet des grands arbres qui dominent en général les vastes étendues agricoles.

Migrateurs diurnes partiels, les corbeaux freux quittent l'Europe centrale d'octobre à novembre pour rejoindre l'ouest du continent où ils vagabondent en fonction des ressources alimentaires. Les retours ont lieu de février à avril. Les oiseaux de nos régions sont sédentaires.

Sur le terrain : corbeau noir à la face grise et au bec conique ; les corbeaux freux vivent le plus souvent en groupe.
Plumage : les deux sexes sont identiques. Les jeunes sont teintés de brunâtre ; la face et la base du bec sont couvertes de plumes noires, alors que, chez l'adulte, cette partie de la tête est dénudée.
Nourriture : omnivore, il fouille le sol de son bec puissant pour trouver des mollusques, des vers, des insectes. Il ajoute à ce régime des céréales, des légumineuses.
Site du nid : ils s'installent en colonies de dix à vingt couples, à la cime des arbres.
Nid : le couple construit ou réaménage un nid de branchages et de brindilles.
Nichée : de 3 à 5 œufs vert clair, tachés de brun et de gris, sont pondus en mars ou en avril et couvés de 16 à 20 jours par la femelle.
1 ponte annuelle. Nidicole. Quitte le nid entre le 29e et le 32e jour.
Longueur : 45 cm.
Poids : 240 g.
Longévité : peut atteindre 20 ans.

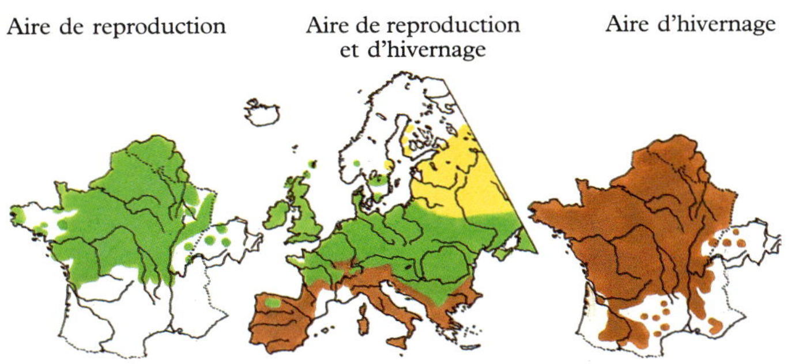

En vert : sédentaire. En marron : visiteur d'hiver. En jaune : visiteur d'été.

Ci-dessus : les corbeaux freux nichent en colonies de plusieurs dizaines, voire plusieurs centaines de couples.

Ci-contre : étourneau sansonnet en plumage hivernal.

Chardonneret élégant

Carduelis carduelis

Des appels clairs, tintants et aux sonorités liquides semblent venir d'une friche où de nombreux pieds de bardanes et de centaurées composent la végétation herbacée. Accrochés aux capitules violacés des plantes, plusieurs oiseaux au masque rouge et blanc plongent leur bec pointu à travers les piquants agressifs du végétal dont ils extraient de petites graines. Voletant d'une plante à une autre, ils dévoilent à chaque battement d'ailes des taches vives de jaune et de blanc, délicatement bordées de noir, tout en ponctuant leur progression de leurs appels cliquetants.

A la fin de l'hiver, les bandes de chardonnerets se disloquent et les couples se forment : les partenaires échangent alors des caresses avec le bec, cérémonie qui se termine par une offrande de nourriture à la femelle. Le mâle exécute alors sa parade nuptiale : les ailes pendant à moitié, la queue étalée, le corps raidi, l'oiseau pivote de droite à gauche tout en fléchissant les pattes et en poussant de petits cris d'excitation.

Très grégaire en dehors de la période de reproduction, ce fringille aime vagabonder en troupes comptant une centaine d'individus ; les chardonnerets parcourent les friches, les champs et les prairies où ils consomment des graines d'armoise, de chicorée et de chardon.

Migrateurs diurnes partiels, ils quittent les sites de nidification de septembre à octobre pour rejoindre les régions méditerranéennes d'Espagne, de France et d'Italie. Les retours ont lieu de la mi-mars à avril. Dans certaines régions, l'espèce est pratiquement sédentaire.

Ci-dessus : chardonneret élégant. Le rouge de la joue s'arrête au niveau de l'œil : il s'agit d'une femelle.

Ci-contre : primitivement, l'aire de répartition du serin cini se limitait aux régions boisées de la Méditerranée, puis cette population entreprit, sans raison apparente, de coloniser l'Europe excepté les îles Britanniques et le nord du continent. L'hiver, le serin cini disparaît de ces régions pour gagner le Midi où il passe toute la mauvaise saison.

Sur le terrain : petit oiseau au masque rouge, avec du jaune à l'aile. Ses cris « liquides » aident à son identification.
Plumage : la femelle arbore un masque rouge moins étendu que celui du mâle. Les jeunes ont la tête uniformément brunâtre.
Nourriture : granivore, il consomme des semences de chardon, de bardane, de centaurée, ainsi que des insectes.
Site du nid : le chardonneret élégant s'installe dans l'enfourchure d'un arbre ou d'un arbuste élevé, au feuillage clairsemé.
Nid : la femelle construit une petite coupe profonde, discrète, d'aspect cotonneux, avec des mousses, des racines, des lichens, de la laine, du duvet, puis elle la garnit de crins et de plumes.
Nichée : de 4 à 6 œufs blanc bleuté, marqués de brun-rouge, sont pondus entre mai et juillet, et couvés de 12 à 14 jours par la femelle. 2 ou 3 pontes annuelles. Nidicole. Quitte le nid entre le 12e et le 15e jour.
Longueur : 10 cm.
Poids : 16 g.
Longévité : peut atteindre 10 ans.

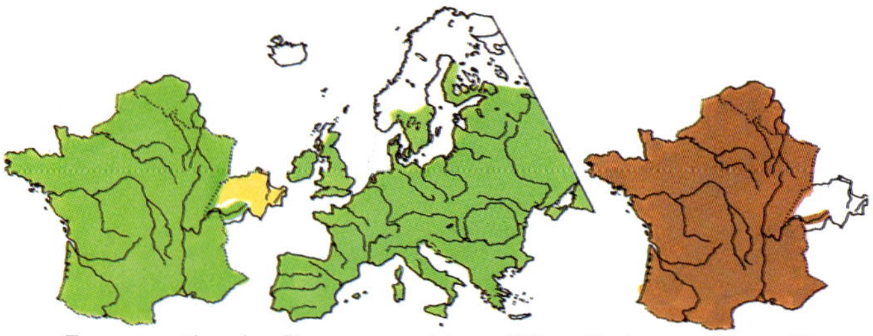

En vert : sédentaire. En marron : visiteur d'hiver. En jaune : visiteur d'été.

Pinsons du Nord : femelle (en haut, à gauche, et en bas), mâle (en haut, à droite).
Originaire de Scandinavie, cette espèce hiverne dans presque toute l'Europe, du sud de la Suède à l'Italie du Nord, à la Grèce et au centre de la péninsule Ibérique. Ce fringille apparaît en octobre ; très grégaires le soir, les oiseaux se regroupent par milliers, voire par millions, dans des bois où ils dorment. Les pinsons du Nord quittent les champs de maïs et les hêtraies en avril, ne laissant que très peu de retardataires jusqu'en mai au plus tard.

Verdier d'Europe

Carduelis chloris

La douceur de l'air, l'absence de vent et le ciel clair de cette fin d'après-midi d'avril donnent à la campagne un avant-goût estival. Piérides et citrons fraîchement sortis de leur cocon volettent au-dessus des friches en fleurs tandis que plusieurs hirondelles rustiques survolent en gazouillant le petit ruisseau qui coule au creux du vallon.

Au sommet d'un buisson, la lourde silhouette d'un gros moineau vert au plumage marqué de jaune lance un grincement aigu, bientôt suivi de roulades monotones. La sérénade terminée, le verdier s'élance dans les airs d'un vol chaloupé de chauve-souris. Il reprend sa chanson, la queue écartée en éventail pour bien montrer ses belles plumes jaunes.

Solitaires à la saison des amours, les verdiers deviennent grégaires à la fin de l'été, se rassemblant en troupes de plusieurs dizaines d'individus. Souvent en compagnie de moineaux friquets, de bruants ou de pinsons, ils constituent des bandes qui errent dans les champs, les friches ou les jachères à la recherche de graines de crucifères et de baies. Le soir venu, les oiseaux se dirigent avec force roulades en direction d'une roselière ou d'un buisson épineux pour y passer la nuit.

Sédentaires ou vagabonds, les verdiers ne sont pas de grands voyageurs. Toutefois, certaines populations se déplacent d'octobre à novembre pour hiverner au sud-ouest de l'Europe et dans le Midi. De rares individus atteignent l'Afrique du Nord, quelques-uns peuvent même se perdre dans le Sahara.

Sur le terrain : gros « moineau » vert aux ailes tachées de jaune.
Plumage : la femelle, plus terne que le mâle, est teintée par endroits de brun et de gris. Les jeunes ressemblent à leur mère, mais ils sont rayés de brun dessus et lavés de gris-jaune dessous.
Nourriture : granivore, le verdier d'Europe consomme des semences de céréales et de plantes adventices auxquelles il ajoute des samares d'érable, des bourgeons et des insectes.
Site du nid : il s'installe dans un arbre ou dans un buisson épineux, à faible hauteur. Le nid est calé à la fourche de deux branches ou contre un tronc.
Nid : la femelle construit une coupe volumineuse avec des herbes, des tiges, de la mousse et des racines, puis elle la garnit de fibres, de crins et de plumes.
Nichée : de 4 à 6 œufs blanc sale ou bleu-vert pâle, ponctués de brun-rouge, sont pondus entre mai et juillet, et couvés de 12 à 14 jours par la femelle. 2 ou 3 pontes annuelles. Nidicole. Quitte le nid entre le 13e et le 16e jour.
Longueur : 14 cm.
Poids : 27 g.
Longévité : peut atteindre 13 ans.

Aire de reproduction | Aire de reproduction et d'hivernage | Aire d'hivernage

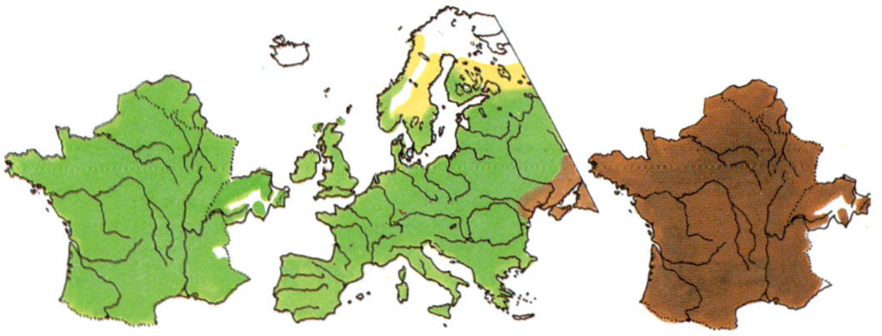

En vert : sédentaire. En marron : visiteur d'hiver. En jaune : visiteur d'été.

Bruant jaune

Emberiza citrinella

Le long d'un chemin bordé de rosiers sauvages en fleur dont les senteurs légères parfument l'atmosphère, un merle s'envole dans un éclat de voix rageur. De l'autre côté de la haie s'étend un champ de blé ; une alouette, attirée par une force mystérieuse, monte dans le ciel sans reprendre son souffle.

Au bord du sentier, sur le talus, une sorte de moineau à la silhouette allongée et au magnifique plumage jaune citron picore quelques graines dans l'herbe rase. Rassasié, le bruant jaune mâle s'envole, montrant le roux de son croupion et les deux lignes blanches latérales de sa queue.

Perché sur une branche épineuse d'églantier, l'oiseau débite son refrain monotone, s'arrête, puis reprend après un long silence. A l'aube d'une matinée d'avril, une femelle visite le territoire du chanteur et sa présence excite le séducteur qui entreprend de courtiser la belle. Le mâle s'approche de sa partenaire et les deux bruants commencent une danse, le corps légèrement courbé, saisissant de droite et de gauche des graines et des herbes qu'ils relâchent aussitôt.

Très grégaires en hiver, les bruants jaunes rôdent dans les champs pendant la journée et, le soir, se rassemblent pour dormir dans les roseaux.

Surtout sédentaire, ce bruant devient migrateur partiel diurne dans les régions nordiques, d'octobre à novembre et de février à mars. L'espèce souffre des hivers rigoureux qui la déciment.

Sur le terrain : bruant de la taille d'un moineau à la livrée jaune citron et roux vif. Chant caractéristique.
Plumage : la femelle, moins jaune, est plus rayée que le mâle sur la poitrine et sur les flancs. Les jeunes sont comme la femelle mais ont plus de brun sur la tête, moins de roux au croupion et sont davantage rayés dessous.
Nourriture : surtout granivore, le bruant jaune consomme des graines de graminées, de renouées, ainsi que des baies, des pousses et des feuilles vertes. Il complète cette alimentation par des insectes, des araignées, des mille-pattes, de minuscules limaces et des petits vers de terre.
Site du nid : il s'installe sur le sol, dans un talus, parmi les herbes sèches et les ronces, sous la végétation ou dans un buisson jusqu'à 50 cm de hauteur.
Nid : la femelle prépare un soubassement composé d'herbes, de tiges et de feuilles sèches, de radicelles, de brins et de mousse, sur lequel elle aménage une coupe soignée avec des matériaux fins qu'elle garnit de crins.
Nichée : de 2 à 5 œufs aux couleurs variables, allant du violacé au rougeâtre avec des taches gris cendré, des filaments et des griffures brunâtres et noirs, sont pondus de la mi-avril au mois d'août et couvés de 11 à 13 jours par le couple. 2 ou 3 pontes annuelles. Nidicole. Quitte le nid entre le 11e et 16e jour.
Longueur : 16 cm.
Poids : de 26 g à 29 g.
Longévité : peut atteindre 12 ans.

Ci-dessus : bruant jaune femelle. Les couleurs et les dessins du plumage camouflent parfaitement l'oiseau lorsqu'il se tient immobile.

En bas, à gauche : bruant jaune mâle.

Page de gauche
En haut : verdier d'Europe. L'importance de la plage jaune des ailes et de la queue indique qu'il s'agit d'un mâle.
En bas : verdier d'Europe femelle.

En vert : sédentaire. En marron : visiteur d'hiver. En jaune : visiteur d'été.

LES OISEAUX DES BOIS ET DES FORÊTS DE PLAINE

Les bois et les forêts de plaine ont subi depuis des siècles l'influence de l'homme qui a transformé leur structure et, par conséquent, leur aspect et leur composition faunistique. Les plantations excessives de résineux et leur naturalisation opérées dans maintes régions ont altéré l'harmonie des paysages, modifié les sols en les acidifiant et perturbés les écosystèmes.

Malgré la forte empreinte de la sylviculture, les futaies aux vieux arbres et les taillis aux jeunes plants ont conservé des espèces d'oiseaux très originales comme les pics, qui grimpent le long des troncs, ou les sittelles, qui descendent les fûts la tête en bas.

Au printemps, les arbres se couvrent de bourgeons et de fleurs, les oiseaux sédentaires s'activent, tandis que les migrateurs arrivent peu à peu et emplissent les sylves de leur voix.

Quand les feuilles sont épanouies, la reproduction bat son plein : chaque espèce occupe une strate de végétation déterminée et les nids sont installés dans les cavités du bois, entre des rameaux, sur des branches ou bien encore entre les rejets des arbres.

La chaleur et les orages de l'été annoncent les premiers envols des jeunes qui profitent de l'abondance de la nourriture. Mais l'automne arrive bien vite, les chanteurs se taisent et les migrateurs s'envolent, ne laissant dans les sous-bois que la voix mélancolique des rouges-gorges et de quelques autres habitants de la forêt. La grisaille de l'hiver s'installe. Au sol, la litière pourrissante de feuilles mortes est fouillée par quelques mésanges, par les merles et les pinsons du Nord.

Ci-contre : tourterelle des bois

LES MILIEUX DES BOIS ET DES FORÊTS DE PLAINE

<u>En haut, à droite</u> : ce type d'association végétale où les bruyères se mêlent aux bouleaux constitue un milieu favorable pour l'engoulevent.

<u>Ci-dessous</u> : engoulevent d'Europe. Cet oiseau aux mœurs crépusculaires et nocturnes fréquente les clairières, les taillis et les lisières des forêts où il dépose ses deux œufs dans une cuvette grattée dans le sol. Grand migrateur, il quitte l'Europe du mois d'août à la fin de septembre pour rejoindre l'Afrique orientale ou méridionale, du sud de l'Éthiopie au Cap. Au printemps, les retours s'échelonnent de la fin du mois d'avril à la mi-mai.

Modelés par l'homme depuis des siècles, les paysages forestiers varient en fonction de leur situation géographique et de leur composition, elle-même déterminée par le climat, la structure des sols et les traitements imposés par les sylviculteurs.

Les forêts se répartissent en deux grandes catégories : l'une rassemble les essences feuillues et l'autre, les conifères. Ce dernier groupe, composé d'arbres à feuillage persistant comme les pins, les sapins ou les épicéas se rencontre dans le nord de l'Europe, dans les massifs montagneux de tout le continent, ainsi que dans certaines régions de plaine où ces espèces ont été implantées. Ce type de forêt est toujours vert et les sous-bois sont pratiquement inexistants. En plaine, ces boisements accueillent non seulement des espèces ubiquistes comme le pinson des arbres, la grive musicienne, le geai, le pic épeiche, mais aussi une avifaune propre aux résineux : mésanges noire et huppée, roitelet huppé. Mais, en règle générale, les peuplements de conifères ont une diversité et une richesse bien inférieures à celles des forêts d'arbres feuillus, du fait de leur plus faible productivité animale. Ce phénomène est d'ailleurs accentué dans les plantations de résineux où les communautés animales ont du mal à s'implanter dans un milieu très artificialisé et « aseptisé ».

Contrairement aux boisements de conifères, les forêts à feuilles caduques, appelées aussi décidues ou caducifoliées, sont privées une partie de l'année de leur feuillage qui, une fois desséché, tombe sur le sol et forme une litière. Cette épaisse couche de végétaux pourrissants abrite une faune d'invertébrés particulièrement abondante, très recherchée par les merles, les rouges-gorges, les mésanges, les geais...

Le sol de ces forêts reçoit donc de la lumière pendant une longue période, permettant ainsi le développement d'un sous-bois dont l'importance varie en fonction de la qualité des arbres dominants : chênes rouvres ou pédonculés, hêtres... Le sous-bois, formé d'arbustes, de fougères, d'herbes, de champignons, est le domaine de nombreux oiseaux qui viennent y construire leur nid. Les frondaisons, situées entre 10 m et 30 m de hauteur suivant l'âge des arbres, abritent des rapaces comme la buse, ainsi que des corneilles, des loriots, des pics.

En Europe, tous les milieux continentaux, terrestres ou humides, ont pour stade final la forêt. Sans entretien (pacage, fauchage), les pelouses et les prairies sont peu à peu envahies par des buissons puis par de jeunes arbres ; les étangs et les marais se comblent naturellement et suivent le même processus, la végétation palustre faisant place à des plantes moins dépendantes de l'humidité.

Ainsi, au fur et à mesure de l'évolution des biotopes vers le boisement, on assiste à l'installation d'espèces différentes : le rossignol, la fauvette des jardins, le bruant jaune occupent de préférence les strates herbacées ou arbustives, le pinson des arbres ou la grive musicienne ne s'installent qu'à partir du moment où la végétation arrive à un stade de vieillissement avancé ; à un niveau intermédiaire, ce sont les mésanges ou la fauvette à tête noire qui prennent possession des lieux.

1

3

4

1. Boisement d'arbres feuillus (futaie).
2. Lisière de forêt.
3. Taillis.
4. Boisement d'arbres conifères.

2

LA REPRODUCTION EN MILIEU FORESTIER

Le nombre de couples de bruants jaunes augmente rapidement lorsque la végétation présente un stade arbustif puis, au fur et à mesure que le milieu se ferme, l'espèce disparaît. En revanche, les rouges-gorges familiers bénéficient de ce phénomène naturel et présentent une densité maximale quand la forêt atteint une quarantaine d'années.

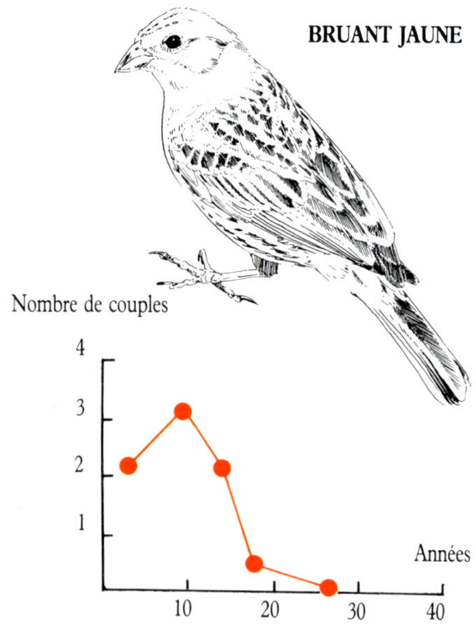

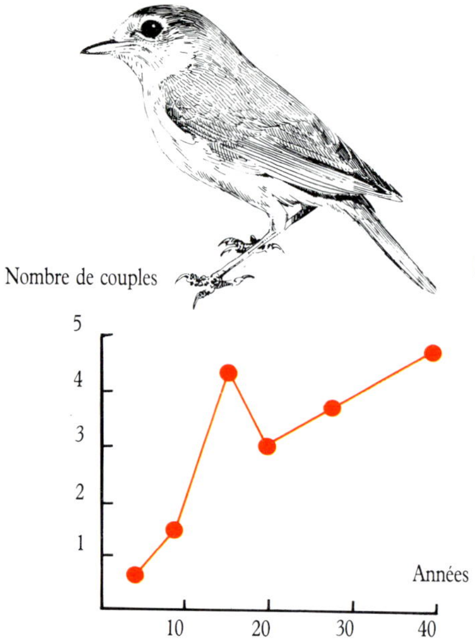

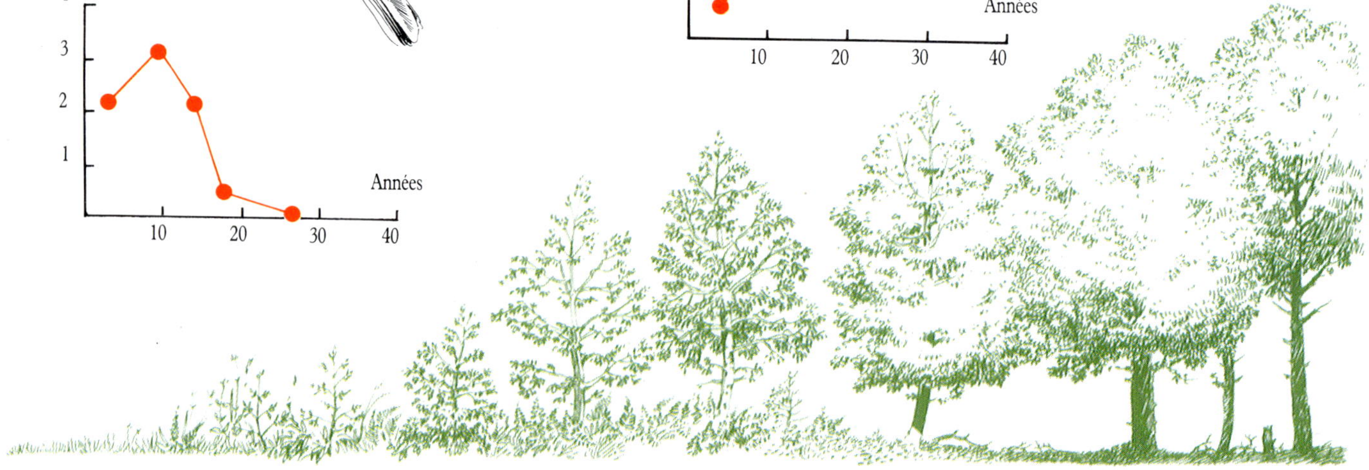

VARIATION DU NOMBRE DE COUPLES NICHEURS DE BRUANTS JAUNES ET DE ROUGES-GORGES FAMILIERS SUIVANT L'AGE D'UN PEUPLEMENT FORESTIER

En période de reproduction, les oiseaux forestiers se répartissent dans la végétation suivant un plan vertical dans lequel chaque espèce montre une préférence pour un secteur particulier : le sol pour le pouillot siffleur, le rouge-gorge, le pipit des arbres ou le troglodyte ; la strate herbacée située en dessous de 1 m pour le pouillot véloce ou la fauvette des jardins ; la strate arbustive située entre 1 m et 5 m pour la mésange charbonnière ; la strate arborescente située entre 5 m et 12 m pour la sittelle torche-pot ou l'épervier ; la voûte, ou frondaison, située au-dessus de 12 m pour le pigeon ramier ou le loriot.

Au début de la saison de nidification, ces chiffres sont quelque peu peu faussés puisque, à cette époque, les mâles établissent leurs postes de chant plus haut que les nids. Cela est bien compréhensible car leurs émissions vocales et leur présence doivent être remarquées par leurs congénères afin de préciser les limites de leur territoire. Cette ségrégation verticale entre les espèces est bien marquée et permet ainsi de diminuer les compétitions pour les emplacements de nidification.

Cet isolement écologique est beaucoup moins évident chez les espèces cavernicoles qui pondent leurs œufs à l'intérieur de cavités naturelles, issues notamment de la décomposition des bois morts. Les mésanges, les sittelles, les étourneaux, les moineaux, les rouges-queues à front blanc et les gobe-mouches gris, d'une part, les pigeons colombins, les choucas et les chouettes hulottes, d'autre part, entrent en compétition pour l'appropriation de ces trous indispensables à leur reproduction.

Le problème est d'autant plus pointu que les forestiers coupent systématiquement les arbres malades ; de plus, la pullulation des étourneaux sansonnets, espèce vigoureuse et de bonne taille, a pour conséquence la « réquisition » des cavités parfois même lorsqu'elles sont déjà occupées par d'autres oiseaux. Toutefois, le diamètre du trou d'entrée et l'échelonnement dans le temps de la nidification par le jeu des espèces sédentaires et migratrices limitent quelque peu cette importante compétition. Dans beaucoup de régions, le facteur limitant des effectifs d'une population d'oiseaux cavernicoles est le manque de sites disponibles et non le manque de nourriture.

La composition de l'avifaune des bois et des forêts se modifie parallèlement à la croissance de la végétation qui, au cours du temps, a tendance à « fermer » le milieu. En effet, les oiseaux étant étroitement liés à un environnement bien défini (strates et secteurs de végétation), il n'est pas étonnant de voir évoluer les populations non seulement en densité, mais également en diversité.

En règle générale, la strate herbacée a pratiquement disparu au bout de la dixième année du peuplement, éliminant ainsi les linottes, les chardonnerets, les bruants jaunes ou les fauvettes grisettes. En revanche, les espèces arboricoles, comme les pics et les sittelles, liées aux troncs et aux grosses branches augmentent leurs effectifs. Plus la forêt vieillit, plus elle fournit de nourriture au cours d'un cycle annuel, favorisant alors l'augmentation d'espèces sédentaires aux dépens d'espèces migratrices, abondantes en lisière et dans les clairières.

1

3

2

4

Utilisation des milieux semi-ouverts par les oiseaux nicheurs

1. Le busard cendré construit son aire sur le sol parmi de hautes herbes.
2. La pie-grièche grise construit son nid dans un buisson épineux.
3. La sittelle torche-pot s'installe dans une cavité d'arbre dont elle réduit le trou d'entrée avec de la boue mélangée à de la salive, d'où son nom de torche-pot. Ce comportement augmente la sécurité du nid en diminuant les risques de prédation par les mammifères ainsi que les visites d'oiseaux d'autres espèces, comme l'étourneau, qui pourraient s'approprier la cavité.
4. Le pigeon ramier dépose ses deux œufs dans une coupe de brindilles située parfois à grande hauteur.

Bondrée apivore

Pernis apivorus

En haut, à droite : milan noir. Ce rapace diurne charognard habite les régions ouvertes ou semi-boisées parcourues de cours d'eau lents. Grands migrateurs, ces milans arrivent en Europe à la fin de mars et en avril, et s'installent en colonies sur de hauts arbres pour nicher. Après avoir élevé leurs deux ou trois jeunes, les couples quittent les sites de nidification dès la fin du mois de juillet, plus souvent en août et parfois en septembre, pour rejoindre leurs quartiers d'hiver tropicaux.

Ci-dessous : bondrée apivore chassant des insectes à terre.

Page de droite : épervier d'Europe femelle venant de capturer un chardonneret.

Au zénith, le soleil inonde de lumière le vaste marais où règne une vie intense : la prairie est animée par un couple de vanneaux qui poursuit à grands coups de rames une corneille trop entreprenante, tandis que, dans les roselières, de menus cris trahissent la présence de nombreuses rousserolles effarvattes.

Dans la partie la moins humide du marécage, entre quelques saules, une bondrée gratte de ses pattes jaunes la berge d'un ruisseau. Après quelques instants, un nid de guêpes est mis au jour et c'est dans une nuée bourdonnante que l'oiseau se délecte des œufs, des larves et des nymphes, happant de temps à autre des adultes dont il arrache l'aiguillon d'un coup de mandibules. Protégé des piqûres par une épaisse couche de plumes, le rapace semble toutefois immunisé contre le venin de ces insectes. Ayant terminé son repas, la bondrée extrait une portion du nid aux cellules grisâtres et l'apporte à ses jeunes.

Cette spécialisation du régime alimentaire explique l'arrivée tardive de cette espèce sur les sites de reproduction ; pendant les périodes pluvieuses, le rapace consomme des proies de substitution : batraciens et parfois petits mammifères.

Grande migratrice diurne, la bondrée quitte l'Europe du milieu du mois d'août au début d'octobre. De grands vols se concentrent alors au niveau des caps et des détroits où l'on observe des carrousels de plusieurs centaines de rapaces. Après un hivernage dans les forêts africaines, les retours s'échelonnent de la fin d'avril au début de juin.

Sur le terrain : rapace à tête de pigeon et à longue queue. En vol, ailes relativement étroites et battements d'ailes souples.
Plumage : les deux sexes sont identiques. Le plumage varie du clair au sombre suivant les individus. Les jeunes sont souvent bruns avec le dessous rayé longitudinalement. Les pattes, jaunes chez les adultes, sont brunâtres chez les jeunes.
Nourriture : insectivore, la bondrée apivore décroche ou déterre les nids de guêpes et de bourdons afin d'en extraire le couvain.
Elle ajoute à ce régime divers insectes capturés en vol, des vers, des reptiles, des batraciens, des petits mammifères.
Site du nid : elle s'installe dans un arbre, à une hauteur variant entre 9 m et 25 m.
Nid : le couple restaure une aire ancienne, parfois celle d'un autre rapace ou d'un corbeau. Tout au long de la nidification, certains éléments du nid comme les feuilles et les rameaux verts sont renouvelés.
Nichée : 2 ou 3 œufs blanc jaunâtre, tachés de brun-marron, sont pondus du mois de mai au début du mois d'août et couvés de 30 à 35 jours, principalement par la femelle. Semi-nidicole. 1 ponte annuelle. Quitte le nid entre le 36e et le 42e jour.
Longueur : 55 cm.
Poids : de 600 g à 950 g.
Longévité : peut atteindre 29 ans.

Aire de reproduction — Aire de reproduction et d'hivernage — Aire d'hivernage

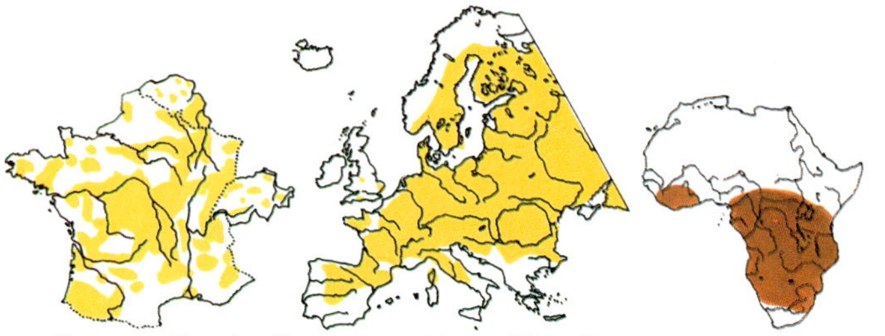

En vert : sédentaire. En marron : visiteur d'hiver. En jaune : visiteur d'été.

Épervier d'Europe

Accipiter nisus

En lisière de bois, les baies noires des sureaux et les fruits rouges des aubépines attirent grives et merles. Dans le champ voisin, les chaumes de maïs gisent, épars, et quelques épis jaunes oubliés par la machine font les délices d'une troupe gourmande de moineaux et de verdiers.

A l'affût à plusieurs centaines de mètres, l'épervier vient de repérer le groupe de fringilles et c'est par une savante approche qu'il essaie de les surprendre : glissant au ras des frondaisons, le rapace entre dans un bois, se faufile parmi les taillis, sort à découvert en longeant une haie, suit quelques instants un cours d'eau puis débouche de derrière un buisson en une attaque foudroyante. Les pattes en avant, l'épervier projette ses serres acérées en direction d'une proie mais, malgré la rapidité de l'intervention, les passereaux sont déjà dans la végétation. Zigzaguant à travers les branches, le rapace — dont les ailes courtes et larges lui permettent de brusques conversions — continue sa poursuite dans le bois. Mais, gêné dans sa progression, il renonce et va se poser en haut d'un arbre, attendant d'attaquer de nouveau.

Très spécialisé dans la prédation des oiseaux, l'épervier consomme en moyenne deux proies chaque jour, ce qui représente environ 80 g de viande.

Sédentaires ou migrateurs partiels diurnes, les éperviers d'Europe centrale et du Nord se dirigent vers le sud-ouest de la fin du mois d'août à octobre ; ils traversent régulièrement la Méditerranée pour hiverner en Afrique du Nord. Les retours s'échelonnent du mois de mars à la fin d'avril.

Sur le terrain : de la taille d'une tourterelle, ce petit rapace sombre dessus et zébré dessous est difficilement distinguable de l'autour, plus gros et au vol moins léger.
Plumage : la femelle a le dessus brun et non ardoisé comme le mâle, le dessous blanc roussâtre barré de foncé et non de roux. Les jeunes ont le dessus marqué de roux, le dessous jaunâtre, rayé et tacheté de brun-noir.
Nourriture : il consomme surtout des oiseaux, principalement des moineaux, des grives, des étourneaux, des alouettes et des bruants jaunes, auxquels il ajoute des petits mammifères.
Site du nid : l'épervier s'installe dans un massif boisé, de préférence sur un épicéa ou sur un chêne, entre 4 m et 25 m du sol.
Nid : construite par le couple, l'aire est constituée d'un amoncellement de branchages dont la coupe est garnie de morceaux d'écorces et de brindilles.
Nichée : de 3 à 6 œufs blanc verdâtre, avec des taches gris violacé et d'autres allant du brun-chocolat au brun-rouge, sont pondus de la fin d'avril à juin et couvés de 31 à 36 jours par la femelle. 1 ponte annuelle. Semi-nidicole. Quitte le nid entre le 24e et le 30e jour.
Longueur : de 31 cm à 33 cm.
Poids : mâle, de 110 g à 170 g ; femelle, de 210 g à 280 g.
Longévité : peut atteindre 11 ans.

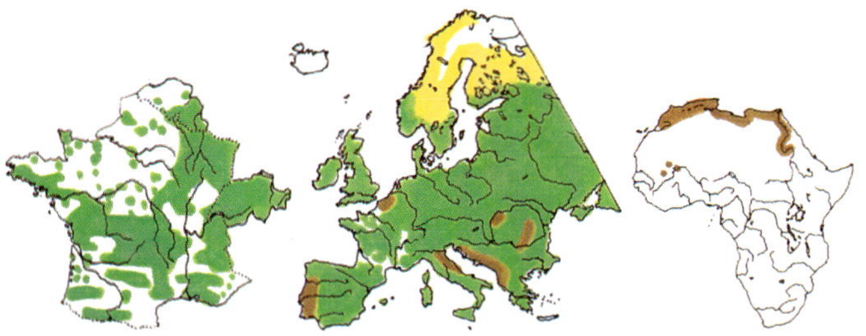

En vert : sédentaire. En marron : visiteur d'hiver. En jaune : visiteur d'été.

Pigeon colombin

Columba œnas

Le soleil est déjà haut dans le ciel quand retentit le miaulement plaintif d'une buse. Tournoyant au-dessus des bois et des champs, le rapace prend de la hauteur à chaque rotation, sans donner le moindre coup d'ailes. Nullement inquiété par l'oiseau de proie, un pigeon colombin au plumage teinté de bleu continue à s'abreuver sur le bord d'une petite mare où vient boire le bétail. S'envolant brusquement dans un claquement d'ailes, le « colombin » rejoint rapidement un boqueteau entouré de prés. Bientôt perché près de son nid, le pigeon répète une dizaine de fois son vigoureux roucoulement qui se perd dans le feuillage. S'extirpant de la cavité, sa compagne s'en va se restaurer après de longues heures d'immobilité et le mâle pénètre dans l'embrasure pour ne pas laisser les œufs se refroidir.

C'est en mars que le couple, uni pour la vie, s'est installé dans ce vieil arbre, non sans difficulté car les cavités naturelles se font de plus en plus rares dans les campagnes : recherchées par des congénères, elles sont aussi convoitées par les chouettes hulottes, les choucas et certains pics.

Cette espèce est peu migratrice sous nos latitudes. En revanche, les pigeons colombins du nord et du centre de l'Europe traversent de jour l'ouest du continent, de la mi-septembre à la mi-novembre, pour rejoindre leurs quartiers d'hiver situés sur le bassin méditerranéen ; certains individus traversent même le Sahara. Les retours ont lieu de février à avril.

Sur le terrain : pigeon gris. L'absence de blanc sur le croupion, sur le cou et sur les ailes le différencie des autres espèces ; les deux barres noires des ailes sont aussi caractéristiques.
Plumage : les deux sexes sont identiques. Les jeunes n'ont pas les reflets irisés de la gorge et du cou des adultes.
Nourriture : le pigeon colombin cherche surtout des graines, sauvages ou cultivées, et des baies auxquelles il ajoute des animaux invertébrés.
Site du nid : il s'installe dans les arbres creux, parfois dans un bâtiment, mais rarement dans les buissons. Il occupe aussi des nids de pie et d'écureuils.
Nid : une coupe plate et mince est construite avec des branchettes, des herbes fines, des tiges et des feuilles.
Nichée : 2 œufs blancs, pondus entre mars et août, sont couvés de 16 à 18 jours par le couple. 2 ou 3 pontes annuelles. Nidicole. Quitte le nid entre le 26e et le 28e jour.
Longueur : 32 cm.
Poids : 280 g.
Longévité : peut atteindre 13 ans.

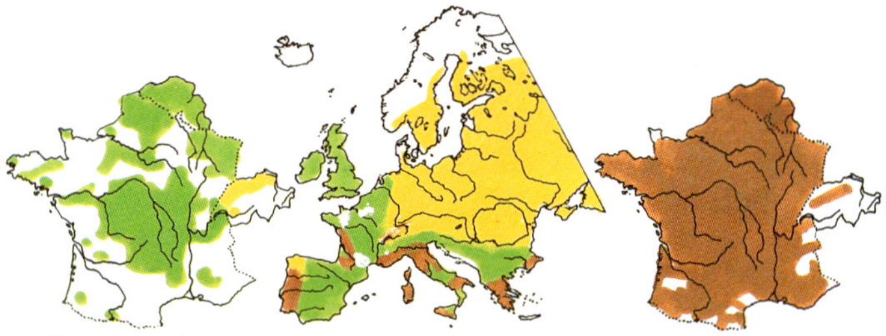

En vert : sédentaire. En marron : visiteur d'hiver. En jaune : visiteur d'été.

Ci-contre : pigeon colombin glanant des grains dans un champ. L'absence de stries blanches sur les côtés du cou le distingue du pigeon ramier.

Chouette chevêche

Athene noctua

Le crépuscule tombe lentement sur les prés qui s'étendent entre les alignements de vieux saules têtards boursouflés par les ans ; la pénombre envahit les haies dont les grands arbres protègent du vent d'ouest les cultures et le bétail. Un pic-vert jette un dernier éclat de rire et quelques lapins se dispersent dans les champs, montrant à chaque bond leur derrière blanc.

Venant d'un chemin creux bordé par d'étranges silhouettes végétales, un miaulement bref retentit, bientôt suivi d'une voix douce et plaintive. Perchée sur une grosse branche bien dégagée, une chouette chevêche, au beau regard doré, appelle une femelle et, de loin en loin, l'écho de son chant se répercute dans la campagne. Inquiétée par un bruit suspect, elle se gonfle et agite sa grosse tête ronde d'un brusque mouvement vertical interrogatif, puis de son vol lent et sinueux elle rejoint un perchoir d'où elle va pouvoir guetter quelques proies. Attentive, la petite chouette surveille le sol où elle a l'habitude de se déplacer avec aisance, mais c'est de l'air qu'arrive son repas : un gros sphinx du liseron teinté de rose, bien vite repéré par le rapace, est capturé après une brève envolée silencieuse et tué d'un coup de bec dans un craquement sinistre.

D'un caractère difficile, la « chevêche » est très irritable et manifeste fréquemment sa mauvaise humeur ou son embarras par une série de courbettes et de flexions nerveuses, comme si elle était montée sur des ressorts.

Attachée à son domaine, l'hiver, cette espèce reste sur les sites de reproduction. Même lorsque les périodes de gel et d'enneigement se prolongent, l'oiseau demeure sur place, ce qui lui vaut parfois d'être décimé par des conditions climatiques rigoureuses. Les jeunes réalisent régulièrement des déplacements de faible amplitude

Sur le terrain : petite chouette « terrestre », aux formes rondelettes et aux yeux jaunes. Ses mœurs relativement diurnes rendent son observation assez facile.
Plumage : les deux sexes sont identiques. Les jeunes sont plus pâles que les adultes.
Nourriture : la chouette chevêche capture des rongeurs, des insectes et des lombrics. Elle consomme aussi des reptiles, des oiseaux et même des chauves-souris.
Site du nid : elle s'installe à une hauteur variant entre 2 m et 10 m, dans une cavité de bâtiment, d'arbre, dans une crevasse ou au creux d'un amoncellement de pierres.
Nid : la cavité, nue et sèche, est utilisée telle quelle.
Nichée : de 3 à 5 œufs blancs sont pondus entre avril et mai, et couvés 28 ou 29 jours par la femelle. 1 ou 2 pontes annuelles. Nidicole. Quitte le nid entre le 25e et le 28e jour.
Longueur : 21 cm.
Poids : 170 g.
Longévité : peut atteindre 15 ans.

Ci-dessus : chouette chevêche. Le poussin réclame de la nourriture à l'un des parents.

En bas, à gauche : pigeon colombin.

Aire de reproduction — Aire de reproduction et d'hivernage — Aire d'hivernage

En vert : sédentaire. En marron : visiteur d'hiver. En jaune : visiteur d'été.

Hibou moyen-duc

Asio otus

Ci-dessus : hibou moyen-duc. Les hiboux se distinguent des chouettes par les deux aigrettes qui sont situées sur les côtés de leur tête.

Page de droite : chouette hulotte. Le jour, cette espèce est vite éblouie par les rayons du soleil et se cache au mieux dans la végétation.

Au cœur du bocage, à l'abri des haies qui freinent l'assaut des vents violents d'automne, une corneille noire bousculée par les rafales tente de rejoindre un bosquet de sapins, tandis qu'un merle irrité s'engouffre sous le couvert dans une vigoureuse protestation.

Au flanc de la colline, en bordure d'un bois de conifères, une ombre s'éloigne sans un bruit, suivie d'une deuxième puis d'une troisième... En approchant discrètement pour ne pas effrayer, on découvre, figé comme une branche morte dont il a la couleur, un hibou moyen-duc qui se tient collé contre un tronc ; les deux aigrettes érigées, il cligne par instants des yeux, laissant apparaître à chaque mouvement de paupières ses iris orangés.

Dérangé un court moment dans leur sommeil diurne, la quinzaine de hiboux se rassemble de nouveau dans le bois et retombe dans une somnolence vigilante. A la nuit tombante, la troupe s'active : chaque oiseau part en chasse dans la campagne. D'un vol lent et indécis, mais d'une grande souplesse, les rapaces se dispersent au-dessus des taillis, des clairières et des champs, prêts à fondre sur un campagnol ou sur un moineau domestique.

L'espèce est surtout sédentaire, toutefois, des hiboux originaires du nord de l'Europe migrent vers le sud de septembre à novembre et retournent sur les sites de nidification de février à avril.

Sur le terrain : sorte de « chouette » avec de grandes « oreilles ».
Plumage : les deux sexes sont identiques. Certains mâles seraient plus clairs. Les jeunes ont un aspect duveteux, brun-gris, avec des disques faciaux en grande partie noirâtres.
Nourriture : la nuit ou au crépuscule, le hibou capture des campagnols, des mulots, des musaraignes..., ainsi que des petits oiseaux, des reptiles, des poissons et des insectes.
Site du nid : il s'installe dans les bois et dans les forêts de plaine ou de montagne.
Nid : il ne construit pas de nid, mais cherche d'anciens nids d'écureuils, de pie, de corneille ; il peut nicher à même le sol, dans une lande.
Nichée : de 4 à 6 œufs, blanc mat et pur, sont pondus du mois de mars à la mi-juin et couvés de 25 à 30 jours par la femelle.
1 ou 2 pontes annuelles.
Semi-nidicole.
Quitte le nid entre le 23e et le 26e jour.
Longueur : 35 cm.
Poids : 300 g.
Longévité : peut atteindre 28 ans.

Aire de reproduction — Aire de reproduction et d'hivernage — Aire d'hivernage

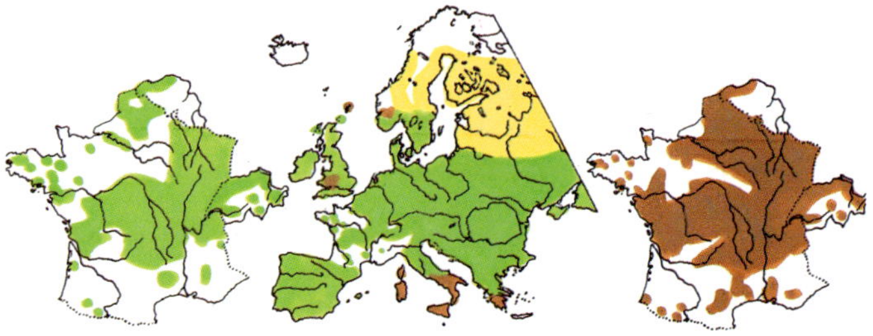

En vert : sédentaire. En marron : visiteur d'hiver. En jaune : visiteur d'été.

Chouette hulotte

Strix aluco

Collée près du tronc d'un vieux marronnier, une chouette hulotte sort progressivement de sa torpeur diurne, au fur et à mesure que l'obscurité tombe sur la campagne enneigée. La nuit noire est glaciale mais, malgré le froid, l'oiseau lance son vibrant hululement nuptial qui déchire le silence ouaté. C'est l'appel du mâle, vite entendu par une femelle qui lui répond dans le lointain ; le couple entame alors un long duo dont les dernières notes s'estomperont aux premières lueurs du jour.

Rapace nocturne des bois et des forêts de plaine ou de montagne, cette chouette, redoutable prédateur de petits mammifères, s'est installée dans les villes et dans les villages, fréquentant les parcs, les grandes avenues plantées d'arbres et les cimetières. Précieux auxiliaire de l'agriculteur, la chouette hulotte anéantit de grandes quantités de campagnols, de souris et de mulots, et, en ville, réduit les populations envahissantes de moineaux domestiques.

Surtout sédentaires, les adultes ne quittent pas les sites de reproduction même lorsque l'hiver est rigoureux ; en revanche, les jeunes peuvent se déplacer, à des distances ne dépassant toutefois pas 200 km.

Sur le terrain : grande chouette sombre avec une grosse tête ronde et des yeux noirs.
Plumage : les deux sexes sont identiques. Les plumages varient du roux presque rouge au gris pâle. Les jeunes sont plus pâles que les adultes et ont un aspect duveteux.
Nourriture : la chouette hulotte capture surtout des petits rongeurs comme les campagnols et les mulots. D'autres proies s'ajoutent à ce régime, tels les oiseaux, les insectes et les mollusques.
Site du nid : elle s'installe dans un trou d'arbre, une crevasse de rocher, un comble de bâtiment ou dans un nid abandonné.
Nid : la cavité est utilisée telle quelle.
Nichée : de 3 à 5 œufs blancs sont pondus entre mars et avril, et couvés 28 ou 29 jours par la femelle. 1 ponte annuelle. Nidicole. Quitte le nid entre le 30e et le 35e jour.
Longueur : 37 cm.
Poids : 450 g.
Longévité : peut atteindre 19 ans.

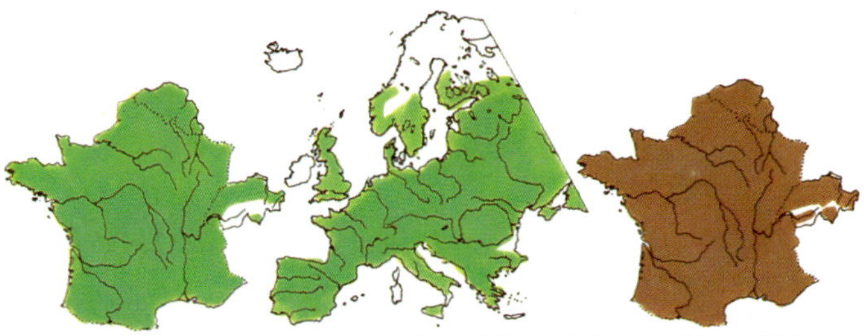

En vert : sédentaire. En marron : visiteur d'hiver. En jaune : visiteur d'été.

Pic-vert

Picus viridis

Le ciel plombé de cette fin d'hiver, poussé par le vent du nord qui fige bois et champs sur son passage, pèse sur la campagne enneigée. A la lisière de la forêt, le double clairon d'un faisan retentit alors qu'un pic-vert lance son éclat de rire précipité et sonore. De son vol ondulant, le gros oiseau vert et jaune au cimier écarlate vient de se plaquer contre le tronc argenté d'un vieux hêtre. Grimpant maintenant le long de l'arbre, l'oiseau progresse par bonds, faisant crisser l'écorce sous ses griffes, puis s'arrête. Bien campé sur ses pattes et appuyé sur sa queue aux plumes rigides, le pic se met à frapper violemment le bois avec son bec puissant et glisse sa langue démesurée dans la fissure qu'il vient de créer, engluant au passage plusieurs proies savoureuses.

Au fur et à mesure que les jours rallongent, la voix du mâle se fait entendre plus fréquemment et, bientôt, une femelle lui répond. Un long duo s'engage entre les deux oiseaux qui se rapprochent progressivement l'un de l'autre. Lorsqu'ils s'acceptent enfin, le mâle courtise sa partenaire : le bec en l'air, le cou tendu, il balance la tête de gauche à droite et d'avant en arrière afin de bien en montrer le dessus rouge. Puis le couple s'en va à la recherche d'un vieil arbre fruitier, d'un saule ou d'un chêne dans lequel il va creuser une loge où seront pondus les œufs. Cette cavité de quarante centimètres de profondeur apparaît au bout d'une quinzaine de jours.

Le pic-vert est sédentaire.

Sur le terrain : oiseau vert avec le dessus de la tête rouge. Le vol est une succession d'ondulations.
Plumage : le mâle arbore des moustaches rouges ; celles de la femelle sont noires. Les jeunes, très tachetés, sont plus ternes que les adultes.
Nourriture : le pic-vert cherche sur le sol des limaçons, des escargots, des vers de terre, parfois des graines et des fruits. Il attaque aussi les fourmilières.
Site du nid : il creuse une cavité dans un vieil arbre à une hauteur variant entre 2 m et 6 m.
Nid : le fond de la cavité ne reçoit aucune garniture, seuls des copeaux servent de litière.
Nichée : de 5 à 7 œufs blancs sont pondus entre avril et juin, et couvés 18 ou 19 jours par le couple.
1 ponte annuelle.
Nidicole. Quitte le nid entre le 18e et le 21e jour.
Longueur : 31 cm.
Poids : 200 g.
Longévité : peut atteindre 7 ans.

Aire de reproduction — Aire de reproduction et d'hivernage — Aire d'hivernage

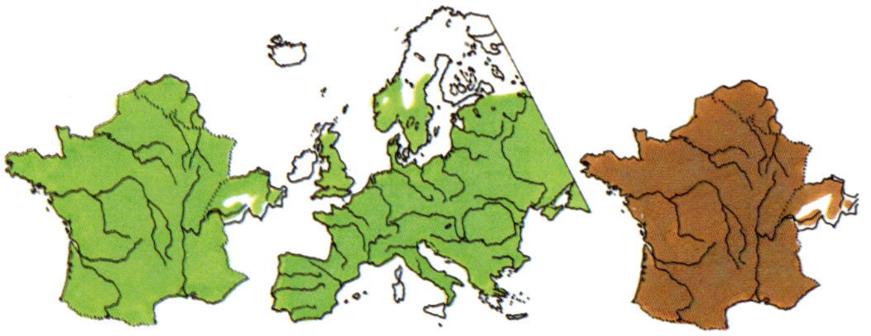

En vert : sédentaire. En marron : visiteur d'hiver. En jaune : visiteur d'été.

Pic épeiche

Dendrocopos major

Dans le sous-bois, un geai fouille bruyamment le sol à grands coups de bec et, en quelques instants, il retrouve plusieurs glands qu'il avait dissimulés à l'automne. Puis, d'un bond, le corvidé ouvre ses ailes aux poignets bleus et se dirige vers les plus hautes branches, encore nues de feuilles.

A proximité, un curieux tambourinage résonne dans le bois mort d'un chêne. Agrippé au tronc creux et bien campé sur ses tarses, un pic épeiche martèle vigoureusement l'arbre de six à douze percussions rythmées dont l'amplitude augmente progressivement.

Au printemps, mâles et femelles produisent cette vibration sonore qui, comme le chant, affirme la présence territoriale des individus. Cette manifestation instrumentale précède habituellement les parades nuptiales. Durant cette période, les deux partenaires se poursuivent bruyamment dans la futaie, se menacent en vol, queue étalée et relevée, montrant ainsi le rouge de leur bas-ventre. Piètre chanteur, le pic épeiche lance différents types de cris peu mélodieux.

Surtout sédentaire, cette espèce vagabonde, l'hiver, en compagnie des rondes de mésanges, de roitelets et de grimpereaux. Certaines années, la mauvaise fructification des conifères du nord et de l'extrême est de l'Europe provoque, en septembre et en octobre, des invasions de jeunes oiseaux vers l'ouest du continent.

Sur le terrain : pic noir et blanc, de la taille d'un merle.
Plumage : la femelle a le dessus de la tête sombre sans la tache occipitale rouge du mâle. Les jeunes sont comme les adultes, légèrement rayés sur les flancs avec le dessus de la tête entièrement rouge.
Nourriture : le pic épeiche est très végétarien par rapport aux autres espèces de pics. Il se régale des graines de conifères ; au printemps, il aspire la sève douce et la résine liquide. Il ajoute à ce régime des insectes trouvés dans les écorces (papillons, carabes...), ainsi que des œufs et des oisillons.
Site du nid : il s'installe dans les forêts de plaine comme de montagne, dans un trou creusé dans un arbre entre 4 m et 10 m.
Nid : le couple creuse une cavité de 12,5 cm de large et de 30 cm de profondeur ; l'entrée de cette loge mesure 5,5 cm de diamètre.
Nichée : de 4 à 8 œufs blancs, brillants, sont pondus entre la mi-avril et la fin du mois de juin, et couvés de 15 à 17 jours par la femelle.
1 ponte annuelle.
Nidicole.
Quitte le nid entre le 18e et le 21e jour.
Longueur : 22 cm.
Poids : 80 g.
Longévité : peut atteindre 9 ans.

Aire de reproduction — Aire de reproduction et d'hivernage — Aire d'hivernage

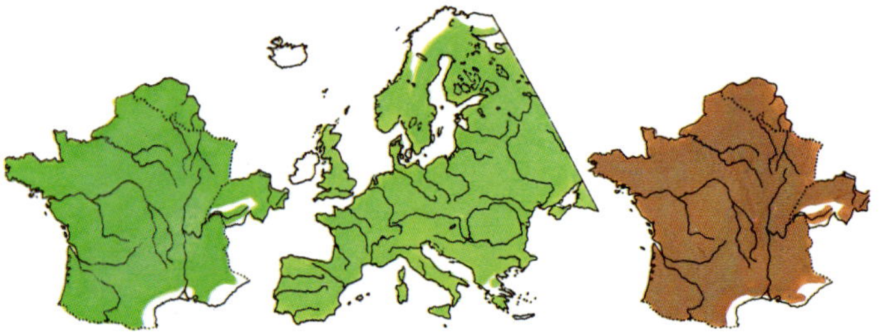

En vert : sédentaire. En marron : visiteur d'hiver. En jaune : visiteur d'été.

Le pic épeiche est à gauche du tronc et le pic-vert à droite.

Rouge-gorge

Erithacus rubecula

Au pied d'un grand fût de chêne fissuré par les ans, quelques buissons poussent en désordre. Agrippée à l'écorce, une sittelle descend par secousses le long du tronc, la tête en bas, tandis qu'une mésange bleue inspecte les ramilles d'un rejet de l'arbre.

Approchant par petits bonds, une silhouette rondelette plastronnée de rouge-orangé s'arrête un instant pour dégager la litière de feuilles mortes d'une mince couche de neige tombée dans la nuit. Après avoir capturé une minuscule proie engourdie, le rouge-gorge continue sa progression et, d'une courte envolée, se perche sur un rameau dégagé puis susurre en sourdine une cascade de notes cristallines.

Bien en vue pour affirmer sa présence, l'oiseau ne tolère aucune intrusion dans son domaine. Lorsqu'un congénère viole ses limites territoriales, il se livre alors à des mimiques d'intimidation : il relève la tête, déploie et gonfle les plumes colorées de sa poitrine. Si l'intrus persiste, le propriétaire se jette sur l'adversaire et, volant bas, le reconduit *manu militari* à la frontière de son territoire.

Très familière dans les jardins et dans les parcs des villes, cette espèce est souvent la compagne des jardiniers. Posté à proximité de l'homme, l'oiseau guette les mouvements de pelle ou de rateau qui dégagent les vermisseaux et autres animalcules dont il est friand.

Les rouges-gorges du nord de l'Europe migrent de nuit vers le sud, du mois de septembre à la mi-novembre, alors que d'autres populations sont sédentaires. En règle générale, les mâles semblent moins voyageurs que les jeunes et les femelles, qui peuvent se déplacer jusqu'en Afrique. Les retours s'échelonnent de la mi-février à avril.

Sur le terrain : petit oiseau rondelet au plastron rouge-orangé et aux longues pattes.
Plumage : les deux sexes sont identiques. Les jeunes ont le dessus tacheté de roux et de brun.
Nourriture : surtout insectivore, le rouge-gorge consomme aussi des araignées, des vers, des petits mollusques et, en automne, des baies.
Site du nid : le rouge-gorge s'installe dans un endroit chaud et sec : un trou de mur, un buisson, une haie ou un site insolite comme un arrosoir abandonné.
Nid : la femelle construit une coupe volumineuse avec des feuilles mortes, des herbes, des mousses, puis elle la garnit de crins et de radicelles.
Nichée : 5 ou 6 œufs blancs, marqués de jaune, sont pondus entre avril et juin, et couvés de 12 à 15 jours par la femelle. 2 ou 3 pontes annuelles. Nidicole. Quitte le nid vers le 15e jour.
Longueur : 13 cm.
Poids : 16 g.
Longévité : peut atteindre 13 ans.

Aire de reproduction — Aire de reproduction et d'hivernage — Aire d'hivernage

En vert : sédentaire. En marron : visiteur d'hiver. En jaune : visiteur d'été.

Gobe-mouches gris

Muscicapa striata

Après les derniers assauts du vent du nord et les ultimes giboulées, la nature se transforme chaque jour davantage : les feuilles jaillissent de leur fourreau verni, les fleurs illuminent les buissons et de nouvelles voix se font entendre.

De petits cris durs et aigus émis à intervalles réguliers semblent provenir d'un vieil arbre mort : perché sur une branche d'orme sèche, un petit oiseau au corps dressé et à la poitrine rayée de brun relève nerveusement les ailes puis s'envole d'un bond. Papillonnant quelques instants dans les airs, il retourne bientôt sur son perchoir, le bec encombré d'un gros insecte qu'il décortique et avale dans un mouvement de gorge. Terrible chasseur, le gobe-mouches gris guette de longues minutes ses victimes du haut d'un affût dont les abords sont toujours bien dégagés.

Sa discrétion vocale et sa modeste livrée le font passer inaperçu, et seules ses courtes envolées qu'il ponctue d'un claquement de bec quand il se saisit d'un insecte révèlent sa présence. Au moment des amours, le mâle lance bien quelques notes grinçantes, mais elles se perdent parmi les chants des bruants jaunes et des fauvettes grisettes.

Grands migrateurs nocturnes, les gobe-mouches gris quittent l'Europe d'août à septembre, mais certains individus s'attardent jusqu'en octobre. Hivernant sous les tropiques, au cœur de la savane à épineux ou en bordure de la grande forêt équatoriale, l'espèce revient sur les sites de nidification de mars à mai.

Sur le terrain : oiseau gris-brun à la poitrine et à la calotte rayées. Il se tient souvent dressé.
Plumage : les deux sexes sont identiques.
Les jeunes sont plus tachetés que les adultes.
Nourriture : insectivore, le gobe-mouches gris chasse en vol des papillons, des libellules, des bourdons. Il y ajoute des vers de terre et des baies de sureau.
Site du nid : il s'installe à plus de 1 m de hauteur dans un trou d'arbre ou de mur, dans une plante grimpante, entre les rejets d'une souche.
Nid : le couple construit une coupe avec des herbes, des radicelles, des mousses et des lichens maintenus par de la toile d'araignée, et que la femelle garnit de crins et de laine.
Nichée : 4 ou 5 œufs allant du beige au gris verdâtre, tachetés de brun-rouge et de gris violacé, sont pondus entre mai et juillet, et couvés de 11 à 15 jours par la femelle. 1 ou 2 pontes annuelles. Nidicole. Quitte le nid entre le 12e et le 14e jour.
Longueur : 14 cm.
Poids : 16 g.
Longévité : peut atteindre 7 ans.

Aire de reproduction — Aire de reproduction et d'hivernage — Aire d'hivernage

En vert : sédentaire. En marron : visiteur d'hiver. En jaune : visiteur d'été.

Ci-contre : gobe-mouches gris.

Ci-dessous : mésange charbonnière. L'étroite raie médiane noire indique qu'il s'agit d'une femelle.

Grive musicienne

Turdus philomelos

Les premières lueurs pâlissent l'horizon et, bientôt, le rythme allègre des refrains métalliques des mésanges charbonnières et les courtes mélodies du pinson animeront les bois et les forêts. Tout en haut d'un vieux conifère, une grive musicienne sort de son silence hivernal : bec ouvert, elle lance son chant flûté au phrasé harmonieux dont les motifs variés sont répétés à deux ou trois reprises. Ainsi, de loin en loin, plusieurs oiseaux se répondent dans un concert qui s'achève en fin de matinée, lorsque les rayons de soleil réchauffent la campagne. Espèce des sous-bois, des bosquets et des taillis frais, cette grive, dont le plumage la dissimule parfaitement quand elle cherche sa nourriture sur le sol, vit le plus souvent à l'ombre des ramures.

Après une courte ondée, il est possible de surprendre la grive musicienne le long d'un chemin, pâturant dans l'herbe folle en quête de vers et de limaçons. Se saisissant d'un escargot, sa trouvaille dans le bec, elle gagne en courant une pierre plate dont les abords sont couverts de débris ; puis, prenant le mollusque par le bord externe de sa coquille, elle le frappe violemment contre le caillou jusqu'au moment où apparaît la partie consommable de l'animal. Cette habitude d'utiliser une « enclume » est surtout observée au cours de la mauvaise saison.

Migratrice partielle nocturne, cette espèce quitte les sites de reproduction en août puis migre vers le Midi et le Sud-Ouest de la mi-septembre à novembre. Toutefois, certaines populations d'Europe occidentale sont sédentaires, ne se déplaçant que si elles sont chassées par de longues périodes de gel et d'enneigement. Les retours s'échelonnent de mars à mai.

Ci-dessus : grive musicienne cherchant des escargots sur le sol.

Ci-contre : grive mauvis. Cette espèce niche en Scandinavie et son apparition dans nos régions se produit de la mi-septembre à la mi-novembre. Migratrice nocturne partielle, elle hiverne dans tout l'ouest du continent et parfois même en Afrique du Nord. Les retours ont lieu de mars à la mi-avril.

Sur le terrain : petite grive beige avec des taches sur la poitrine et le ventre.
Plumage : les deux sexes sont identiques. Les jeunes, plus roux que les adultes, ont le dessus tacheté de jaune et de brun.
Nourriture : la grive musicienne consomme des vers de terre, des mollusques, des insectes et leurs larves auxquels elle ajoute, en automne, des baies d'aubépine, de sorbier, des myrtilles et des fruits d'if, de fusain.
Site du nid : elle s'installe dans un buisson à une hauteur variant entre 1 m et 4 m, parfois dans le lierre d'une maison, sur une souche...
Nid : la femelle construit une coupe avec des herbes, des brindilles, des racines, des feuilles mortes, des mousses, des lichens, puis elle la garnit de boue et de morceaux de bois.
Nichée : de 4 à 6 œufs bleu verdâtre, tachés de brun ou de noir, sont pondus entre avril et juillet, et couvés par la femelle de 11 à 15 jours. 2 ou 3 pontes annuelles. Nidicole. Quitte le nid entre le 12e et le 16e jour.
Longueur : 21 cm.
Poids : 75 g.
Longévité : peut atteindre 13 ans.

Aire de reproduction — Aire de reproduction et d'hivernage — Aire d'hivernage

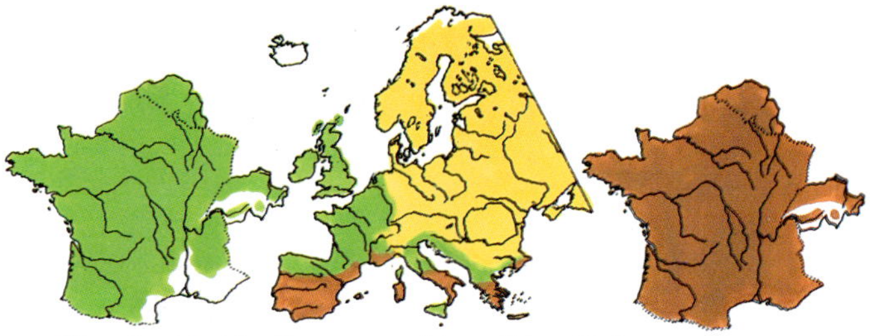

En vert : sédentaire. En marron : visiteur d'hiver. En jaune : visiteur d'été.

Loriot d'Europe

Oriolus oriolus

Les troncs lisses et argentés de la vieille hêtraie s'élancent vers les frondaisons où l'épais feuillage filtre la lumière, laissant le sous-bois clairsemé dans une fraîche pénombre. Parmi la végétation basse du sol, le derrière blanc d'un chevreuil disparaît en bondissant entre les arbres pendant que le sifflement mélancolique d'un pouillot siffleur s'étire en un long decrescendo.

Au cœur de la voûte feuillue de la forêt, un loriot à l'habit d'or marqué de jais chasse quelques insectes ; malgré les teintes resplendissantes de sa livrée, l'oiseau demeure invisible, en parfaite harmonie avec la masse vert et jaune de la végétation. Inféodé aux cimes des bois et des futaies dont il ne quitte l'abri que contraint par la gourmandise ou la pulsion migratoire, le loriot se remarque par les sifflements clairs et sonores qu'il fait retentir dès son installation sur les sites de reproduction.

Unique représentant européen d'une famille d'espèces exotiques, le loriot commence les jeux nuptiaux dès l'arrivée des femelles que les mâles ont précédées dans leur migration printanière. La forêt est alors le théâtre de poursuites incessantes, les prétendants suivant leurs futures partenaires dans leurs moindres déplacements en émettant divers cris, dont une sorte de miaulement.

Grands migrateurs nocturnes, les loriots quittent l'Europe de la fin du mois de juillet à la mi-septembre, se dirigeant tout d'abord vers l'Italie puis en direction de la péninsule des Balkans d'où ils gagnent l'Égypte et enfin l'Afrique tropicale. Les retours s'échelonnent du mois d'avril à la fin du mois de mai.

Sur le terrain : de la taille d'un étourneau, le loriot est difficilement visible dans la voûte des forêts malgré son plumage jaune et noir.
Plumage : la femelle est vert olive dessus et gris pâle strié de noir dessous.
Les jeunes sont brunâtres dessus et blanc strié de brun dessous.
Nourriture : surtout insectivore, le loriot consomme des chenilles, des pucerons, des sauterelles et des coléoptères auxquels il ajoute des araignées, des mollusques et des fruits.
Site du nid : il s'installe à une hauteur variant entre 5 m et 20 m, dans un bois d'arbres feuillus : chênes, peupliers...
Nid : entre deux rameaux d'une fourche, la femelle construit un hamac qu'elle tisse avec des brins de paille, des lambeaux d'écorce, des cocons et de la toile d'araignée.
Nichée : de 3 à 6 œufs blancs, faiblement ponctués de brun-pourpre ou de noir violacé, sont pondus de la mi-mai à juillet et couvés de 14 à 17 jours par la femelle. 1 ponte annuelle. Nidicole. Quitte le nid entre le 15e et le 17e jour.
Longueur : 22 cm.
Poids : de 68 g à 78 g.
Longévité : peut atteindre 7 ans.

Aire de reproduction — Aire de reproduction et d'hivernage — Aire d'hivernage

En vert : sédentaire. En marron : visiteur d'hiver. En jaune : visiteur d'été.

Ci-dessous : loriot jaune mâle.

Geai des chênes

Garrulus glandarius

A droite : geai des chênes. L'importance des barres noires sur les plumes bleues de l'aile indique qu'il s'agit d'un oiseau de moins de deux ans ; la couleur gris foncé de l'iris (bleu vif chez l'adulte) confirme l'âge de l'oiseau.

La futaie de chênes dresse ses troncs immenses vers le ciel où l'on distingue à travers l'épaisse frondaison quelques nuages poussés par le vent. Au pied des arbres, des merles retournent nerveusement les feuilles de la litière avec force coups de bec ; une sitelle grimpe le long d'une écorce qu'elle fait crisser sous ses griffes.

D'un vol lent et incertain, un oiseau au croupion blanc et à la queue noire lance un cri désagréable, rauque et traînant, avertissant ainsi la forêt de l'arrivée d'un promeneur. Maintenant posé sur une branche, le geai inspecte les alentours de son regard bleuté et gonfle les plumes de la tête en signe d'inquiétude.

Ce corvidé est probablement l'un des plus beaux habitants de la sylve grâce à sa livrée contrastée de brun-rose clair, de blanc, de noir et de bleu. Pourvu de larges ailes arrondies et d'une longue queue, l'oiseau évolue avec habileté dans la végétation la plus épaisse. Peu à l'aise dans les espaces dégagés, le geai évite les grandes traversées à découvert.

Lors de la parade nuptiale, le mâle hérisse les plumes de la calotte, du croupion et du ventre, tout en écartant les ailes afin d'en exhiber le blanc du miroir et le bleu des couvertures. La femelle, alors en posture de soumission, ailes frémissantes et étalées, corps penché en avant, dresse les plumes blanches du croupion.

Le geai des chênes est sédentaire ou migrateur partiel diurne. Certaines années, les populations du nord de l'Europe s'exilent vers le sud du continent de la mi-septembre à octobre. Les retours s'échelonnent de la fin du mois de mars au début du mois de juin.

Sur le terrain : seul corvidé coloré. Le croupion blanc et les taches alaires bleues sont nettement visibles. Cris caractéristiques.
Plumage : les deux sexes sont identiques. Les jeunes sont plus ternes que les adultes et ont les yeux gris et non bleus.
Nourriture : il est omnivore. En automne, il se nourrit surtout de glands. Il y ajoute des faînes, des châtaignes, des noisettes, des baies, des insectes, des œufs, des petits mammifères.
Site du nid : le geai des chênes s'installe en forêt ou dans un bois, de préférence dans un arbre feuillu (hêtre, chêne).
Nid : au creux d'une fourche, dans un trou ou contre un tronc, le couple construit une coupe avec des brindilles et des tiges auxquelles sont incorporés de la terre, des racines fines et des crins.
Nichée : de 5 à 10 œufs vert grisâtre, tachés de brun, sont pondus entre le début d'avril et la fin de juin, et couvés 16 ou 17 jours par le couple. 1 ponte annuelle. Nidicole. Quitte le nid le 19e ou le 20e jour.
Longueur : 33 cm.
Poids : 170 g.
Longévité : peut atteindre 18 ans.

Aire de reproduction — Aire de reproduction et d'hivernage — Aire d'hivernage

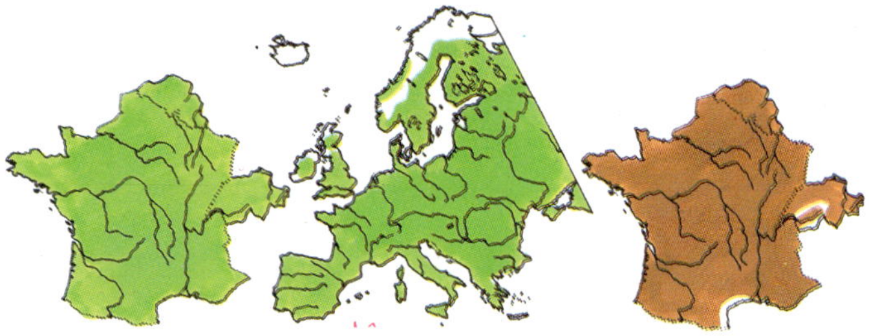

En vert : sédentaire. En marron : visiteur d'hiver. En jaune : visiteur d'été.

Corneille noire

Corvus corone

Au coin du champ, un hêtre garde encore quelques feuilles desséchées ; posé sur une grosse branche, un oiseau noir, immobile, surveille une troupe de pinsons du Nord dont les appels enroués et nasillards ne cesseront qu'à leur départ. En faction depuis plusieurs heures, la corneille noire, au plumage teinté de reflets métalliques, s'étire paresseusement. Prenant souplement son essor, elle plonge dans le vallon tout en lançant une série de croassements puis disparaît derrière une rangée de peupliers qui borde la rivière.

L'acuité visuelle de la corneille noire est remarquable et lui permet de repérer à la surface de l'eau un poisson malade qu'elle capturera en vol sur place et sans se mouiller, ou d'observer les allers et retours des oiseaux nicheurs dont elle consomme les couvées et les poussins. Douée aussi de la faculté d'« analyser » les différentes situations auxquelles elle est confrontée, la corneille a pu ainsi subsister malgré une mauvaise réputation bien ancrée dans les campagnes ; sa couleur sombre et son régime alimentaire très éclectique sont probablement à l'origine des persécutions dont elle a été victime.

Aujourd'hui, les esprits ont bien évolué et cette espèce est partout abondante, même à l'intérieur des grandes agglomérations où elle sait tirer parti des activités humaines. Les corneilles noires vivent habituellement seules ou par paire ; toutefois, plusieurs individus peuvent passer ensemble la mauvaise saison. Mais, à la fin de l'hiver, les couples, unis pour la vie, s'isolent chacun sur un territoire et resserrent leurs liens par des cérémonies nuptiales. Dans nos régions, les corneilles noires adultes sont sédentaires alors que les jeunes, moins casaniers, réalisent des déplacements erratiques de faible ampleur.

Sur le terrain : « corbeau » tout noir vivant par couple ou isolément.
Plumage : les deux sexes sont identiques. Les jeunes sont plus bruns que les adultes et n'ont pas de reflets irisés sur le corps.
Nourriture : omnivore, la corneille noire consomme des grains, des fruits, des mollusques, des insectes, des poissons, des oisillons, des œufs. Elle fréquente aussi les décharges.
Site du nid : elle s'installe dans un arbre, souvent à grande hauteur.
Nid : le couple construit une coupe volumineuse avec des rameaux, de la mousse, des racines et de la terre, puis il la garnit de crins, de laine, de poils...
Nichée : de 4 à 6 œufs bleu verdâtre, marqués de brun, sont pondus en avril ou en mai, et couvés 17 ou 18 jours par la femelle.
1 ponte annuelle.
Nidicole. Quitte le nid entre le 28e et le 35e jour.
Longueur : 46 cm.
Poids : de 450 g à 580 g.
Longévité : peut atteindre 12 ans.

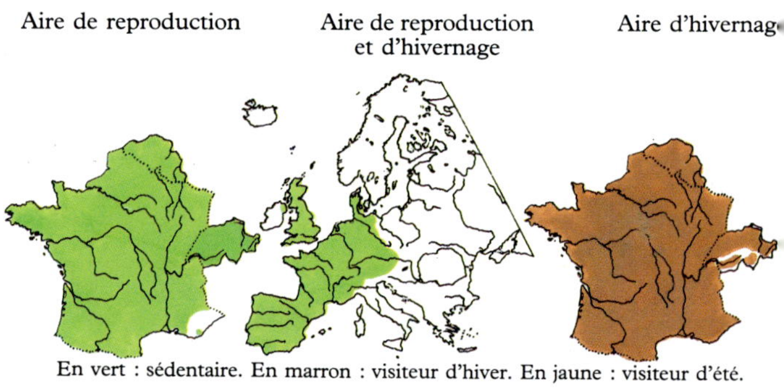

En vert : sédentaire. En marron : visiteur d'hiver. En jaune : visiteur d'été.

Fauvette à tête noire

Sylvia atricapilla

Bien avant que le loriot siffle dans les frondaisons épaisses et que s'élève de l'orée des clairières le doux roucoulement des tourterelles, un gazouillis léger terminé par un refrain retentissant a déjà envahi le sous-bois. Il émane d'un petit oiseau svelte, au délicat plumage couleur de cendre mêlé de brun et rehaussé par le noir de la calotte. C'est la fauvette à tête noire qui salue l'arrivée du printemps dès les premiers jours de mars, quand les rameaux des arbres sont encore dénudés. Les mâles ont déjà pris possession d'un territoire qu'ils marquent par leurs émissions vocales et qu'ils défendent vigoureusement contre les intrus. Quelques jours plus tard, les femelles apparaissent sur les sites de nidification. Dès son retour, chaque femelle cherche un oiseau célibataire qui la séduira par ses parades nuptiales. Une fois l'élu choisi, elle s'occupe seule de la construction du nid.

Parcourant les taillis, les haies ou les bosquets, cette espèce se nourrit en début de saison de boules de gui, contribuant ainsi à en disséminer les graines. Un peu plus tard, la « tête noire » satisfait son appétit avec des pucerons, des mouches, des araignées et bien d'autres animalcules dont elle fait son ordinaire. Quand, à la fin de l'été, la végétation est arrivée à maturité, les graines et les fruits prennent une part importante dans son régime alimentaire.

Grandes migratrices nocturnes, les fauvettes à tête noire quittent l'Europe de septembre à octobre. Certains individus tentent d'hiverner dans le Midi, mais la plupart traversent le Sahara. Les retours s'échelonnent de mars à avril.

Sur le terrain : fauvette grise à calotte foncée.
Plumage : le mâle présente une calotte noire alors que celle de la femelle est rousse. Les jeunes ont la livrée de leur mère.
Nourriture : insectivore, la fauvette à tête noire cherche surtout des larves auxquelles elle ajoute des araignées, des lombrics, des petits mollusques et des baies de gui, de lierre, de sureau.
Site du nid : elle s'installe dans un buisson bas, sur une branche ou entre les rejets entourant un vieil arbre.
Nid : le couple construit une coupe compacte avec des herbes sèches, des racines et des mousses maintenues par des tiges herbacées.
Nichée : 4 ou 5 œufs blanchâtres tachetés de marron sont pondus entre avril et juillet, et couvés de 10 à 12 jours par le couple.
1 ou 2 pontes annuelles.
Nidicole.
Quitte le nid entre le 10ᵉ et le 14ᵉ jour.
Longueur : 14 cm.
Poids : 20 g.
Longévité : peut atteindre 7 ans.

Aire de reproduction | Aire de reproduction et d'hivernage | Aire d'hivernage

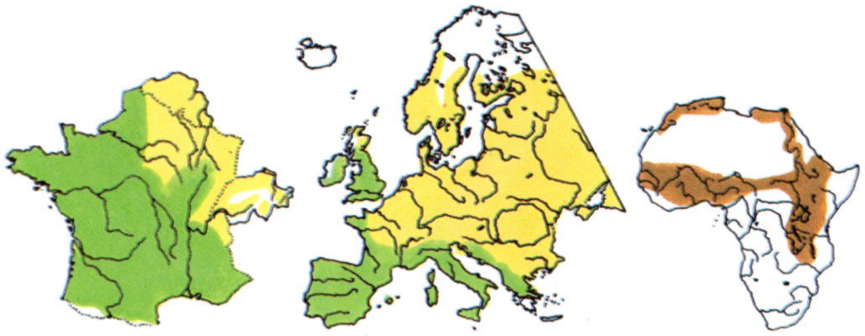

En vert : sédentaire. En marron : visiteur d'hiver. En jaune : visiteur d'été.

Ci-contre : fauvette à tête noire mâle.
La femelle a le capuchon de la tête brun.

Sittelle torche-pot

Sitta europaea

Un martèlement sec, sonore, au coup par coup, nettement moins long que celui des pics, résonne dans le bois. Après un silence, un sifflet éclatant retentit, annonçant l'apparition d'un fuseau de plumes bleues et rousses. La tête en bas, la sittelle torche-pot descend le long d'un tronc, défiant les lois de la pesanteur ; elle assène des coups de bec violents sur l'arbre, arrache un lambeau d'écorce et capture un insecte. Sans cesse en mouvement, l'oiseau se dirige dans une brève envolée vers un autre arbre, retrouve une noisette qu'elle avait coincée dans la fissure de l'écorce il y a plusieurs semaines et reprend ses explorations.

En février, les sittelles commencent à prospecter les boisements à la recherche de cavités propices à la nidification. Afin de convaincre une femelle d'adopter un trou d'arbre, le mâle décolle de son perchoir en vol plané, les ailes et la queue étalées, pénètre dans l'ancienne loge d'un pic et sort la tête par l'embrasure. Il recommence cette manœuvre à plusieurs reprises jusqu'au moment où sa partenaire se décide à visiter les lieux. Si la femelle accepte l'emplacement proposé par son compagnon, elle nettoie alors la cavité des débris végétaux qui l'encombre et commence son travail de maçonnerie. « Torche-pot » la bien nommée, la sittelle rétrécit en moins de quinze jours l'entrée de la cavité à ses dimensions. Utilisant de la terre argileuse, du crottin et de la boue, l'oiseau étale soigneusement son mortier qui, une fois sec, est d'une résistance surprenante.

L'espèce est surtout sédentaire. Quelques sittelles effectuent de la fin du mois d'août à octobre des déplacements d'une centaine de kilomètres, rarement plus longs.

Sur le terrain : oiseau coloré gris-bleu et roux, à la tête barrée de noir, se déplaçant sur les troncs, la tête en bas.
Plumage : la femelle, plus terne au niveau des flancs que le mâle, a la raie noirâtre du côté de la tête plus large que celle du mâle.
Les jeunes ont le dessus moins vif que les adultes et la raie de la tête brune.
Nourriture : régime mixte composé d'insectes et de leurs larves trouvés dans les écorces ou sur les rameaux des branches : chrysomèles, géomètres, scolytes. À la fin de l'été, elle y ajoute des noisettes, des faînes et autres akènes.
Site du nid : la sittelle torche-pot s'installe dans un trou d'arbre ou de mur, dans une cavité ayant été habitée par un pic et dont elle rétrécit l'entrée avec un mortier de terre.
Nid : la femelle construit une coupe formée de fragments d'écorce et de feuilles mortes.
Nichée : de 6 à 13 œufs blancs, tachetés de brun rougeâtre, sont pondus entre la fin du mois de mars et le début du mois de juin, et couvés de 14 à 18 jours par la femelle. 1 ponte annuelle. Nidicole. Quitte le nid entre le 19e et le 28e jour.
Longueur : 14 cm.
Poids : 23 g.
Longévité : peut atteindre 9 ans

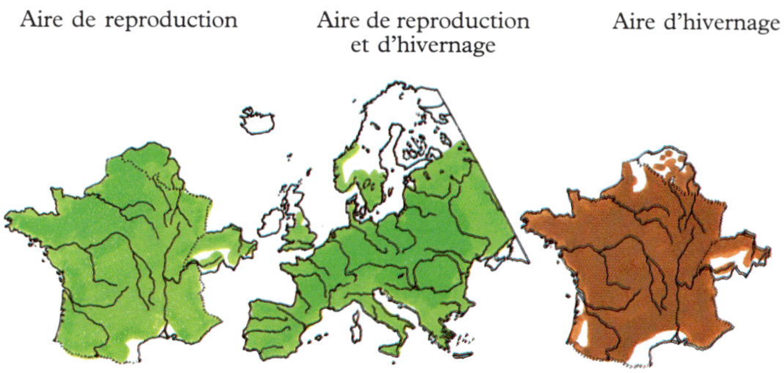

En vert : sédentaire. En marron : visiteur d'hiver. En jaune : visiteur d'été.

Grimpereau des jardins

Certhia brachydactyla

La forêt calme perd ses dernières feuilles sous une averse de pluie, les arbres dégoulinent dans la vapeur, l'odeur âcre des végétaux humides et pourrissants se répand dans le sous-bois. Soudain, le miaulement d'une buse déchire le silence, tandis qu'une harde de cerfs traverse majestueusement un layon pour s'abriter au cœur de la futaie. Dans une clairière, une ronde de mésanges se disperse dans la végétation : une « nonnette » grimpe le long d'un chêne en parcourant une étroite fissure de son écorce et pique une minuscule araignée ; un peu plus loin, une mésange bleue s'agite, la tête en bas, à l'extrémité d'un rameau, et une charbonnière décortique une souche.

D'un vol rapide, un petit oiseau, couleur d'écorce dessus et blanc argenté dessous, se plaque au pied d'un vieux fût et, appuyé sur sa queue rigide, monte par secousses le long du tronc. Tournant en spirale autour de l'arbre, le grimpereau glisse de temps en temps son bec arqué dans une fente de l'écorce, en quête de petits insectes, puis, le ventre en l'air, il s'engage sous une grosse branche et se laisse choir quand il arrive au bout d'une ramille. Plongeant dans le vide les ailes collées contre le corps, le grimpereau lance son fin cri sifflé, rétablit sa trajectoire avant de toucher le sol et se plaque à nouveau contre la base d'un arbre. Infatigable, il recommence son manège à tout instant sans quitter la troupe des mésanges qui progresse lentement dans le bois. Solitaire le jour, le soir, le grimpereau retrouve des congénères et, après quelques poursuites crépusculaires, les oiseaux se rassemblent dans une anfractuosité de vieil arbre pour y dormir. L'espèce est sédentaire.

Sur le terrain : petit oiseau fin aux couleurs d'écorce, il grimpe le long des troncs d'arbre.
Plumage : les deux sexes sont identiques. Les jeunes ont une livrée plus terne que celle des adultes, des taches jaunâtres et un bec plus court.
Nourriture : insectivore, le grimpereau des jardins capture ses proies sous les écorces ou dans les anfractuosités du bois (papillons et chenilles, coléoptères). Il y ajoute des araignées, des mille-pattes, parfois de petites graines.
Site du nid : il s'installe dans les cavités, les fentes de l'écorce de vieux arbres crevassés (chênes), les interstices des tas de bois ou, plus rarement, contre une façade de bâtiment.
Nid : la femelle entasse des brindilles, des herbes sèches, des feuilles mortes, de la mousse, puis elle garnit l'intérieur de cette coupe avec des crins, des poils et des plumes.
Nichée : de 6 à 12 œufs blancs, tachetés de brun-rouge, sont pondus entre la mi-avril et la fin du mois de juin, et couvés de 14 à 16 jours par la femelle. 2 pontes annuelles. Nidicole. Quitte le nid le 17e ou le 18e jour.
Longueur : 12 cm.
Poids : 8 g.
Longévité : peut atteindre 8 ans.

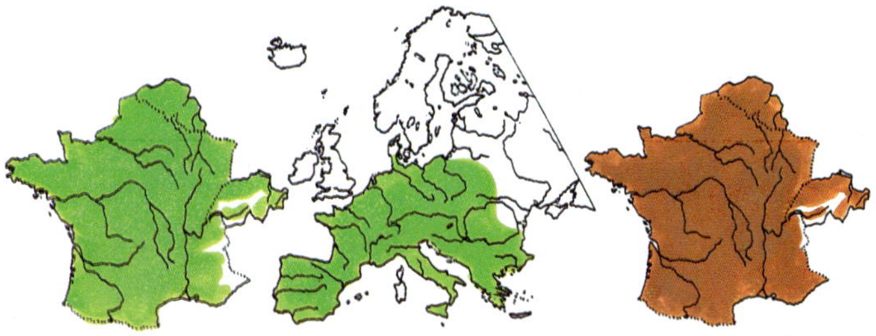

En vert : sédentaire. En marron : visiteur d'hiver. En jaune : visiteur d'été.

Ci-contre : grimpereau des jardins à l'entrée de son nid.

Ci-dessous : mésange nonnette. Cette petite mésange grise fréquente les milieux semi-ouverts des bocages et des parcs ou les lisières forestières. Du mois d'avril à la fin du mois de juin, les femelles déposent leurs pontes dans des cavités exiguës d'arbres.

Page de gauche : sittelle torche-pot.

Bouvreuil pivoine

Pyrrhula pyrrhula

En haut, à droite : gros-bec casse-noyaux. Très discrète malgré sa grande taille, cette espèce habite les forêts, se déplaçant le plus souvent dans les frondaisons. En avril ou en mai, la femelle dépose ses cinq à sept œufs dans une coupe de brindilles et de racines qui est installée entre 1,50 m et 3 m. Sédentaires dans beaucoup de régions, certains individus sont migrateurs partiels et leurs déplacements peuvent les mener jusqu'en Afrique du Nord.

Ci-dessous : bouvreuil pivoine mâle.

Le silence hivernal de la forêt, hanté par la seule voix d'un rouge-gorge, est accru par la couche de neige qui recouvre le sol. Au bord de la sente qui s'avance entre les grands arbres, la trace d'un chevreuil s'enfonce dans la poudreuse ; plus loin, un pinson déambule, picorant de-ci, de-là, alors qu'un merle, tapi sous un buisson et la tête engoncée dans les épaules, gonfle son plumage pour se protéger du froid.

Dans les branches les plus hautes de la futaie, un doux sifflement mélancolique se détache du bruit du vent dans les rameaux. Les appels délicats du bouvreuil, émis à intervalles irréguliers, ponctuent sa progression et permettent ainsi de le suivre dans son cheminement. Arrivé à la lisière de la forêt, il s'arrête un instant avant de s'aventurer à découvert, laissant ainsi admirer son poitrail pivoine et le noir bleuté du dessus de sa tête, de ses ailes et de sa queue.

Parcourant les sylves en compagnie d'un mâle ou d'une femelle, ou plus souvent en solitaire, le bouvreuil cherche les baies de sorbier, de sureau, de viorne, ainsi que les samares d'érable et les graines d'aulne, de charme, de lilas... Au printemps, quand les végétaux s'inondent de sève, leurs bourgeons gonflés et vernis de gomme, prêts à éclater, font ses délices. Mais déjà le temps des noces arrive et les mâles resplendissants courtisent les femelles, moins brillamment vêtues, en exhibant leur poitrine et leur croupion blanc, les ailes pendantes.

Plutôt sédentaires en plaine ils se livrent, en montagne, à des transhumances automnales et printanières plus ou moins régulières. Ces déplacements, qui prennent une forme erratique, varient en fonction des ressources alimentaires disponibles.

Sur le terrain : oiseau rondelet à la silhouette massive. Le bec court et épais, le croupion blanc et la calotte noire sont caractéristiques, de même que les cris.
Plumage : la femelle est uniformément gris vineux alors que le mâle a la poitrine rose vif. Les jeunes ressemblent à leur mère, mais ils ont une calotte brune.
Nourriture : granivore, le bouvreuil pivoine consomme des bourgeons, des fruits, diverses semences, des insectes et des araignées.
Site du nid : il s'installe dans un arbre ou dans un buisson, à une hauteur inférieure à 4 m.
Nid : la femelle construit une coupe volumineuse avec des brindilles, des mousses et des lichens. Cette structure lâche est garnie de crins, de poils et de racines.
Nichée : 4 ou 5 œufs allant du blanc verdâtre au bleu, tachetés et piquetés de brun-rouge, de noir et de gris, sont pondus entre avril et juillet, et couvés de 12 à 14 jours par la femelle. 2 pontes annuelles. Nidicole. Quitte le nid entre le 12e et le 18e jour.
Longueur : 17 cm.
Poids : 22 g.
Longévité : peut atteindre 17 ans.

Aire de reproduction — Aire de reproduction et d'hivernage — Aire d'hivernage

En vert : sédentaire. En marron : visiteur d'hiver. En jaune : visiteur d'été.

Pinson des arbres

Fringilla cœlebs

Dans un taillis, un pic épeichette saute de branche en branche, passant en revue les rameaux de quelques arbustes dans l'espoir d'y dénicher des insectes ; satisfait, il rejoint de son vol ondulant un large tronc sur lequel il entreprend de grimper en rythmant son ascension d'une série de cris perçants et aigus.

Sur le sol, picorant des arilles rouges tombés d'un if, un pinson des arbres au beau poitrail saumoné et aux larges épaulettes blanches chemine de sa démarche particulière : mi-sautillée, mi-marchée, sa progression est ponctuée par de légers mouvements de tête. Repu, l'oiseau décolle, montrant la bande blanche de ses ailes et les deux lignes claires qui bordent sa queue dont la base est rehaussée de vert.

Dès février, lorsque le soleil parvient à dissiper les brumes matinales, le pinson entonne son chant nuptial : la gorge gonflée, il rejette la tête vers l'arrière à chaque strophe éclatante ; inlassable, il répète sa ritournelle pendant des heures, à intervalles réguliers.

A l'époque des amours, une femelle s'approche, attirée par la voix d'un mâle : bien vite repérée, elle est aussitôt rejointe par le chanteur qui la suit en laissant pendre ses ailes vibrantes et en étalant la queue. Puis il se penche en avant, tourne autour de sa compagne et se redresse pour lui faire admirer son torse coloré.

Les pinsons de l'ouest de l'Europe sont, en principe, sédentaires. En revanche, les populations du nord et du centre du continent sont migratrices ; de la mi-septembre à la mi-novembre, elles se dirigent, de jour, vers les contrées du sud-ouest. Les retours, peu visibles, s'échelonnent du mois de mars au début du mois d'avril.

Ci-dessus : pinson des arbres mâle.

En bas, à gauche : pinson des arbres femelle.

Sur le terrain : petit « moineau » coloré dont les ailes présentent deux barres blanches visibles en vol.
Plumage : La femelle est plus terne que le mâle, uniformément brun-olive, avec le croupion vert-jaune.
Les jeunes ressemblent aux femelles avec le dessous jaunâtre et le croupion teinté de brunâtre.
Nourriture : granivore, le pinson des arbres consomme des semences oléagineuses, comme les amandes ou les faînes, des graines d'herbes et des semences d'arbres. Il y ajoute des insectes, des araignées et, plus rarement, des vers de terre.
Site du nid : il s'installe dans un lierre, dans une fourche d'arbre ou d'arbuste, ou contre un tronc.
Nid : la femelle construit une coupe profonde avec des mousses, des racines, des herbes, des plumes et des lichens (à l'extérieur), puis elle la consolide avec de la toile d'araignée et la garnit de crins, de laine et de plumes.
Nichée : 4 ou 5 œufs bleu-vert clair, tachetés de brun-pourpre, sont pondus entre avril et juin, et couvés de 11 à 13 jours par la femelle.
2 pontes annuelles.
Nidicole.
Quitte le nid entre le 12e et le 15e jour.
Longueur : 15 cm.
Poids : 23 g.
Longévité : peut atteindre 13 ans.

Aire de reproduction — Aire de reproduction et d'hivernage — Aire d'hivernage

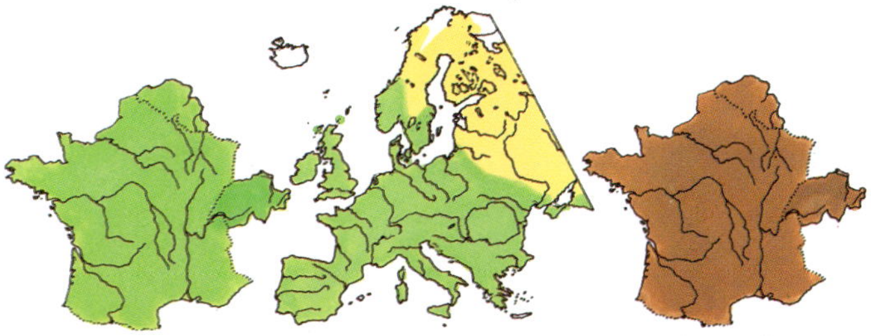

En vert : sédentaire. En marron : visiteur d'hiver. En jaune : visiteur d'été.

LES OISEAUX DE MONTAGNE

Décor grandiose, monde de contrastes, source d'énergie, la montagne, cet univers apparemment peu propice à la vie, renferme en réalité une extraordinaire variété de milieux. Des vallées aux cimes, cet ensemble naturel est façonné par les contraintes du climat et par la structure des sols ; des oiseaux reliques des dernières glaciations du quaternaire, comme le lagopède ou la chouette de Tengmalm, et des espèces d'origine méditerranéenne telles que la perdrix bartavelle ou le merle de roche s'y côtoient.
L'étagement de la végétation répond à d'impérieuses nécessités biologiques qui déterminent la répartition des animaux au gré du relief, des versants et de leur exposition.
En hiver, beaucoup d'oiseaux désertent les massifs inhospitaliers pour rejoindre des contrées plus accueillantes, alors que d'autres développent d'étonnantes stratégies adaptatives pour braver la tourmente et la diminution des ressources alimentaires.
L'été, la montagne montre ses véritables richesses : les oiseaux nicheurs sont partout présents ; toutefois, leur nombre diminue au fur et à mesure que la végétation se raréfie. Les chocards, les tichodromes et autres niverolles s'installent dans les parois nues les plus inaccessibles, donnant ainsi une touche de vie à cet environnement minéral.

Ci-contre : traquet motteux

LES MILIEUX DE MONTAGNE

Plus on s'élève vers les sommets, plus les conditions de vie deviennent difficiles du fait de la baisse de la pression atmosphérique, des écarts de température, de l'enneigement persistant et de la constance des vents. L'ensemble de ces facteurs a modelé au cours du temps les reliefs et a déterminé la répartition altitudinale des végétaux, et, par conséquent, celle des espèces animales qui leur sont étroitement liées. Dans les zones tempérées, on distingue cinq étages de végétation, chacun correspondant à une dénivellation d'environ 400 m à 800 m et à un abaissement de la température moyenne de 2 °C à 4 °C

• **L'étage des collines,** dont la limite supérieure se situe à environ 900 m, présente une végétation qui n'est guère différente de celle des plaines et une faune non typique du domaine de montagne. Dans les massifs méditerranéens, l'étage des collines est remplacé par l'étage méditerranéen, caractérisé par les chênes verts et pubescents, les châtaigniers, les pins d'Alep...

• **L'étage montagnard,** dont les limites inférieure et supérieure se situent à environ 900 m et 1 600 m, est caractérisé sur les versants ensoleillés par les forêts de pins sylvestres, alors que les endroits frais sont peuplés par la hêtraie-sapinière. Au-dessus pousse l'épicéa. Quelques espèces comme le grand tétras, la gelinotte, la chouette de Tengmalm sont particulières à cet étage.

• **L'étage subalpin,** dont les limites inférieure et supérieure se situent à environ 1 600 m et 2 000 m, se caractérise par la disparition des arbres feuillus au profit des conifères, plus résistants au froid : mélèzes, épicéas, pins arolles. L'étage subalpin compte de nombreuses espèces d'oiseaux qui lui sont spécifiques : le tétras lyre, la mésange alpestre, le merle à plastron, le casse-noix, le bec-croisé habitent la forêt ou sa limite supérieure, alors que l'aigle royal, l'hirondelle de rocher, le grand corbeau occupent les falaises. Au-delà de la limite des forêts, une zone dite de « combat » s'étend sur une hauteur de 100 m à 150 m. Composée d'arbrisseaux et d'arbustes rampants, elle forme une transition entre le milieu forestier et la pelouse. Cette frange arbustive présente une grande richesse faunistique et floristique, comme toutes les zones où plusieurs écosystèmes sont en contact.

• **L'étage alpin,** dont les limites inférieure et supérieure se situent à environ 2 200 m et 3 000 m, se caractérise par l'absence de végétation arbustive et arborescente. La formation principale de cet étage est la pelouse alpine, composée d'herbes basses et de fleurs. Les oiseaux nicheurs y sont d'ailleurs remarquablement peu nombreux : traquet motteux, pipit spioncelle, alouette des champs...

• **L'étage nival,** à la limite inférieure située à environ 3 000 m, se caractérise par un paysage minéral ; les versants des aiguilles, pics et autres cimes sont plus ou moins recouverts de neige et de glace dont la surface fluctue en fonction du relief et des années. La végétation y est très appauvrie et sa distribution discontinue ; au-dessus de 4 000 m, douze espèces de plantes résistent à la rigueur climatique. Les oiseaux deviennent rares dès l'étage alpin supérieur ; le pipit spioncelle, l'accenteur alpin, le crave et le tichodrome se reproduisent jusqu'à 3 000 m, ce dernier pouvant être vu, lors de ses déplacements, jusqu'à 4 500 m. Le rouge-queue noir s'élève jusqu'à 3 260 m, le chocard et la niverolle atteignant respectivement 3 400 m et 3 470 m, records européens de nidification en altitude.

La composition et la physionomie de ces étages peuvent varier d'un massif à un autre et, souvent, au sein d'un même système montagneux, par l'effet des microclimats issus de l'exposition au soleil et au vent.

MASSIF DES ALPES

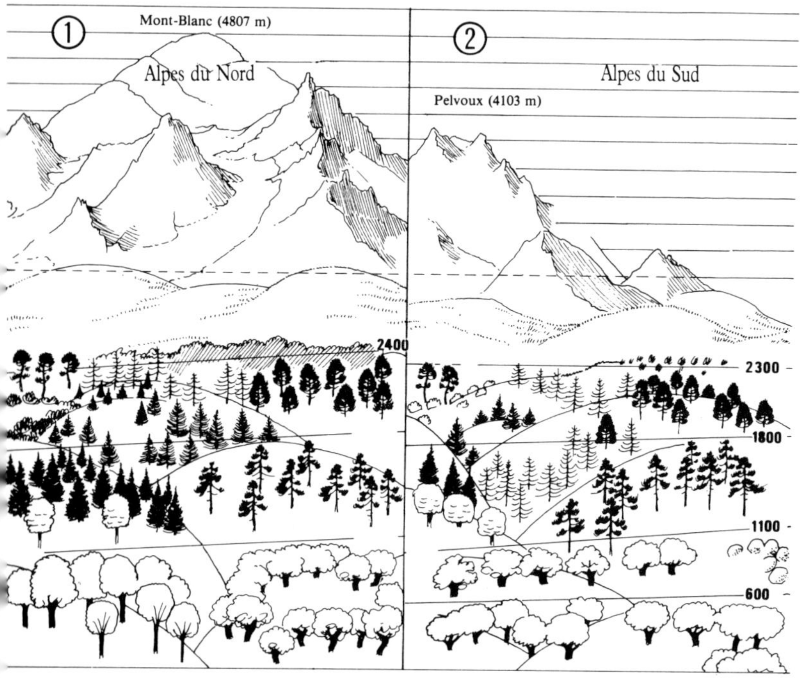

MASSIF DES PYRÉNÉES

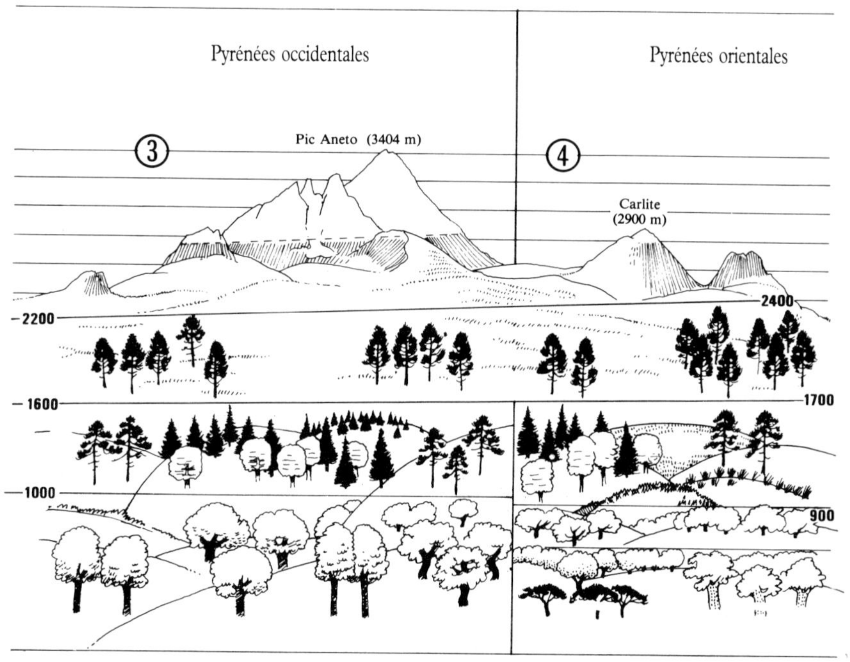

1

2

4

3

1. L'étage montagnard.
2. La limite supérieure de l'étage subalpin et la « zone de combat ».
3. L'étage nival.
4. L'étage alpin.

RÉPARTITION ALTITUDINALE DES TÉTRAS

Ci-dessus : le lagopède alpin vit sur des arêtes balayées par le vent, des pelouses dénudées, des combes et des pierriers exposés en ubac.

En bas, à droite : la mue du lagopède alpin.

1. Poussin.
2. Mâle en plumage d'automne.
3. Mâle en plumage d'hiver.
4. Femelle en plumage d'hiver.
5. Mâle en plumage nuptial.
6. Femelle en plumage nuptial.

A la naissance (1), le poussin est couvert d'un épais duvet qui est rapidement remplacé par un plumage juvénile. En septembre, l'oiseau a terminé sa mue et arbore le plumage d'automne (2). A la fin de la saison, dès les premiers jours de l'hiver, le jeune lagopède alpin mue une nouvelle fois pour acquérir son plumage blanc (3-4). Celui-ci est porté jusqu'au printemps puis, en avril, les plumes de la partie supérieure du corps sont remplacées, ce qui donne le plumage nuptial (5-6). Au cours de l'été, l'oiseau mue partiellement afin de revêtir le plumage d'automne (2) et le cycle recommence : plumage d'hiver, plumage de printemps-été, plumage d'automne.

Contrairement à ce que l'on pourrait croire, en montagne, l'altitude n'est pas le seul facteur qui intervient dans la distribution spatiale des oiseaux. La latitude, la structure des sols, le climat et, par conséquent, la végétation et les chaînes alimentaires qui en découlent régissent aussi la répartition des espèces.

Au niveau des étages alpin et nival, les oiseaux cherchent les sites de nidification le mieux protégés possible (éboulis, parois...) et les plus ensoleillés. Beaucoup adoptent ces lieux car, au contact des rayons solaires, les roches se réchauffent vite.
Ces emplacements jouent aussi le rôle de réservoir de chaleur, favorisant la croissance des plantes et d'une microfaune abondante.

Le lagopède alpin s'installe indifféremment sur des versants ensoleillés ou exposés au nord. Remarquablement adapté pour affronter les conditions les plus sévères, il possède un plumage extraordinaire : ses plumes blanches extrêmement denses sont remplies d'air et isolent ainsi de l'extérieur le corps de l'oiseau par une couche d'air chaud emprisonnée entre la peau et les plumes. De plus, en automne, ce tétras acquiert sur toute la hauteur des pattes une couverture serrée de plumes compactes et flexibles qui forment de larges raquettes ; celles-ci augmentent la surface d'appui de l'individu et répartissent mieux le poids supporté par les pattes, évitant ainsi à l'oiseau de trop s'enfoncer dans la neige.

Au niveau de la zone de combat et de l'étage subalpin supérieur, les tétras lyres s'installent dans la végétation rampante, souvent à proximité de conifères épars ou bien sous des souches. Ces protections végétales, même peu importantes, limitent les écarts de températures à 2 °C ou 3 °C au cœur du nid, alors que, à l'extérieur, ils atteignent souvent de 8 °C à 10 °C ou même plus. Cette constance évite aux jeunes des pertes énergétiques qui leur seraient fatales. Le tétras lyre vit toute l'année entre 1 400 m et 2 000 m d'altitude, parfois plus bas dans certaines régions, mais les conditions sont souvent rigoureuses dans les biotopes qu'il habite et l'espèce s'est adaptée aux intempéries ; ainsi, des températures très basses et des tempêtes de neige l'obligent à creuser dans la neige des tunnels et des cavités confortables où il est à l'abri et « au chaud » (0 °C).

Au niveau de l'étage montagnard, les boisements de résineux accueillent dans quelques montagnes le grand tétras, qui se raréfie chaque année davantage. En effet, la sylviculture moderne impose des plantations monospécifiques et les plants sont souvent très serrés, facteurs incompatibles avec les exigences biologiques et la forte taille de l'oiseau. Cette espèce est, en fait, dépendante des vieilles futaies mixtes où les hêtres, les sapins et les épicéas se côtoient, lui permettant de se cacher, d'installer son nid dans le sous-bois et de trouver des arbustes et des arbrisseaux comme les myrtilles, les sorbiers, les sureaux et les merisiers dont il consomme les feuilles, les pousses et les baies. Les dérangements sont aussi à incriminer dans sa raréfaction, car le développement des sports d'hiver, en particulier, a profondément morcelé les massifs et provoqué de nouvelles voies de pénétration dans les zones les plus reculées où se tiennent les derniers grands coqs de bruyère.
La gelinotte affectionne les mêmes biotopes que les tétras, mais elle semble préférer des forêts au relief plus accidenté et dont les sous-bois très denses sont composés de noisetiers, d'aulnes et de bouleaux.

LA MUE DU LAGOPÈDE ALPIN

1

2

3

Répartition de quatre espèces de tétraonidés le long d'un versant en période de reproduction

1. *Lagopède alpin en plumage nuptial. L'homochromie de sa livrée avec cet environnement d'éboulis le dissimule parfaitement aux yeux de ses prédateurs.*
2. *Tétras lyre femelle couvant ses œufs.*
3. *Gelinotte des bois.*
4. *Grand tétras femelle.*

4

Vautour fauve

Gyps fulvus

Un mouton tué par la foudre gît au sommet de la falaise de craie. Plusieurs grand corbeaux posés sur le cadavre entament les parties molles de l'ovin, tout en lançant des croassements rauques. Non loin de là, un percnoptère et deux milans observent prudemment la scène, attendant leur tour sans impatience.

Dans le ciel, des silhouettes se dessinent, points minuscules il y a quelques instants ; ce sont maintenant d'imposants rapaces qui viennent de toutes parts pour former un carrousel. Une vingtaine de vautours fauves aux longs cous dénudés s'affairent bientôt autour de la charogne où s'établit progressivement une savante hiérarchie. Ainsi, tour à tour, les charognards vont se restaurer en fonction de leur faim respective. Un vautour plonge la tête et le cou dans les entrailles du mouton et son bec énorme dépèce et tranche les peaux et les chairs les plus résistantes. Lorsque le cadavre est dans un état de putréfaction avancé, l'ensemble du groupe s'y jette pêle-mêle dans une cohue indescriptible de grognements, de battements d'ailes et de coups de pattes et de bec. En quelques minutes, les oiseaux viennent à bout de la charogne, ne laissant que des os épars. Repus, le jabot distendu, les vautours sautillent alors lourdement vers un perchoir où ils vont digérer.

Les parades nuptiales débutent dès le mois de janvier. Ailes tendues parfaitement rigides, les deux rapaces volent l'un au-dessus de l'autre dans un ballet aérien parallèle. Le vol nuptial se poursuit parfois par la brusque descente de l'un des partenaires qui, les ailes fléchies et les pattes en avant, tente de se poser sur le dos de son congénère.

L'espèce est surtout sédentaire, mais les jeunes font des déplacements erratiques de plusieurs centaines, et même plusieurs milliers de kilomètres.

Sur le terrain : grand rapace à la collerette blanche et au cou dénudé. En vol, les longues ailes digitées à leur extrémité et la queue très courte sont caractéristiques.
Plumage : les deux sexes sont identiques.
Les jeunes, au plumage plus clair que celui des adultes, ont la collerette du cou foncée.
La livrée adulte est acquise entre 3 ans et 5 ans.
Nourriture : charognard, le vautour fauve cherche des cadavres de mouton, de chamois, de renard... L'absence de nourriture le contraint parfois à des jeûnes forcés de plusieurs semaines.
Site du nid : il s'installe dans les falaises de l'étage montagnard, l'aire étant située sur une corniche. Il niche jusqu'à 1 100 m d'altitude.
Nid : le couple construit ou restaure un nid de branchages qu'il garnit d'herbes et de mousses.
Nichée : 1 œuf blanc uni, pondu entre la mi-février et la mi-juin, est couvé de 48 à 54 jours par le couple. 1 ponte annuelle. Semi-nidicole. Quitte le nid entre le 115e et le 125e jour.
Longueur : 1,02 m.
Poids : 7 kg.
Longévité : inconnue dans la nature, elle peut atteindre 27 ans en captivité.

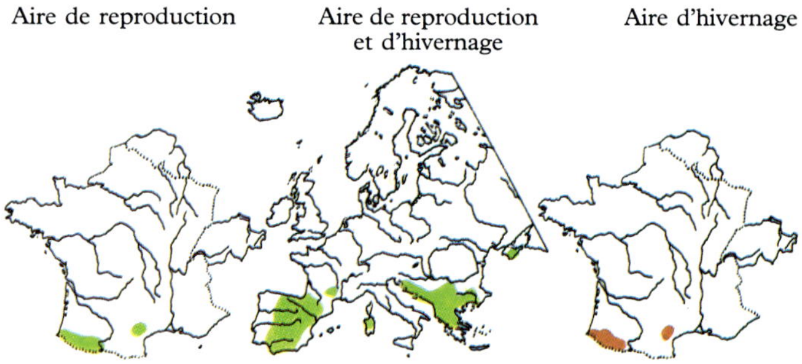

En vert : sédentaire. En marron : visiteur d'hiver. En jaune : visiteur d'été.

Ci-contre : vautour fauve s'approchant d'une charogne en une attitude agressive.

Autour des palombes

Accipiter palumbus

Le soleil vient de glisser derrière les cimes et fait rougeoyer les neiges éternelles : le crépuscule va tomber lentement sur l'alpage. Du haut d'un sapin, un merle à plastron bégaie quelques notes alors qu'un tétras lyre, le jabot rempli de myrtilles, s'élance dans la pente pour s'enfoncer dans l'obscurité de la forêt.

Affairé sur une fourmilière qu'il défonce à grands coups de bec, un pic noir inspecte le monticule éventré de sa langue démesurée qui englue d'un coup des dizaines de fourmis. Après son repas, l'oiseau décolle dans un vol ondulant. Soudain, une ombre surgit au ras du sol, glisse rapidement au-dessus des rhododendrons et des vernes, puis s'élève en direction de sa victime. En une fraction de seconde, l'autour frappe le pic et descend en vrille avec son butin, freinant sa chute par de vigoureux battements d'ailes. Très agile, ce rapace diurne possède de larges ailes et une grande queue lui permettant de manœuvrer dans les espaces semi-ouverts.

En mars, au cours des parades nuptiales, les oiseaux s'élèvent dans les airs en décrivant de larges spirales puis plongent à grande vitesse en direction du couvert d'une futaie.

L'espèce est plutôt sédentaire. Les jeunes autours des palombes nés en montagne descendent vers les vallées en automne, s'éloignant parfois de leur site de naissance d'une centaine de kilomètres. Des individus des populations nordiques peuvent hiverner à l'ouest du continent.

Sur le terrain : rapace diurne aux larges ailes courtes et arrondies, avec une longue queue.
Plumage : la femelle est nettement plus grande que le mâle et montre un plumage moins contrasté. Les jeunes ont le dessous jaune avec des raies longitudinales et des yeux plus ternes (du gris au jaune) que ceux des adultes (orangés).
Nourriture : carnivore, l'autour est un prédateur d'oiseaux et de mammifères ; il chasse des pigeons, des lagopèdes, des écureuils, des lièvres...
Site du nid : il s'installe au sein d'une grande futaie de plaine ou de montagne, au sommet d'un arbre. Il niche jusqu'à 2 000 m d'altitude.
Nid : à une hauteur variant entre 10 m et 30 m, le mâle construit ou restaure une aire composée de branchettes mortes ; il la garnit de rameaux verts qu'il renouvellera tout au long de la nidification.
Nichée : de 3 à 5 œufs blanc mat ou allant du bleuâtre au verdâtre, parfois tachetés de brun clair ou de gris-mauve, sont pondus entre la fin du mois de mars et la mi-juin, et couvés de 36 à 41 jours par la femelle.
1 ponte annuelle.
Semi-nidicole. Quitte le nid entre le 36e et le 40e jour.
Longueur : de 49 cm à 61 cm.
Poids : mâle, de 665 g à 750 g ; femelle, de 1,050 kg à 1,250 kg.
Longévité : peut atteindre 19 ans.

Aire de reproduction — Aire de reproduction et d'hivernage — Aire d'hivernage

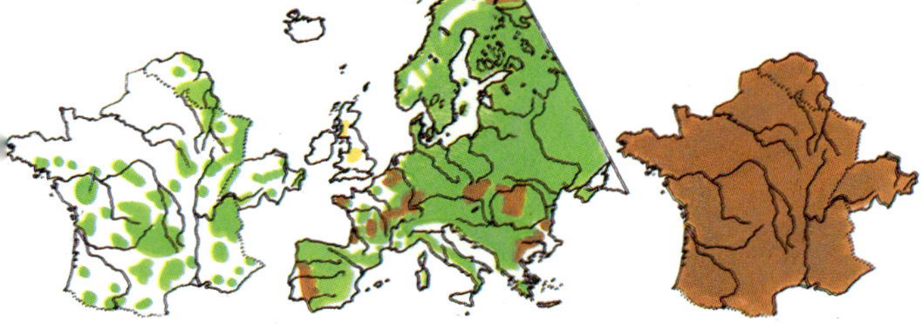

En vert : sédentaire. En marron : visiteur d'hiver. En jaune : visiteur d'été.

Ci-dessus : autour des palombes.

Ci-contre : milan royal. Contrairement à son proche parent le milan noir, l'hiver, ce rapace demeure en Europe. Sa livrée colorée de roux et sa queue fortement échancrée le distinguent aisément de son cousin.

Aigle royal

Aquila chrysaetos

Un sifflement énergique retentit dans la pente d'éboulis et de combes à neige. Un membre de la colonie de marmottes vient de repérer la silhouette royale d'un aigle. Les rongeurs, alertés, déboulent aussitôt des pelouses où ils prenaient leur repas pour s'engouffrer dans les terriers protecteurs. Sans un mouvement d'ailes, le majestueux prédateur apparaît au détour d'un piton rocheux, glisse le long d'une crête puis profite d'une ascendance pour disparaître dans l'azur. Les marmottes connaissent bien l'aigle royal et beaucoup d'entre elles paient de leur vie leur imprudence. Pour le rapace, la seule façon de déjouer la vigilance des marmottes est de voler au ras du sol, serres en avant, pour surprendre ses victimes.

La tradition populaire veut que l'aigle royal attaque les hommes et enlève les moutons. En fait, cette espèce est incapable de soulever des animaux dont le poids excède 4 kg. Dans certains cas, de grosses femelles arrivent péniblement à transporter, sur de courtes distances, des proies de 5 kg.

En hiver, la nourriture vivante devient difficile à se procurer : les marmottes hibernent dans le sol, les lagopèdes et les lièvres variables — grâce à leur plumage et à leur pelage blancs — sont peu visibles sur la neige, et les tétras se cachent une bonne partie de la journée sous la neige. Le rapace se nourrit alors de petits mammifères et même de charognes.

L'espèce est surtout sédentaire. Ce sont les jeunes qui se déplacent le plus, notamment dans les populations nordiques. Après l'envol qui survient à l'âge de deux mois et demi, les aiglons dépendent des adultes aussi longtemps que dure leur apprentissage de prédateur. Les jeunes rapaces peuvent rester plus d'un an sur les sites où ils ont vu le jour avant de quitter le cercle familial. Les oiseaux vagabondent ensuite au gré des vallées ne s'éloignant guère de leur région natale.

Sur le terrain : grand rapace aux ailes rectangulaires, digitées. Plumage sombre.
Plumage : les deux sexes sont identiques. La femelle est légèrement plus grande que le mâle. Les jeunes ont une tache blanche sous les ailes et sous la queue ; leur queue se termine par une bande noire très visible. Le plumage adulte est acquis vers 4 ans ou 5 ans.
Nourriture : grand prédateur, l'aigle royal chasse des marmottes, des lièvres, des gallinacés et des tétras. Il y ajoute des reptiles, de jeunes cabris et, en période de disette, il exploite des cadavres d'animaux.
Site du nid : il s'installe dans une falaise au niveau de l'étage subalpin. L'aire est située sur une corniche inaccessible, à l'abri d'un surplomb, exceptionnellement sur un arbre. Il niche jusqu'à 2 460 m d'altitude.
Nid : le couple construit ou restaure une aire de branchages secs qu'il garnit d'un matelas de lichens et de rameaux.
Nichée : de 1 à 3 œufs blanc sale, avec des taches mauves ou marron, sont pondus entre la mi-mars et la mi-juin, et couvés de 43 à 45 jours par la femelle.
1 ponte annuelle.
Semi-nidicole.
Quitte le nid entre le 70e et le 80e jour.
Longueur : 90 cm.
Poids : mâle, de 2,900 kg à 4,400 kg ; femelle, de 3,800 kg à 6,600 kg.
Longévité : peut atteindre 26 ans dans la nature et 46 ans en captivité.

Aire de reproduction — Aire de reproduction et d'hivernage — Aire d'hivernage

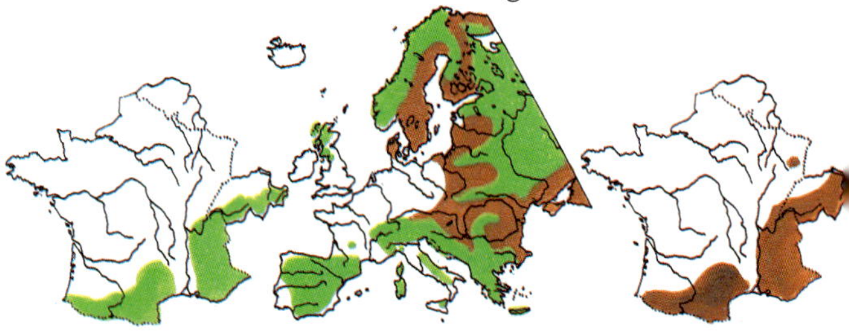

En vert : sédentaire. En marron : visiteur d'hiver. En jaune : visiteur d'été.

Faucon pèlerin

Falco peregrinus

Posé sur une vire, la tête engoncée dans les épaules et le plumage gonflé, le faucon pèlerin somnole. Brusquement, ses grands yeux noirs cerclés de jaune s'illuminent, ses plumes se collent contre le corps, il se soulève sur ses jambes jaunes et, dans un mouvement vertical de la tête, lance un petit cri puis décolle. Une troupe de grives, à peine visible, vient de s'engager dans le défilé. D'un vol battu, ample et rapide, le faucon monte dans le ciel, semblant s'éloigner de son objectif. En fait, l'avance laissée à ses proies lui est nécessaire pour calculer sa trajectoire et le point d'impact final. D'un seul coup, les ailes collées contre le corps, il bascule dans un piqué vertigineux qui atteint rapidement la vitesse de 30 m par seconde pour se stabiliser autour de 250 km/h. La trajectoire du rapace est parfaite, de légers mouvements d'ailes corrigent la vitesse et les effets du vent et, en quelques secondes, il a rejoint la volée de grives. A cette allure, le « pèlerin » doit impérativement, et en une fraction de seconde, réduire sa vitesse pour atteindre celle des proies, sans quoi il se disloquerait lors de l'impact. Le freinage est d'une telle violence que le frottement des plumes sur l'air provoque une détonation : trop tard ! Les serres se sont déjà saisies de l'une des grives !

Les attaques du faucon pèlerin ne sont pas toujours aussi fructueuses puisque pour quinze tentatives il a, en moyenne, quatorze échecs.

Le faucon pèlerin est surtout sédentaire. Des migrateurs venus de Scandinavie et d'Europe centrale traversent de septembre à octobre l'ouest du continent où ils hivernent dans bien des cas.

Sur le terrain : grand faucon au corps massif et trapu, aux larges ailes triangulaires.
Plumage : la femelle, plus sombre sur le dessus que le mâle, a des barres plus visibles sur le dessous. Elle est légèrement plus grande que le mâle. Les jeunes ont le dessous blanc jaunâtre et les « moustaches » brunes.
Nourriture : il est l'un des plus grands spécialistes de la chasse de haut vol. Il capture des pigeons, des grives, des étourneaux, des geais, des pics, auxquels il ajoute des insectes et des petits mammifères.
Site du nid : il s'installe dans une falaise à basse altitude, l'aire étant située sur une corniche. Il niche jusqu'à 2 300 m d'altitude.
Nid : le couple se contente de gratter le sol près de la paroi pour former une petite dépression.
Nichée : de 3 à 6 œufs mats, blanc jaunâtre, fortement tachetés de roux, sont pondus entre le début de février et la fin d'avril, et couvés 29 ou 30 jours par la femelle. 1 ponte annuelle. Semi-nidicole. Quitte le nid entre le 35e et le 42e jour.
Longueur : 70 cm.
Poids : mâle, de 580 g à 635 g ; femelle, de 925 g à 1 kg.
Longévité : peut atteindre 16 ans.

Ci-dessus : faucon pèlerin. La couleur gris-bleu du cercle situé autour des yeux et du dessus des narines indique qu'il s'agit d'un jeune oiseau.

En bas, à gauche : du printemps à l'automne, les marmottes constituent un mets de choix pour l'aigle royal.

Aire de reproduction | Aire de reproduction et d'hivernage | Aire d'hivernage

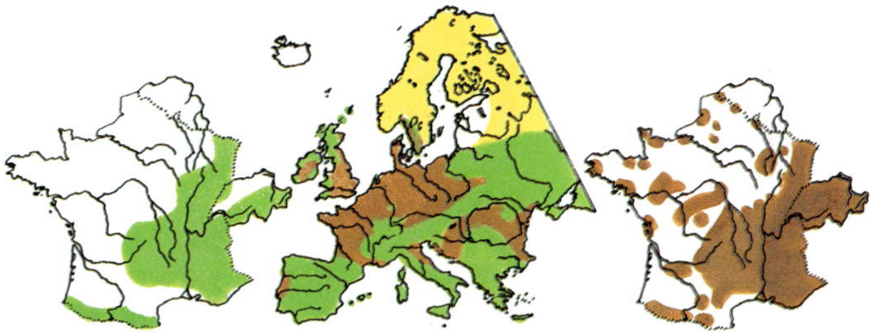

En vert : sédentaire. En marron : visiteur d'hiver. En jaune : visiteur d'été.

Lagopède des Alpes

Lagopus mutus

A droite : gelinotte des bois. Ce tétras hante les forêts mixtes dont les sous-bois sont peuplés d'arbustes riches en baies.

Ci-dessous : lagopède en plumage hivernal. La coloration blanche de sa livrée joue un rôle protecteur car si l'oiseau conservait dans un environnement blanc son plumage nuptial, il serait vite repéré par ses prédateurs. Ces plumes ont un pouvoir de réflexion (85 %) comparable à celui de la neige (80 %) dont elles ont aussi la coloration bleutée. Cette particularité est due à la présence d'air dans les plumes. L'air, en modifiant l'angle et l'indice de réflexion de la lumière, les rapprocherait de ceux obtenus par la neige. Sur la glace, l'oiseau est plus visible car la réflexion maximale de cette matière se situe dans les parties vertes et non bleues du spectre des couleurs.

Sur la crête balayée par le vent, la neige tourbillonne dans des rouleaux sans fin, enrobant le paysage de ses blancs cristaux. La vie semble absente de cet univers minéral, agressif et inhospitalier, mais on distingue, avançant entre les blocs de granit, une grosse boule couleur de neige qui se fraie un chemin dans la poudreuse. En cette fin d'hiver, le lagopède, encore vêtu de sa livrée blanche et « chaussé de poils » clairs, passe presque inaperçu dans cet environnement sans contrastes. Picorant quelques végétaux rabougris, l'oiseau grimpe dans un couloir pentu, saute de pierre en pierre, escalade un bloc plus important, redescend d'un bond puis disparaît au loin dans des volutes de brume.

Bientôt, la bise qui souffle du nord faiblit, les brouillards gagnent les vallées, ne laissant émerger dans l'azur que les sommets, imposants récifs perdus dans l'immensité de la mer de nuages. L'époque des amours approche et la voix caverneuse des mâles résonne de plus en plus fréquemment. L'un d'entre eux, au summum de l'excitation, bondit brusquement d'un versant escarpé, s'élève dans le ciel et lance son double cri guttural. Arrivé à l'apogée de son plané ascendant, l'oiseau émet une strophe rythmée puis redescend, les ailes tendues et la queue en éventail. Au sol, il se rapproche de la femelle, tourne autour d'elle en gonflant les caroncules rouges de sa tête, puis étale la queue à la manière d'un paon qui fait la roue.

En été, le plumage gris-brun du lagopède se confond avec les pierres, les mottes de terre et les gazons. Sûr de son camouflage et curieux de nature, l'oiseau ne décolle qu'au dernier moment, se laissant approcher parfois à moins de 3 m. Les lagopèdes des Alpes sont sédentaires.

Sur le terrain : sorte de « poule », blanche en hiver et gris-brun en été et en automne.
Plumage : la femelle n'a pas d'aussi grandes caroncules rouges au-dessus des yeux que le mâle. En été, elle montre une livrée plus brune et plus rayée. Les jeunes ressemblent à la femelle mais ils ont les ailes brunes et n'ont pas de noir sur la queue.
Nourriture : végétarien, le lagopède consomme des bourgeons, des pousses tendres d'arbuste, des écorces et des rameaux.
A la belle saison, il ajoute à ce régime des feuilles, des fleurs, des fruits de saxifrage, de renouée, ainsi que des mollusques, des insectes, des araignées...
Site du nid : il s'installe sur le sol, dans les pelouses de l'étage alpin, à un endroit protégé par une touffe d'herbe ou par un rocher. Il niche jusqu'à 2 835 m d'altitude.
Nid : le couple gratte dans la terre une dépression que la femelle garnit de végétaux et de plumes.
Nichée : de 6 à 11 œufs brillants, allant du crème au roussâtre, tachetés de noirâtre, sont pondus entre la mi-mai et le milieu du mois d'août, et couvés de 21 à 24 jours par la femelle. 1 ponte annuelle. Nidifuge. Vole entre le 10e et le 15e jour.
Longueur : 36 cm.
Poids : mâle, de 375 g à 540 g ; femelle, de 330 g à 480 g.
Longévité : inconnue.

Aire de reproduction — Aire de reproduction et d'hivernage — Aire d'hivernage

En vert : sédentaire. En marron : visiteur d'hiver. En jaune : visiteur d'été.

Tétras lyre

Lyrurus tetrix

Entre les derniers mélèzes et les épicéas de la forêt s'étendent les premières pelouses, encore couvertes de neige en cette fin d'avril. Sur le sol, un casse-noix fouille de son bec la base d'un pin arolle, espérant y retrouver les quelques graines qu'il avait cachées à l'automne ; au loin, un roucoulement étouffé suivi d'un bruit d'ailes est couvert par le hululement d'une chouette de Tengmalm.

Deux silhouettes noires se dessinent peu à peu dans la brume : avançant l'un vers l'autre, les tétras lyres se menacent tour à tour, les caroncules rouges de la tête gonflées à l'extrême tandis que les plumes largement déployées de la queue montrent la touffe blanche de l'arrière-train. Brusquement, l'un des coqs bondit dans l'éclair argenté du dessous de ses ailes, puis reprend son étrange manège.

Au fur et à mesure que le jour se lève, les mâles arrivent de la forêt et prennent place dans l'arène, chaque tétras défendant un petit territoire en roucoulant. Ce chant, émis le cou gonflé par l'œsophage rempli d'air, informe les congénères, mâles ou femelles, du degré d'excitation et d'agressivité de l'individu. A l'arrivée d'une poule, le groupe de mâles entre en transes, paradant de plus belle, chacun essayant de l'attirer sur son emplacement exigu. Allant d'un territoire à un autre, la femelle se rapproche du centre de l'arène puis, après avoir arrêté son choix sur l'un des meilleurs jouteurs, elle s'accroupit sur le sol et l'accouplement a lieu.

La poule s'occupe seule de la construction du nid et de l'élevage des jeunes. Les mâles, de leur côté, vont parader pendant des semaines sur le même emplacement, fécondant les femelles de la région. L'espèce est très sédentaire.

Sur le terrain : grande « poule » bleu-noir, au long cou et à la queue en forme de lyre.
Plumage : la femelle est brun clair, rayée transversalement de brun sombre, avec la queue peu échancrée.
Les jeunes ressemblent à la femelle.
Nourriture : le tétras lyre est végétarien. En hiver, il consomme des aiguilles de conifère, des bourgeons et des chatons de bouleau, de saule... Au printemps, il y ajoute des vers, des araignées et des insectes.
Site du nid : il s'installe à la limite supérieure des forêts, dans une lande broussailleuse située à proximité d'un arbre. Il niche jusqu'à 2 160 m d'altitude.
Nid : la femelle gratte dans le sol une dépression peu profonde qu'elle tapisse de brindilles, d'herbes sèches et de plumes.
Nichée : de 6 à 16 œufs jaune-ocre, brillants, ponctués de taches allant du brun-roux au brun-noir, sont pondus entre la mi-mars et la mi-juin, et couvés de 24 à 28 jours par la femelle. 1 ponte annuelle. Nidifuge. Vole entre le 28ᵉ et le 32ᵉ jour.
Longueur : de 47 cm à 60 cm.
Poids : mâle, de 1,200 kg à 1,600 kg ; la femelle, de 750 g à 1,100 kg.
Longévité : peut atteindre 9 ans.

Aire de reproduction

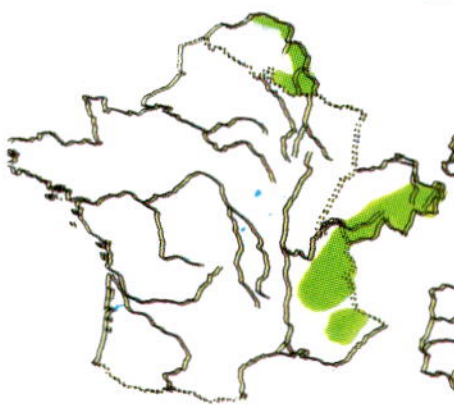

Aire de reproduction et d'hivernage

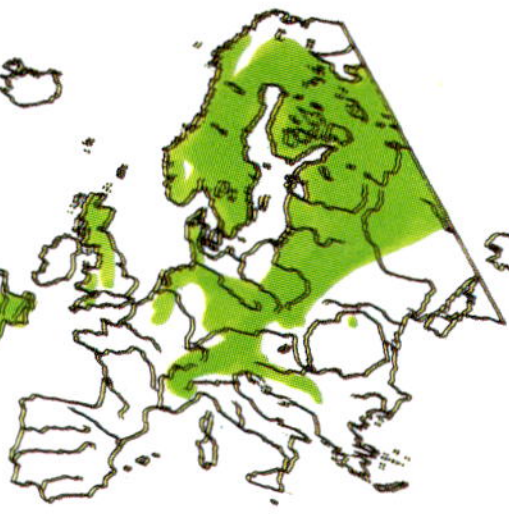

Aire d'hivernage

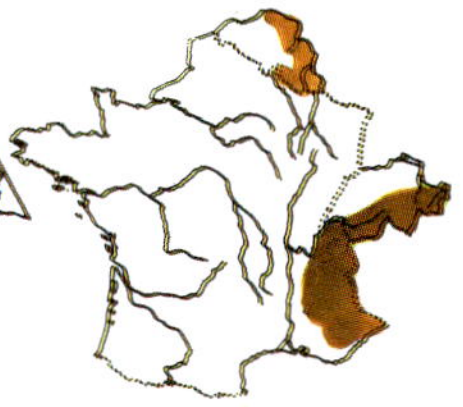

En vert : sédentaire. En marron : visiteur d'hiver. En jaune : visiteur d'été.

Ci-dessous : deux petits coqs de bruyère s'affrontent à la limite de leurs territoires en un duel qui est avant tout dissuasif : les blessures occasionnées lors de ces « prises de bec » menacent rarement la vie des tétras lyres. Les meilleurs jouteurs attirent les femelles qu'ils fécondent sur les places de parade.

Grand tétras

Tetrao urogallus

Ci-contre : grand tétras femelle.

Ci-dessous : principales attitudes adoptées par le grand tétras pendant la parade nuptiale :
***1.** Attitude de chant.*
***2.** Attitude de la fin du chant lorsque l'oiseau produit un son rappelant le bruit d'une bouteille que l'on débouche.*
***3.** Attitude de fin de chant. Les plumes du cou, encore hérissées, témoignent de l'excitation de l'oiseau.*
***4.** Attitude dite du croassement.*
Ce comportement a une signification territoriale et le cri émis ressemble à un raclement rauque de la gorge.

Page de droite : grand tétras mâle en posture typique de parade.

Depuis des générations, à la fin du mois d'avril les grands tétras viennent proclamer leur flamme sur une crête dégagée de végétation, au plus profond de la sylve pyrénéenne. Dans cette clairière, le spectacle secret et mystérieux des combats entre mâles se déroule dans une ambiance glacée où l'ombre inquiétante des vieux sapins se dessine sur la poudreuse.

Un crissement léger suivi d'un bruissement annonce l'arrivée d'une grosse silhouette qui s'aventure maintenant à découvert entre les souches et les troncs pourrissants ornés de guirlandes de lichen. Pris soudain d'une forte fièvre, le grand coq de bruyère commence sa danse : le cou tendu vers le ciel, la barbiche hérissée, il déploie sa queue en éventail dans une roue parfaite, bredouillant quelques notes sonores, puis il bondit brusquement, accompagnant son saut par de bruyants mouvements d'ailes. L'arrivée d'un congénère le rend fou : après un vis-à-vis, les deux protagonistes se saisissent par le bec et échangent de violents coups d'ailes. La rixe ne dure pas, mais l'un des mâles a maintenant des plaies autour des caroncules. La fuite de l'oiseau blessé arrête momentanément les hostilités.

Le grand tétras est l'une des espèces les plus menacées en Europe, non seulement à cause de la disparition de ses habitats, mais aussi en raison des activités de chasse, de la pratique du ski de fond et de la construction de nouvelles routes forestières qui morcellent les massifs.

Témoin vivant d'une époque où les grands massifs forestiers n'évoluaient qu'au fil des siècles, le grand tétras supporte mal aujourd'hui les transformations et la fréquentation massive de la montagne.

PRINCIPALES ATTITUDES ADOPTÉES PAR LE GRAND TÉTRAS PENDANT LA PARADE NUPTIALE

1

2

3

4

Sur le terrain : oiseau de la taille d'un dindon. Il se perche fréquemment dans les arbres.
Plumage : la femelle est brune, tachetée de noir, avec le poitrail roux et la queue arrondie ; elle est plus petite que le mâle. Les jeunes ressemblent à la femelle.
Nourriture : le grand tétras est surtout végétarien. En hiver, il consomme des bourgeons, des aiguilles d'épicéa, de sapin, des jeunes tiges de hêtre, d'érable... Au printemps, il ajoute à ce régime des vers, des insectes, des araignées et des baies.
Site du nid : il s'installe dans le sous-bois clair d'une futaie ; le nid est situé sur le sol, près d'un tronc ou d'une souche. Il niche jusqu'à 2 110 m d'altitude.
Nid : la femelle gratte dans le sol une dépression qu'elle garnit de débris végétaux et de quelques plumes.
Nichée : de 6 à 12 œufs brillants, fauve jaunâtre, ponctués de brun, sont pondus entre la mi-mars et la fin du mois de juin, et couvés de 26 à 29 jours par la femelle. 1 ponte annuelle. Nidifuge. Vole entre le 13e et le 17e jour.
Longueur : de 65 cm à 98 cm.
Poids : mâle, de 3,300 kg à 6 kg ; femelle, de 1,400 kg à 2,300 kg.
Longévité : peut atteindre 10 ans à l'état sauvage et 18 ans en captivité.

Aire de reproduction — Aire de reproduction et d'hivernage — Aire d'hivernage

En vert : sédentaire. En marron : visiteur d'hiver. En jaune : visiteur d'été.

Pic noir

Dryocopus martius

Ci-dessous : pic noir femelle. Chez le mâle, le rouge du dessus de la tête s'étend jusqu'au front.

Dans un couloir d'avalanches, une étrange plainte sonore et claire retentit. Agrippé à un vieil épicéa mis à terre par la tourmente, une sorte de corneille au cimier rouge martèle l'écorce pourrissante. Le puissant bec teinté d'ivoire attaque l'écorce et le bois qui volent en copeaux, chaque coup résonnant dans la forêt.

Grand consommateur d'insectes xylophages, le pic noir se nourrit essentiellement de coléoptères dont il capture les larves ; pour les atteindre, l'oiseau creuse des trous de grande dimension, mesurant parfois 70 cm de long et 15 cm de diamètre.

Méfiant et craintif, le plus grand pic d'Europe préfère s'éloigner dès qu'il se sent observé. D'un vol ondulant il traverse alors la clairière et s'engouffre bien vite dans une hêtraie, lançant un dernier « kru-kru-kru-kru ».

Au printemps, la formation des couples demande près de trois mois au cours desquels les partenaires apprennent à maîtriser leur agressivité. S'attirant mutuellement par des chants et des tambourinages, les oiseaux paradent en contorsionnant le cou pour bien exhiber le rouge de leur tête, cérémonie qui prélude à l'accouplement.

Bien que sédentaire, le pic noir a colonisé depuis une trentaine d'années les massifs forestiers des plaines, parvenant même jusque dans l'ouest de la France.

Sur le terrain : pic de la taille d'une corneille. Il se distingue de celle-ci par son long cou et par son vol ondulant.
Plumage : la femelle n'a pas une calotte rouge aussi étendue que celle du mâle. Les jeunes ont une livrée brune, un bec jaunâtre et non blanc, des yeux gris-bleu et non blanc jaunâtre.
Nourriture : le pic noir est insectivore. Il extrait des écorces les larves des insectes coléoptères. Il complète ce régime par des fourmis, des graines, des fruits et même de la sève.
Site du nid : il s'installe dans une forêt de plaine ou de montagne, et fore sa loge à une hauteur variant entre 5 m et 20 m. Il niche jusqu'à 2 100 m d'altitude.
Nid : le couple creuse une cavité large et profonde au fond nu ou garni de quelques copeaux fins. Le trou d'envol mesure 8 cm sur 12,5 cm.
Nichée : de 4 à 6 œufs blanc pur, brillants, sont pondus de la mi-avril au milieu du mois d'août et couvés de 12 à 14 jours par le mâle. 1 ponte annuelle. Nidicole.
Quitte le nid entre le 24e et le 28e jour.
Longueur : 45 cm.
Poids : 300 g.
Longévité : peut atteindre 12 ans.

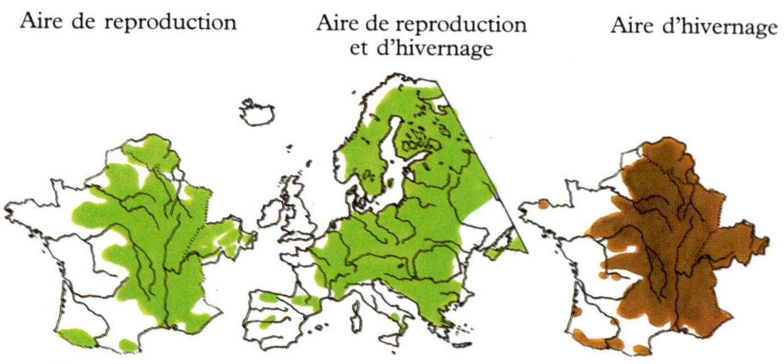

En vert : sédentaire. En marron : visiteur d'hiver. En jaune : visiteur d'été.

Hibou grand-duc

Bubo bubo

La nuit tombe rapidement sur la montagne en cette journée de février. Au-dessus des derniers pins arolles, les pics et les aiguilles se dressent, majestueux et imposants, vers quelques étoiles scintillantes.

Tout est figé, endormi, le silence est pesant. Soudain, un mugissement lugubre retentit dans le lointain et cette voix grave, qui semble sortir des rochers escarpés, se perd dans l'écho. Prince des ténèbres, le hibou grand-duc lance à intervalles réguliers son chant nuptial étouffé et peu sonore qu'une femelle reprend en duo avec des tonalités plus aiguës.

De la taille d'un aigle, il glisse sans un bruit sa silhouette massive dans l'obscurité glacée, patrouillant du crépuscule à l'aube à la recherche de petits rongeurs, d'un tétras ou d'un geai mal dissimulés dans leur retraite nocturne. Dans le Midi, le régime alimentaire de ce hibou montre une augmentation de la proportion de lapins, de hérissons, de perdrix et de reptiles. Dans certaines localités, des individus se spécialisent même dans la capture des rats qui fréquentent les décharges.

Aujourd'hui éteintes en Bourgogne, dans le Limousin, les Vosges et le Jura, les populations du plus grand rapace nocturne d'Europe ont régressé depuis trente ans. En effet, l'homme a capturé le hibou grand-duc pour qu'il lui serve d'appelant dans la chasse aux corvidés et aux rapaces, et l'oiseau n'a pas non plus résisté au piégeage et aux collisions avec les câbles des lignes électriques ou des remontées mécaniques.

Sur le terrain : le hibou grand-duc est le plus grand rapace nocturne d'Europe. Il vole dès le crépuscule.
Plumage : les deux sexes sont identiques. La femelle est souvent plus grande que le mâle. Les jeunes sont comme les adultes mais ils ont les yeux sombres et non orange vif.
Nourriture : grand prédateur, il consomme des campagnols, des mulots, des écureuils, des lapins, des hérissons, des corneilles, des geais et aussi des rapaces (faucons, busards...). Il ajoute à ce régime quelques insectes, des reptiles et des poissons.
Site du nid : il s'installe dans une niche de falaise, dans des éboulis de gros rochers, plus rarement dans un ancien nid de rapace ou à même le sol. Il niche jusqu'à 2 400 m d'altitude.
Nid : très rudimentaire, l'aire est une dépression nue grattée à même le sol.
Nichée : de 2 à 6 œufs blancs, légèrement brillants, sont pondus entre la fin du mois de mars et la mi-juin, et couvés de 34 à 36 jours par la femelle. 1 ponte annuelle. Semi-nidicole. Quitte le nid entre le 65e et le 70e jour.
Longueur : de 62 cm à 72 cm.
Poids : 2 kg.
Longévité : peut atteindre 21 ans

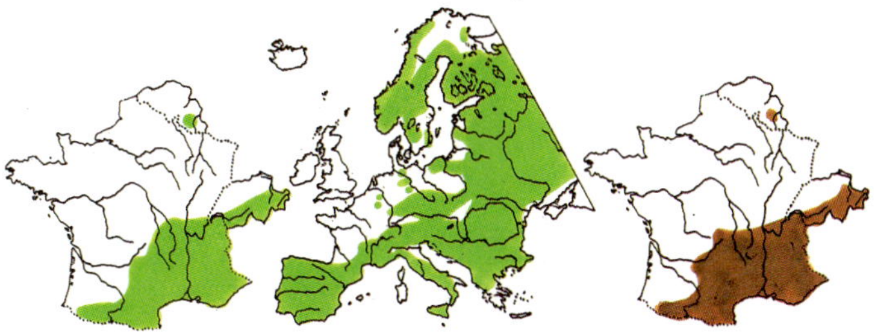

En vert : sédentaire. En marron : visiteur d'hiver. En jaune : visiteur d'été.

Ci-dessus : hibou grand-duc. Inquiétés par un prédateur, les jeunes gonflent leur plumage et étalent leurs ailes, paraissant ainsi deux fois plus gros qu'ils ne le sont en réalité : cette attitude a pour but d'impressionner l'intrus.

Au centre : martinet à ventre blanc. Cette espèce habite les falaises pourvues de crevasses qui lui permettent d'installer son nid. Grand migrateur, il quitte l'Europe de septembre à octobre pour gagner l'Afrique. Les retours ont lieu de la mi-mars au début de mai.

En bas : jeune pluvier guignard. Cet échassier fréquente pendant la période de reproduction les gazons rocheux d'altitude. Grand migrateur, il quitte l'Europe à la fin du mois d'août et en septembre pour rejoindre les plateaux élevés et arides d'Afrique du Nord. Les retours ont lieu de la mi-février au début d'avril.

Chouette de Tengmalm

Ægolius funereus

La lune se lève lentement derrière les aiguilles déchiquetées et monte peu à peu dans le ciel. L'astre « éclaire » maintenant de sa lumière blafarde la vallée endormie où de vieux épicéas dessinent d'inquiétantes ombres. La quiétude de cette nuit d'été est troublée de temps à autre par les cris fins des oiseaux migrateurs qui survolent déjà les plus hautes cimes : gobe-mouches, fauvettes et rouges-queues commencent leurs mystérieux périples.

Couvrant ces faibles voix, des hululements clairs venant de la forêt de résineux s'enchaînent, interrompus régulièrement par de courts silences. Une chouette de Tengmalm à la voix flûtée et au regard d'or anime quelque temps le versant, puis elle se tait et s'en va patrouiller entre les vieux conifères.

A l'époque des amours, les mâles émettent des trilles accélérés à proximité d'une cavité où ils ont déposé plusieurs proies fraîches en guise d'offrande. Quand une femelle approche, l'oiseau célibataire l'invite à visiter le logis ; elle y entre, l'inspecte, et si elle consomme les présents, le séducteur et l'emplacement de nidification sont définitivement adoptés.

La progression vers l'ouest du pic noir dont il occupe les cavités creusées dans les hêtres et les sapins a probablement contribué à améliorer la situation démographique de ce rapace nocturne.

En principe sédentaire, cette espèce peut toutefois réaliser des déplacements de grande amplitude puisque des individus ont été observés sur les îles Britanniques et dans le midi de la France.

Ci-dessus : chouette de Tengmalm. Relique des dernières glaciations de l'ère quaternaire comme le lagopède alpin ou le sizerin flammé, la chouette de Tengmalm fréquente non seulement les forêts primitives de conifères mais également les boisements de plaine au climat rude.

Ci-contre : chouette hulotte apportant un rongeur à sa nichée.

Sur le terrain : petite chouette aux disques faciaux bien nets, aux grands yeux jaunes cerclés de noir et aux pattes emplumées jusqu'aux serres.
Plumage : les deux sexes sont identiques. Les jeunes sont uniformément brun-chocolat.
Nourriture : la chouette de Tengmalm consomme surtout des petits mammifères tels que les campagnols, les mulots, les muscardins, les musaraignes, auxquels elle ajoute des petits oiseaux (merles et grives) et des insectes.
Site du nid : elle s'installe dans un ancien nid de pic noir ou dans une cavité naturelle, à une hauteur variant entre 4 m et 10 m. Elle niche jusqu'à 1 900 m d'altitude.
Nid : la cavité est occupée en l'état.
Nichée : de 4 à 10 œufs blancs, légèrement brillants, sont pondus entre la mi-février et la mi-juin, et couvés de 26 à 30 jours par la femelle.
1 ponte annuelle.
Semi-nidicole.
Quitte le nid entre le 31e et le 36e jour.
Longueur : 26 cm.
Poids : 150 g.
Longévité : peut atteindre 16 ans.

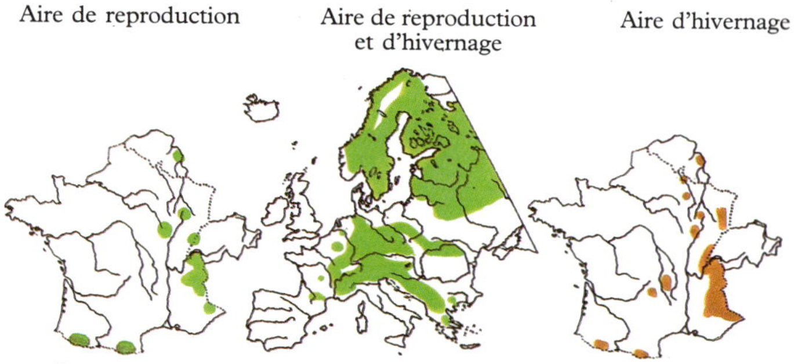

En vert : sédentaire. En marron : visiteur d'hiver. En jaune : visiteur d'été.

Pipit spioncelle

Anthus spinoletta

L'alpage verdoyant étend ses vallons gazonnés du bas des parois rocheuses aux premiers mélèzes. Dans le lointain résonne le frêle tintement des cloches d'un troupeau couvert de temps à autre par le roulement sourd d'un torrent. Les dernières plaques de neige fondent à vue d'œil et l'eau qui ruisselle de toutes parts alimente quelques mares au bas des éboulis. Survolant la pente, un groupe de chocards s'abat sur la pelouse en un concert strident. Effrayé, un traquet motteux prend la fuite au ras des gentianes et des soldanelles, sa queue blanc et noir marquant son chemin.

Un petit oiseau à la couleur de pierre délicatement rehaussée de rose pâle sur la poitrine est perché sur une motte. Brusquement, le pipit spioncelle s'éloigne d'un vol saccadé en ponctuant sa progression de cris perçants.

Dès la fin du mois de mars, les pipits spioncelles prospectent les espaces exposés au sud, les premiers déneigés, afin d'y installer leurs nids. Mais, certaines années, lorsque le manteau neigeux persiste, le nombre de couples nicheurs peut être réduit de moitié par rapport aux années « normales ». En attendant le dégagement des sites de reproduction, les mâles commencent leurs parades aériennes : ils s'élèvent dans des ascensions rectilignes grâce à des battements d'ailes réguliers et accompagnent leur vol de la répétition accélérée et crescendo de la même note. La descente, plus rapide, se termine par un vol plané animé par le même motif sonore.

Migrateur partiel, le pipit spioncelle commence à se déplacer vers la fin de septembre, les mouvements s'intensifiant dans la première quinzaine d'octobre pour s'achever à la fin de ce mois. Les retours s'échelonnent de la fin du mois de mars à mai.

Ci-contre : pipit spioncelle. La légère coloration rose de la poitrine indique que cet oiseau est en plumage nuptial.

En bas, à gauche : fauvette babillarde. Cette espèce, qui niche jusqu'à 2 300 m d'altitude dans les prairies entrecoupées de buissons épineux, arrive en Europe en avril. Après avoir élevé ses huit à dix jeunes, le couple quitte les sites de nidification en septembre et en octobre pour rejoindre ses quartiers d'hiver situés en Afrique orientale.

Sur le terrain : pipit gris blanchâtre, dont la poitrine est teintée de rose à la belle saison. Il évolue le plus souvent sur le sol.
Plumage : les deux sexes sont identiques. En hiver, avec sa poitrine rayée, le pipit spioncelle ressemble au pipit farlouse mais il s'en distingue par les cris. Les jeunes sont plus tachetés que les adultes.
Nourriture : surtout insectivore, le pipit spioncelle capture des coléoptères, des mouches et des sauterelles, des araignées et des petits escargots. En hiver, il complète ce régime avec des graines.
Site du nid : il s'installe à même le sol dans une cavité ouverte à flanc de talus, sous un rocher, dans un massif de rhododendrons ou de callunes. Il niche jusqu'à 3 000 m d'altitude.
Nid : la femelle construit une coupe avec des brins d'herbe sèche et des mousses, et la garnit de fibres végétales et de crins.
Nichée : de 3 à 8 œufs brillants, gris blanchâtre, fortement tachetés de brun-noir, sont pondus entre la fin d'avril et la mi-juillet, et couvés de 14 à 16 jours par la femelle. 1 ou 2 pontes annuelles. Nidicole. Quitte le nid entre le 14e et le 16e jour.
Longueur : 16 cm.
Poids : 23 g.
Longévité : peut atteindre 9 ans.

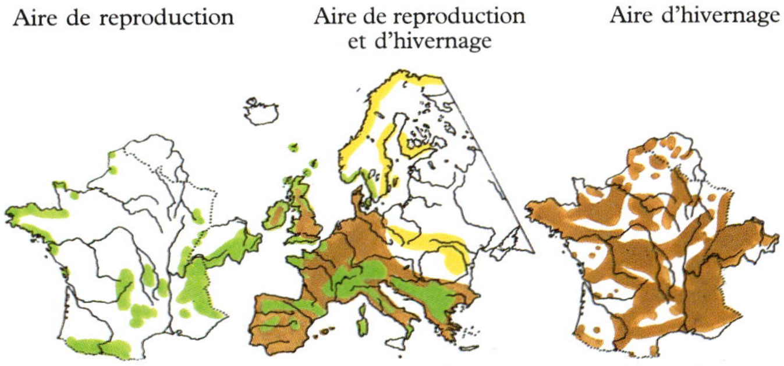

En vert : sédentaire. En marron : visiteur d'hiver. En jaune : visiteur d'été.

Cincle plongeur

Cinclus cinclus

Chargé des eaux opaques de la fonte des neiges et des glaces, le torrent roule bruyamment dans le fond de la vallée. Près d'un pont de bois qui enjambe les eaux tumultueuses, une bergeronnette inspecte une plage de sable, ne craignant pas de se mouiller les pattes. Inquiétée par un clapotis, elle s'éloigne dans un cri et reprend sa course nerveuse de pierre en pierre.

A l'ombre, dans un recoin du pont, un nid globuleux fait de mousses et de brindilles repose sur les assises de pierre de l'édifice. Une tête brune apparaît dans l'embrasure, l'oiseau saute hors de la cavité et file au ras de l'eau d'un vol rectiligne ponctué de cris. Maintenant posé sur une grève, le cincle s'avance dans l'eau calme et limpide d'une anse abritée. Inspectant les graviers, il immerge par moments la tête et les épaules, et culbute un cailloux pour se saisir d'une larve d'insecte. D'un coup d'aile, l'oiseau grimpe sur une grosse pierre polie par les ans et plonge dans un remous, face au courant, pour continuer ses recherches. Totalement sous l'eau, le cincle marche sur le fond : ses pattes robustes s'agrippent au sol, sa queue déployée lui sert de gouvernail et les mouvements saccadés de ses ailes le plaquent sur les graviers.

En haut, à droite : cincle plongeur jeune.

Ci-dessous : cincle plongeur adulte.

Lors des parades nuptiales, les partenaires dressent la tête et laissent pendre leurs ailes vibrantes d'excitation ; parfois, ils se poursuivent haut dans le ciel. Des joutes rituelles et des offrandes de nourriture complètent ces cérémonies.

L'espèce est surtout sédentaire, mais les jeunes cincles réalisent des transhumances de faible amplitude.

Sur le terrain : il ressemble à un gros troglodyte bicolore.
Plumage : les deux sexes sont identiques. Les jeunes ont le ventre taché de gris et le dos brun-gris.
Nourriture : surtout insectivore, le cincle plongeur capture des insectes aquatiques sur les berges (éphémères, phryganes...) ou plonge pour aller chercher au fond des larves, des petits crustacés, des vers et même des petits poissons.
Site du nid : il s'installe à proximité de l'eau, dans la cavité d'une rive, sous un pont, à l'abri derrière une chute d'eau. Il niche jusqu'à 2 200 m d'altitude.
Nid : sur une couche de branchettes, le couple construit avec de la mousse un nid globuleux pourvu d'une entrée latérale, puis il le tapisse de feuilles sèches.
Nichée : de 4 à 8 œufs blanc mat sont pondus entre la mi-mars et la fin de juillet, et couvés de 14 à 18 jours par la femelle. 2 ou 3 pontes annuelles. Nidicole. Quitte le nid entre le 19e et le 25e jour.
Longueur : 18 cm.
Poids : 60 g.
Longévité : peut atteindre 8 ans.

Aire de reproduction | Aire de reproduction et d'hivernage | Aire d'hivernage

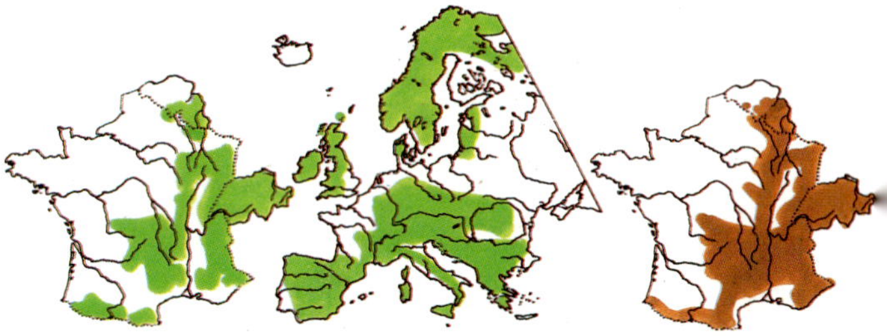

En vert : sédentaire. En marron : visiteur d'hiver. En jaune : visiteur d'été.

Accenteur alpin

Prunella collaris

Un rouge-queue noir posé bien en évidence sur un rocher lance sa strophe grésillante ; un peu plus bas, un chamois traverse un névé puis se perd dans le dédale d'une moraine.

Sur la crête balayée par le vent, un accenteur alpin déambule sur une mosaïque de gazon ras, de gentianes, de cailloux et de terre humide, picorant quelques graines et capturant de menues araignées. Bas sur pattes, il semble se déplacer avec lourdeur, mais il se faufile agilement entre les pierres et escalade la roche avec maestria. Ses teintes se fondent dans le pierrier ; seuls le roux de la poitrine et le blanc moucheté de noir de la bavette égaient la livrée discrète de ce gros « moineau » alpiniste. Avec son bec fin et coloré de jaune dans sa partie inférieure, il ressemble à son proche parent, l'accenteur mouchet, qui vit plus bas dans les vallées.

Agrippé à un coussin de saxifrages, un mâle débite du haut d'un rocher une mélodie au rythme lent qui résonne dans la combe. Forte et retentissante, avec de nombreuses intonations d'alouette, elle est composée de sons roulés et flûtés, et de trilles brefs.

Entre deux émissions vocales, le mâle s'élève dans les airs d'un vol entrecoupé de planés pendant lesquels ses ailes raides sont fortement relevées en V.

En été, l'accenteur alpin monte jusqu'à 4 000 m d'altitude ; il redescend vers les vallées du mois d'octobre à la fin du mois d'avril. Certains individus se livrent parfois à un véritable erratisme qui les mène en plaine. Peu farouches, ils fréquentent alors les étables et les chalets.

Sur le terrain : accenteur au ventre roux et à la gorge blanche.
Plumage : les deux sexes sont identiques. Les jeunes, avec la gorge grisâtre et le dessus plus brun, sont plus ternes que les adultes.
Nourriture : surtout insectivore, l'accenteur alpin capture sur le sol des papillons, des chenilles, des coléoptères, des araignées, des vers et des petits mollusques. En hiver, il complète ce régime avec des graines et des baies.
Site du nid : il s'installe à l'abri des intempéries, sur le sol, sous un bloc ou dans un buisson touffu, dans une fissure de rocher. Il niche jusqu'à 3 000 m d'altitude.
Nid : le couple construit une coupe volumineuse avec des herbes sèches, des radicelles et des mousses, puis il la garnit de mousses fines, de crins et parfois de plumes.
Nichée : de 4 à 6 œufs brillants, bleu turquoise, sont pondus entre la mi-mai et le début d'août, et couvés de 13 à 15 jours par le couple. 1 ou 2 pontes annuelles. Nidicole.
Quitte le nid entre le 14e et le 18e jour.
Longueur : 18 cm.
Poids : 40 g.
Longévité : inconnue.

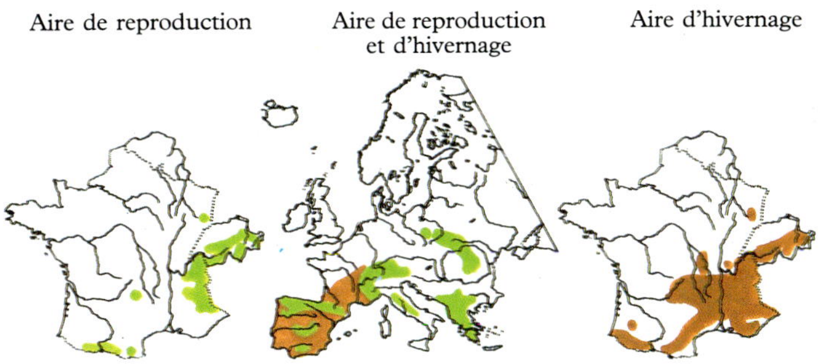

En vert : sédentaire. En marron : visiteur d'hiver. En jaune : visiteur d'été.

Traquet motteux

Œnanthe œnanthe

Ci-dessus : traquet motteux jeune.

Sortant d'un buisson de rhododendrons, un pipit spioncelle s'envole discrètement le long de la pente où deux marmottes, assises sur leur derrière, mâchonnent méticuleusement de longs brins d'herbe.

Un oiseau au plumage pastel se tient à proximité, posé sur une motte de terre. Perché sur ses grandes pattes noires, le traquet motteux fait plusieurs flexions de jambes puis étale la queue. N'y tenant plus, il décolle en un vol papillonnant le temps de capturer un insecte, puis réapparaît bientôt sur un rocher, torse bombé ; toujours agité, il reprend ses courbettes nerveuses.

Très habile dans les pierriers, le traquet motteux fuit le danger en courant, se faufilant comme une souris entre les cailloux et ne perdant jamais de vue ce qui l'inquiète. Querelleur, il supporte difficilement les voisins immédiats et les chasse avec virulence lorsqu'ils tentent des incursions sur son territoire.

A l'époque des parades nuptiales, le mâle tourne autour d'une femelle, exhibant le noir et le blanc de sa queue déployée en éventail. Au summum de l'excitation, l'oiseau exécute de véritables danses frénétiques : il sautille sur le sol ou effectue à plusieurs reprises un vol montant et descendant comme le mouvement d'un diabolo.

Grand migrateur nocturne, le traquet motteux quitte l'Europe de la fin du mois d'août à octobre ; les retours s'échelonnant de mars à mai.

Sur le terrain : nerveux et farouche, ce traquet se remarque, lorsqu'il s'envole, par le blanc pur de sa queue marqué d'un T noir renversé.
Plumage : les bandeaux, noirs chez le mâle, sont bruns et plus petits chez la femelle. Les jeunes ressemblent à leur mère, mais ils ont le dos et la poitrine tachetés, et le dessous gris blanchâtre au lieu de roussâtre.
Nourriture : insectivore, le traquet motteux capture, au sol ou en vol, des sauterelles, des chenilles et des papillons auxquels il ajoute des petits mollusques, des araignées et, en automne, des baies.
Site du nid : il s'installe dans un trou, sous un rocher, dans un tas de pierres ou un terrier de petits mammifères. Il niche jusqu'à 2 800 m d'altitude.
Nid : le couple, ou la femelle, construit une coupe volumineuse, peu soignée, composée de tiges, de radicelles et de mousses, puis il la garnit de duvet végétal, de crins, de laine et de plumes.
Nichée : de 4 à 8 œufs mats, d'un bleu très pâle, sont pondus entre la mi-mars et la fin du mois de juin, et couvés de 13 à 15 jours par la femelle. 1 ou 2 pontes annuelles. Nidicole. Quitte le nid entre le 14e et le 16e jour.
Longueur : 15 cm.
Poids : 27 g.
Longévité : peut atteindre 7 ans.

Aire de reproduction — Aire de reproduction et d'hivernage — Aire d'hivernage

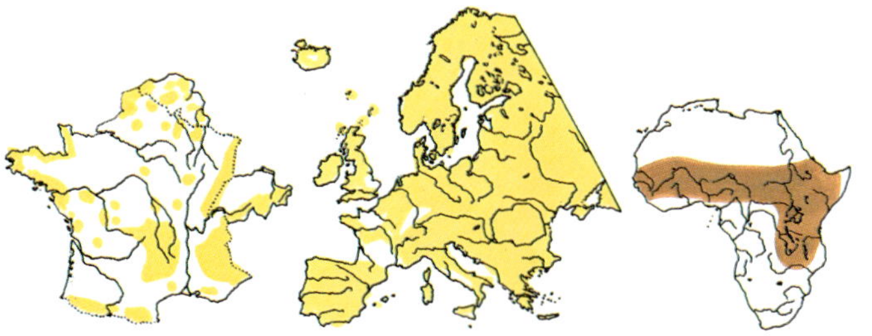

En vert : sédentaire. En marron : visiteur d'hiver. En jaune : visiteur d'été.

Traquet tarier

Saxicola rubetra

Au flanc d'un versant, en bas d'un couloir d'avalanches inondé de lumière, la prairie surchauffée par les rayons du soleil distille les parfums les plus subtils. Les insectes sont innombrables, les abeilles bourdonnent dans les corolles étroites et l'on voit bondir les criquets qui découvrent le rouge de leurs ailes à chaque envolée.

La brise tiède s'élevant vers les hauteurs fait frissonner les grandes ombellifères blanches. Perché sur l'une de ces plantes, un petit oiseau, aux larges sourcils clairs et aux bandeaux noirs, entonne une mélodie aux courtes strophes. Après s'être égosillé plusieurs minutes, le traquet tarier bondit dans les airs d'un vol saccadé, se saisit d'un papillon et retourne bien vite à son poste pour susurrer une nouvelle ritournelle. Inquiété, il lance des claquements secs et répétés, puis un sifflet musical et plaintif. Attirée par le manège du mâle, une femelle pénètre sur son territoire et le séducteur s'en approche aussitôt en tendant la tête en avant, les ailes pendantes et la queue étalée. Chantant en sourdine, l'oiseau jette alors la tête en arrière, exhibe les couleurs vives de son plastron et les dessins contrastés de son plumage. Au plus fort de l'excitation, il part dans un vol papillonnant, fonce sur sa partenaire comme s'il allait la toucher puis remonte à la verticale pour recommencer ses acrobaties.

Grand migrateur nocturne, le traquet tarier quitte l'Europe d'août à octobre pour rejoindre les steppes d'Afrique tropicale. Les retours s'échelonnent d'avril à mai.

Sur le terrain : petit traquet roux aux sourcils clairs bien visibles.
Plumage : la femelle a une livrée plus terne que celle du mâle ; ses sourcils sont beiges et non blancs. Les jeunes n'ont pas de taches blanches sur les ailes et leurs sourcils sont peu marqués.
Nourriture : le traquet tarier est insectivore. A l'affût perché sur une haie ou à la lisière d'une clairière, ou bien en vol sur place au-dessus des herbes, il capture des papillons, des mouches et des carabes ; il y ajoute des araignées et des petis vers.
Site du nid : il s'installe sur le sol dans une petite dépression bien dissimulée, parmi les herbes d'une prairie ou au flanc d'un talus. Il niche jusqu'à 2 420 m d'altitude.
Nid : la femelle construit une coupe avec des herbes, des feuilles sèches, des radicelles et parfois des brins de mousse, puis elle la tapisse d'herbes fines et de crins, très rarement de plumes.
Nichée : de 5 à 7 œufs bleu-vert, brillants, finement ponctués de roussâtre, sont pondus entre le début de mai et la mi-juillet, et couvés de 13 à 15 jours par la femelle. 1 ou 2 pontes annuelles. Nidicole. Quitte le nid entre le 13e et le 16e jour.
Longueur : 13 cm.
Poids : 18 g.
Longévité : peut atteindre 5 ans.

Aire de reproduction — Aire de reproduction et d'hivernage — Aire d'hivernage

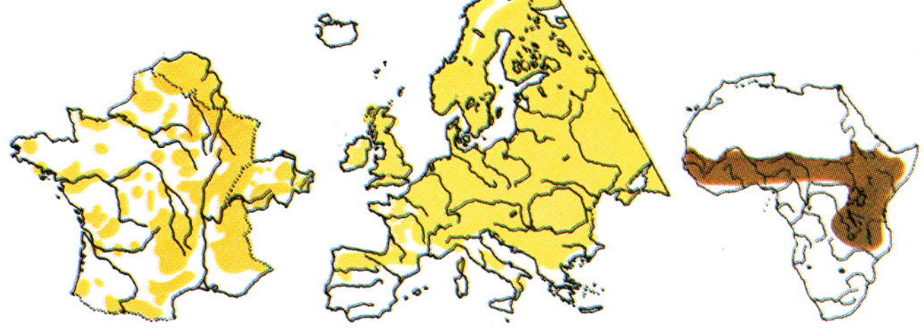

En vert : sédentaire. En marron : visiteur d'hiver. En jaune : visiteur d'été.

Ci-dessus : traquet tarier mâle.

Ci-contre : rouge-queue noir. Le plumage duveteux et les commissures jaunes du bec indiquent qu'il s'agit d'un jeune individu. Cette espèce est présente à tous les étages de la montagne, à condition qu'il y ait des falaises ou des éboulis rocheux.

Merle à plastron

Turdus torquatus

En haut, à droite : merle à plastron mâle.

En bas, au centre : merle noir femelle. Les deux espèces de merles cohabitent parfois mais, en règle générale, le merle à plastron vit plus haut que le merle noir.

La fonte de la neige découvre peu à peu l'herbe jaunie des pâturages où la terre gorgée d'eau suinte le long des pentes. De chaque côté de la prairie se dressent les silhouettes sombres des épicéas qui bordent le couloir d'avalanches jusqu'aux alpages. Un écureuil au pelage foncé s'attarde dans les vernes en quête de friandises, puis il rejoint en quelques bonds le couvert forestier, grimpe le long d'un tronc, la queue en panache, et disparaît.

A la lisière de la forêt, plusieurs merles pâturent entre les herbes : avançant par bonds successifs, ils fouillent le sol à chaque arrêt, à la recherche de vermisseaux. Attentifs, ils se redressent au moindre bruit, montrant alors le large croissant blanc de leur poitrail.

Les merles à plastron ressemblent à s'y méprendre à leurs cousins de la plaine, surtout les femelles dont le demi-cercle blanc est nettement plus atténué que celui des mâles. Le chant du merle montagnard est beaucoup moins mélodieux que celui du merle noir : ses émissions sont lentes, sans éclat, coupées de silences et souvent monotones ; en revanche, ses cris sont comparables mais leur sonorité est plus dure.

Lors des noces, le mâle tient la tête dressée, sautille en babillant autour de la merlette et exhibe le blanc de son plastron.

Migrateur partiel nocturne, ce merle quitte les montagnes de septembre à novembre ; il peut toutefois hiverner dans certaines vallées. Les retours s'échelonnent du mois de mars à la mi-avril. Les populations de la race nordique traversent l'Europe de l'Ouest en automne et au printemps.

Sur le terrain : grand merle au plastron orné d'un croissant blanc.
Plumage : la femelle a une livrée moins foncée et plus brunâtre que celle du mâle, avec le croissant grisâtre. Les jeunes n'ont pas de croissant et arborent des taches rousses et des rayures blanchâtres.
Nourriture : le merle à plastron est un grand consommateur de lombrics qu'il extirpe du sol à la façon du merle noir. En été, il ajoute à ce régime des baies (surtout des myrtilles), des insectes et des petits mollusques.
Site du nid : il s'installe sur un genévrier ou un rhododendron, parfois sur un épicéa. L'espèce niche jusqu'à 2 600 m d'altitude.
Nid : la femelle construit une coupe volumineuse aux parois épaisses composées d'herbes, de tiges sèches, de mousses et de lichens, puis elle la garnit d'herbes fines et de fibres.
Nichée : de 4 à 6 œufs brillants, vert bleuâtre tacheté de brun-roux, sont pondus entre la fin d'avril et le début de juillet, et couvés de 12 à 14 jours par le couple. 1 ou 2 pontes annuelles. Nidicole. Quitte le nid entre le 14ᵉ et le 16ᵉ jour.
Longueur : 24 cm.
Poids : 113 g.
Longévité : peut atteindre 8 ans.

Aire de reproduction — Aire de reproduction et d'hivernage — Aire d'hivernage

En vert : sédentaire. En marron : visiteur d'hiver. En jaune : visiteur d'été.

Grive litorne

Turdus pilaris

Entre les bouleaux et les herbes basses, la tourbière encore enneigée laisse apparaître par endroits le sol spongieux que traverse un ruisselet au courant rapide. Une volée de sizerins pressés de rejoindre l'autre versant de la vallée ponctue sa progression par d'incessants appels aux sonorités métalliques, tandis qu'une grive litorne s'éloigne en jacassant. C'est au bas de la pente que la colonie d'une douzaine de « litornes » s'est installée, chaque couple occupant un territoire restreint aux alentours de son nid. Très agressives envers les intrus, les grives attaquent violemment la corneille qui survole la colonie ou bombardent de déjections l'homme qui s'approche.

Jusqu'en 1968, la limite occidentale de l'aire de répartition des grives litornes ne dépassait pas le Jura et le nord de la Haute-Savoie. Depuis, l'espèce a conquis peu à peu les départements limitrophes, renforçant progressivement sa position ; dans les années quatre-vingt, des couples pionniers se sont même installés en Ile-de-France et dans le Massif central.

Les grives litornes sont très nombreuses dans le nord de l'Europe et viennent hiverner à l'ouest du continent du mois d'octobre à avril.

Nomades, elles se déplacent en fonction des ressources alimentaires disponibles et de la neige qui recouvre leurs terrains de nourrissage. A la mauvaise saison, les grives litornes fréquentent les prairies humides, les champs coupés de haies, les lisières des bois et les vergers.

Ci-dessus : après la fonte des neiges, les grives litornes aiment pâturer dans les prairies et les couloirs d'avalanches dont les herbes sont encore jaunies.

Sur le terrain : grande grive à la tête et au croupion gris. Son cri est le caractéristique « tiac-tiac » que connaissent bien les chasseurs.
Plumage : la femelle, plus grise et plus brunâtre que le mâle, a les plumes et la queue teintées de brun. Les jeunes ont du brun sur la tête et sur le croupion.
Nourriture : la grive litorne cherche des vers, des mollusques, des insectes, des araignées, des baies et des fruits pourris ou tombés à terre.
Site du nid : elles s'installent en colonie dans un arbre, rarement sur le sol, à une hauteur variant entre 3 m et 18 m. Elles nichent jusqu'à 2 150 m d'altitude.
Nid : la femelle construit une coupe lâche avec des herbes, des mousses, des brindilles, des racines et du foin mêlés à de la boue, puis elle la garnit d'herbes sèches.
Nichée : de 4 à 6 œufs bleu-vert, tachetés de brun-rouge, sont pondus entre avril et juillet, et couvés de 11 à 14 jours par la femelle. 2 pontes annuelles. Nidicole. Quitte le nid entre le 12e et le 16e jour.
Longueur : 26 cm.
Poids : 113 g.
Longévité : peut atteindre 18 ans.

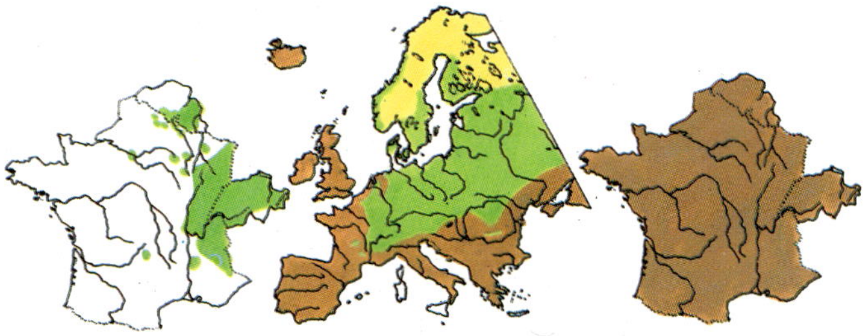

En vert : sédentaire. En marron : visiteur d'hiver. En jaune : visiteur d'été.

Mésange huppée

Parus cristatus

A gauche : mésange huppée quittant son nid.

La forêt de mélèzes est silencieuse. La trace sinueuse d'un tétras lyre se dessine dans la poudreuse et, après quelques mètres, s'arrête net : l'empreinte des deux ailes du coq profondément imprimée dans les cristaux blancs indique son envol. Au loin, plusieurs mésanges alpestres s'appellent de leurs cris graves et, au fur et à mesure que la troupe se rapproche, les voix fines des mésanges noires et des roitelets sont dominées par les roulades vigoureuses des mésanges huppées. Ces cris permettent d'ailleurs de les localiser lorsqu'elles évoluent à la cime des grands résineux où elles sont presque invisibles.

Agrippées au tronc, les mésanges inspectent les moindres crevasses et les plus petits recoins de l'écorce, à la recherche d'insectes et de larves. Ailleurs, elles se pendent à un rameau vert d'épicéa pour en extraire de minuscules araignées réfugiées entre les aiguilles.

Dépendantes des forêts de conifères, l'hiver, les mésanges huppées vagabondent en compagnie d'autres espèces, au gré des intempéries et des ressources alimentaires. A la fin de la mauvaise saison, les bandes se désagrègent et les couples s'installent sur un territoire où ils effectuent leur parade nuptiale : le mâle produit alors un chant plus élaboré que d'habitude, les mouvements incessants de sa huppe traduisant son excitation. Il relève les ailes, gonfle les plumes de sa tête et tourne autour de sa partenaire qui, accroupie, vibre des ailes.
Les mésanges huppées sont sédentaires.

Sur le terrain : seule mésange européenne à posséder une huppe. Elle vit surtout dans les bois de conifères.
Cris caractéristiques.
Plumage : la femelle a la huppe plus courte que celle du mâle. Les jeunes ont les parties blanches du corps impures, le collier mal défini, le dos plus sombre que celui des adultes et un semblant de huppe.
Nourriture : la mésange huppée consomme des insectes à tous les stades de leur développement : papillons du genre phalène, noctuelle, tordeuse..., et des tipules.
En automne, ce régime est complété par des graines.
Site du nid : elle s'installe à l'intérieur d'une souche en décomposition, d'un arbre partiellement mort ou dans un ancien trou de pic. Elle niche jusqu'à 2 300 m d'altitude.
Nid : la femelle creuse une cavité dans laquelle elle construit une coupe avec des mousses et parfois des lichens, puis elle la garnit de crins, de laine, de duvet végétal et de toile d'araignée.
Nichée : de 4 à 11 œufs blancs, avec des taches marron, sont pondus de la fin d'avril à la mi-juillet et couvés de 13 à 18 jours par la femelle.
1 ou 2 pontes annuelles.
Nidicole.
Quitte le nid entre le 17e et le 21e jour.
Longueur : 13 cm.
Poids : 11 g.
Longévité : peut atteindre 7 ans.

Aire de reproduction — Aire de reproduction et d'hivernage — Aire d'hivernage

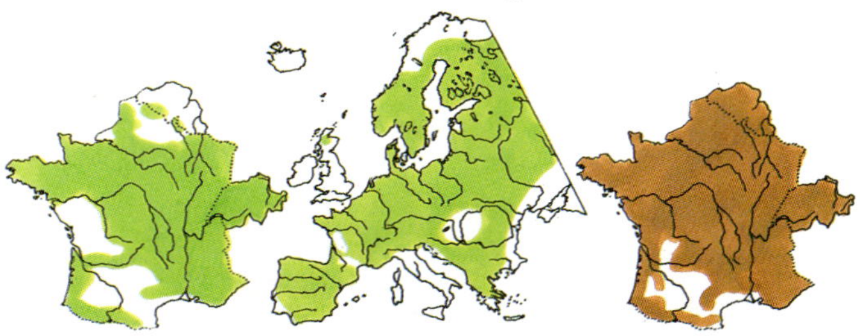

En vert : sédentaire. En marron : visiteur d'hiver. En jaune : visiteur d'été.

Tichodrome échelette

Tichodroma muraria

En haut, à droite : tichodrome échelette mâle en plumage nuptial. La femelle n'a pas la gorge noire.

Ci-dessous : mésange alpestre à l'entrée de son nid. Nichant jusqu'à 2 300 m d'altitude, cette mésange grise est sédentaire. Dès la fin de l'été, elle parcourt les flancs des montagnes en compagnie de deux ou trois congénères.

Le névé s'étale comme une langue de glace et de neige sale jusque dans le vallon ensoleillé, laissant échapper en son extrémité un mince filet d'eau qui trace son chemin entre la terre et les éboulis. D'un côté de cette masse glacée, une moraine s'est formée, sans cesse nourrie par les déchets de l'érosion ; de l'autre, une paroi se dresse à pic sur des centaines de mètres. Sans trace de végétation, dans l'ombre en permanence, la roche montre son aspect le plus austère.

C'est au cœur de cet univers minéral que retentit un coup de sifflet modulé, rapidement suivi de trilles flûtés. Accroché à la surface rugueuse du granit, le tichodrome échelette progresse par bonds successifs en s'agrippant aux moindres aspérités grâce à ses longs doigts aux griffes acérées. De temps à autre, l'oiseau glisse son long bec recourbé dans une fissure pour y déloger un insecte engourdi, puis il reprend sa course.

Très à l'aise dans les cheminées, les crevasses et les couloirs étroits, sur les falaises verticales et les surplombs, le tichodrome excelle aussi dans les courtes évolutions. Parfaitement adaptées, ses grandes ailes panachées de rouge, de blanc et de noir lui permettent les acrobaties les plus périlleuses. Arrivé au sommet de son escalade, l'oiseau plonge dans l'abîme d'un vol léger de papillon puis reprend un peu plus bas ses investigations. Les mouvements nerveux de ses ailes laissent entrevoir des taches carminées.

Surtout sédentaire, le tichodrome effectue des transhumances qui, en été, le mènent vers les cimes et, en automne, le ramène vers les vallées. En hiver, des mouvements erratiques le font descendre jusqu'en plaine où l'on peut parfois l'observer, perché sur de grands monuments.

Sur le terrain : il ressemble à une sitelle à la livrée noir, gris et rouge. Vol papillonnant caractéristique.
Plumage : la gorge, noire chez le mâle en été, est blanchâtre chez la femelle ; le plumage de la femelle est plus pâle que celui du mâle et porte des taches brunes sur les ailes. Les jeunes ont le bec plus court et les taches blanches des ailes plus grandes que chez les adultes.
Nourriture : insectivore, il capture des petits papillons et des mouches, et, en introduisant son long bec dans les fissures de la roche, il attrape des araignées.
Site du nid : il s'installe dans une anfractuosité ou une crevasse de rocher, souvent sous un surplomb, parfois sur un édifice. Il niche jusqu'à 3 000 m d'altitude.
Nid : la femelle construit une coupe volumineuse avec des mousses, des lichens, du duvet végétal et des herbes sèches, puis elle la garnit de crins, de laine, de toiles d'araignée et de plumes.
Nichée : de 3 à 5 œufs blancs, pointillés de marron, sont pondus entre la mi-mai et la mi-juillet, et couvés de 18 à 20 jours par la femelle. 1 ponte annuelle. Nidicole. Quitte le nid entre le 21e et le 30e jour.
Longueur : 17 cm.
Poids : 20 g.
Longévité : inconnue.

Aire de reproduction — Aire de reproduction et d'hivernage — Aire d'hivernage

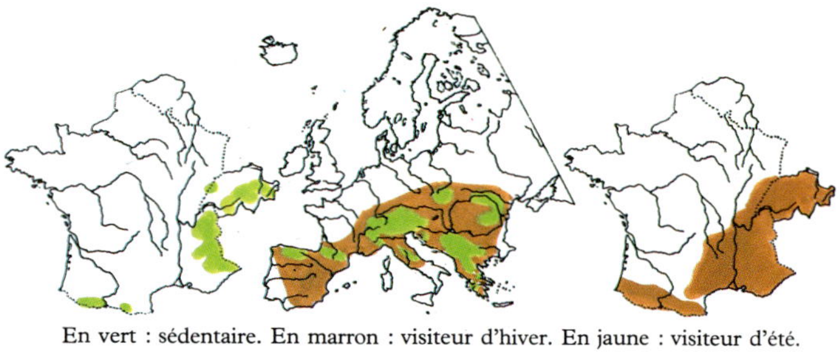

En vert : sédentaire. En marron : visiteur d'hiver. En jaune : visiteur d'été.

Casse-noix moucheté

Nucifraga caryocatactes

Les derniers mélèzes rabougris de la forêt se perdent dans les buissons d'aulnes et les massifs de rhododendrons. Par-delà cette végétation arbustive, la pelouse s'étend jusqu'aux premiers névés où quelques spioncelles picorent entre deux envolées bruyantes.

Posé au sommet d'un pin arolle, son arbre nourricier, un casse-noix au plumage brun-chocolat, délicatement moucheté de blanc, lance ses cris discordants, aigres et rauques. Après quelques effets de voix, l'oiseau s'approche d'un cône, le détache, puis le récupère sur le sol. Une patte sur le fruit, il lui assène de puissants coups de bec qui finissent par ébranler les écailles, ultime protection de la graine.

Dès l'été, ce « geai des montagnes » se met au travail, réalisant d'incessants allers et retours entre les sites de récolte et les lieux de stockage. Ainsi, une bonne partie de l'automne est consacrée au prélèvement des graines, de deux à douze par voyage, puis à leur dissimulation dans des cachettes creusées dans le sol, parfois éloignées de 15 km les unes des autres. Le casse-noix mémorise alors leur emplacement en fonction de l'environnement ; les caches sont toujours disposées près de troncs d'arbre, sur une butte ou sur une arête de terrain, là où la couche de neige est rarement épaisse.

D'après plusieurs estimations, les cachettes non retrouvées ne dépasseraient pas 20 %, ces oublis permettant ainsi à la forêt de se régénérer. Il existe donc une « association » entre l'oiseau et le pin arolle, chacun tirant parti de l'autre ; il est d'ailleurs probable que la disparition du casse-noix entraînerait celle de l'arbre.

L'espèce est en principe sédentaire. Lors de mauvaises fructifications dans le nord et l'est de l'Europe, des invasions de la race sibérienne atteignent l'ouest du continent.

Sur le terrain : sorte de geai entièrement brun foncé et moucheté de blanc. Voix caractéristique.
Plumage : les deux sexes sont identiques. Les jeunes sont plus pâles et moins tachetés de blanc que les adultes.
Nourriture : surtout granivore, le casse-noix moucheté préfère les graines des pins arolles mais il consomme aussi celles des noisetiers et des hêtres. Au printemps, il complète ce régime par quelques insectes.
Site du nid : il s'installe dans un épicéa, un pin, à une hauteur variant entre 4 m et 10 m, ou souvent, près d'un tronc. Il niche jusqu'à 2 200 m d'altitude.
Nid : le couple construit une coupe avec des brindilles de mélèze mêlées à de la terre et à des copeaux de bois pourri, puis il la garnit de lichens, de tiges et de feuilles sèches de graminées. Cette structure est très isolante.
Nichée : de 3 à 5 œufs allant du bleu au bleu verdâtre, pointillés de brun et de gris, sont pondus entre le début de mars et le début de juillet, et couvés de 17 à 21 jours par le couple. 1 ponte annuelle. Nidicole.
Quitte le nid entre le 23ᵉ et le 25ᵉ jour.
Longueur : 32 cm.
Poids : 200 g.
Longévité : peut atteindre 9 ans.

Aire de reproduction — Aire de reproduction et d'hivernage — Aire d'hivernage

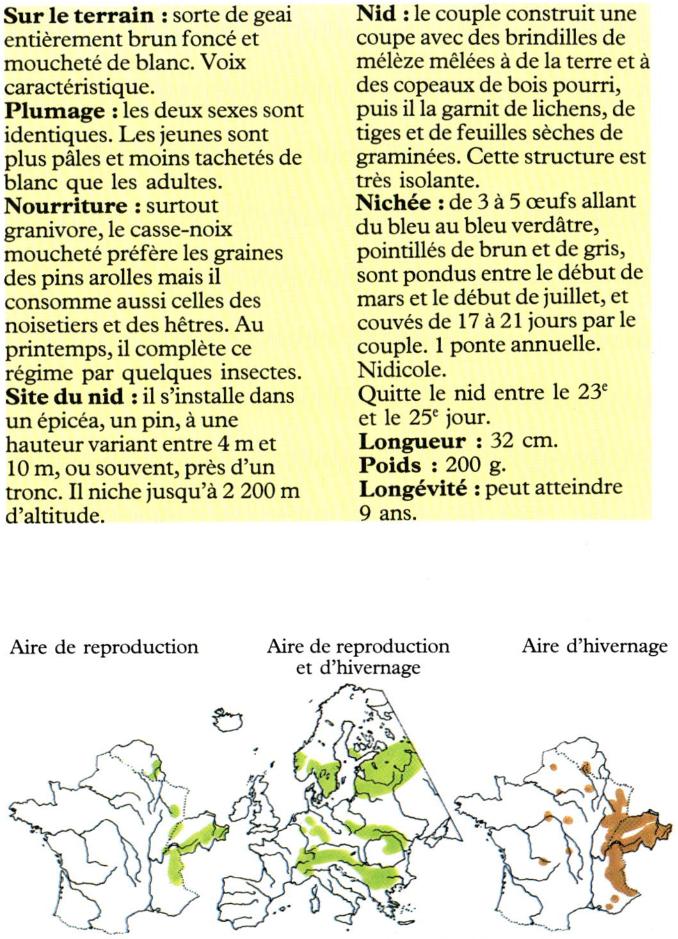

En vert : sédentaire. En marron : visiteur d'hiver. En jaune : visiteur d'été.

Chocard à bec jaune

Pyrrhocorax graculus

Très haut dans le ciel, au niveau des cimes les plus élevées, de minuscules points noirs se jouent des courants, virevoltant dans des acrobaties d'une rare audace. Plusieurs sifflets stridents retentissent, annonçant un piqué vertigineux de plus de 1 km. Exploitant le moindre courant d'air, les chocards frôlent les parois de granit et, en quelques secondes, rejoignent un petit col. Faisant face au puissant vent d'ouest, ils arrivent à une dizaine de mètres du roc dénudé. Esquivant une bourrasque, l'un des corbeaux au bec jaune descend lentement à la verticale, sans un battement d'ailes, puis se pose sur l'étroit passage qui sépare les deux vallées. Sur ce petit col se pressent d'innombrables bataillons de syrphes, petites mouches aux yeux démesurés et au corps jaune, qui, arrêtées dans leur migration d'automne par la violence du vent, se concentrent par milliers en attendant une accalmie. Le chocard ne sait plus alors où donner du bec pour capturer des proies si faciles.

Très grégaire, l'espèce se réunit en grandes troupes pouvant compter de cent à deux cents individus. De même, lors de la reproduction, les couples s'installent en colonies sur les falaises.

L'hiver, les chocards quittent au lever du jour leurs cavernes d'altitude pour rejoindre les vallées où ils se nourrissent pendant la journée. Le soir, ils regagnent leurs dortoirs pour y passer la nuit. L'espèce est très sédentaire.

Sur le terrain : sorte de corbeau tout noir, au bec jaune et aux pattes rouges. Très familier, cet oiseau est grégaire. Ses nombreuses émissions vocales sont caractéristiques.
Plumage : les deux sexes sont identiques. Les jeunes ont le bec sombre, les pattes noirâtres et une livrée terne sans reflets irisés.
Nourriture : omnivore, le chocard capture des sauterelles, des papillons et des chenilles, pille de temps à autre des nids. En été, il cherche des myrtilles ou des baies de sorbier. En hiver, il profite des décharges proches des refuges et des stations de sports d'hiver.
Site du nid : ils s'installent en colonie sur une corniche, une fissure inaccessible, dans une grotte. Ils nichent jusqu'à 3 400 m d'altitude.
Nid : le couple construit une coupe volumineuse avec des branchettes et des herbes sèches, et la garnit de brins d'herbe fins, de quelques crins et de plumes.
Nichée : de 3 à 6 œufs brillants, blanchâtres ou vert pâle, fortement pointillés et tachetés de brun et de gris, sont pondus entre la mi-avril et la mi-juillet, et couvés de 18 à 21 jours par la femelle. 1 ponte annuelle. Nidicole. Quitte le nid entre le 31e et le 38e jour.
Longueur : 37 cm.
Poids : 250 g.
Longévité : peut atteindre 12 ans.

Ci-dessus : chocard à bec jaune.

Ci-contre : en été et en automne, les chocards inspectent souvent les pelouses alpines à la recherche d'insectes : ici, un criquet.

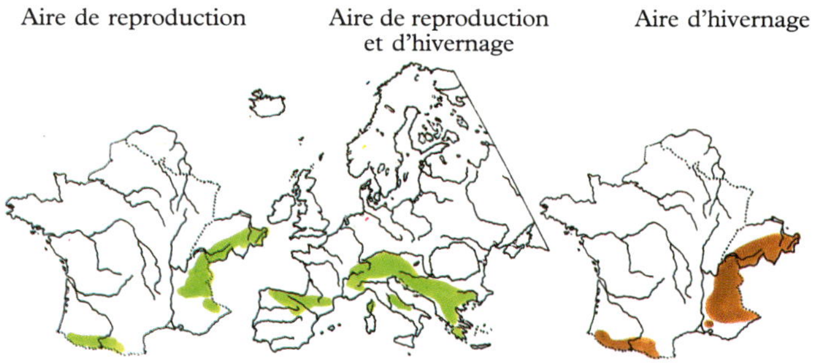

En vert : sédentaire. En marron : visiteur d'hiver. En jaune : visiteur d'été.

Grand corbeau

Corvus corax

Au-dessus d'une aiguille, deux grands corbeaux se laissent paresseusement porter par les ascendances, planant en cercle, les ailes tendues et leur queue cunéiforme déployée. Leur silhouette de rapace inquiète les marmottes dont le sifflet perçant retentit dans la combe. Lassé de tournoyer, l'un des corbeaux lance deux croassements brefs et sourds qui résonnent dans la montagne. Le couple plonge alors dans l'abîme, ailes fermées, l'un partant en vrille sans fin, l'autre glissant quelques secondes sur le dos. Arrivés aux premiers arbres, les deux partenaires rétablissent leur trajectoire et s'éloignent par de grands coups de rames très puissants, rythmés par le frottement de l'air sur les plumes noires.

Lors des parades nuptiales, les vols acrobatiques sont encore plus spectaculaires : les corbeaux peuvent se saisir par les pattes et, accrochés dans les airs pendant quelques secondes, ils se laissent tomber sur plusieurs mètres avant de se détacher l'un de l'autre. A terre, les témoignages d'affection sont nombreux comme les caresses mutuelles de la tête dont les plumes se hérissent alors complètement.

Depuis le Moyen Age, le grand corbeau traîne une mauvaise réputation liée au fait qu'il hantait les gibets et les champs de bataille à la recherche de cadavres. Pendant des siècles, l'espèce a souffert de la vindicte de l'homme et a dû se réfugier dans les massifs montagneux et sur les côtes rocheuses. Aujourd'hui, la sagesse populaire lui permet de reconstituer ses effectifs et de redescendre dans les plaines.

Très sédentaire, ce corbeau effectue des déplacements de type erratique ou transhumant.

Sur le terrain : de la taille d'une buse, il est entièrement noir avec un bec imposant. Ses cris caractéristiques sont entendus de fort loin.
Plumage : les deux sexes sont identiques. Les jeunes sont plus ternes que les adultes.
Nourriture : omnivore, le grand corbeau est très porté sur la nourriture animale vivante et surtout morte ; il pille les nids, achève les proies affaiblies, exploite les charognes, fouille les décharges. Il ajoute des fruits et des graines à ce régime.
Site du nid : il s'installe sur une corniche inaccessible, dans une cavité rocheuse ou, plus rarement, dans un arbre. Il niche jusqu'à 2 500 m d'altitude.
Nid : le couple construit un nid volumineux avec des branches, des brindilles mêlées à de la terre et des mousses, puis il le garnit de laine, de poils, de lichens.
Nichée : de 4 à 7 œufs brillants, bleu-vert pâle, tachetés de brun et de gris, sont pondus entre la mi-février et la fin du mois d'avril, et couvés 20 ou 21 jours par la femelle. 1 ponte annuelle. Nidicole. Quitte le nid entre le 35e et le 42e jour.
Longueur : 63 cm.
Poids : 1,300 kg.
Longévité : peut atteindre 16 ans.

Aire de reproduction — Aire de reproduction et d'hivernage — Aire d'hivernage

En vert : sédentaire. En marron : visiteur d'hiver. En jaune : visiteur d'été.

Ci-contre : troupe de grands corbeaux affairés sur une charogne.

Niverolle

Montifringilla nivalis

En haut, à droite : niverolle des Alpes à l'entrée de son nid.

Ci-dessous : niverolle des Alpes. Le bec jaune orangé de l'oiseau indique qu'il s'agit d'un jeune. En hiver, le bec des adultes devient jaune.

Sautillant d'une pierre à l'autre, quelques oiseaux à la livrée camouflée couleur de boue et de neige, picorent de-ci, de-là puis s'envolent tous ensemble, sans raison apparente. Des cris clairs tintent alors dans la combe enneigée, la troupe scintillant dans l'azur se resserre comme une volée d'étourneaux puis se pose pour reprendre ses fébriles activités.

Pinson des cimes, la niverolle parcourt les pelouses dégagées de neige, les arêtes les plus étroites et les escarpements les plus sévères jusqu'à 3 500 m d'altitude. Au sol, elle est totalement invisible, son plumage se mêlant parfaitement aux touffes végétales, à la terre humide et aux plaques de neige, mais, dans les airs, ses longues ailes blanc et noir, et sa queue marquée d'une bande sombre au milieu permettent de bien la repérer. Très sociables, les niverolles vivent en communautés de plusieurs dizaines d'individus. Elles cherchent leur nourriture sur les pentes bien exposées ou sur les névés qui leur offrent des insectes engourdis ou prisonniers de la glace.

Au printemps, lorsque la fonte des neiges libère de grandes surfaces de terre, les mâles se livrent aux jeux nuptiaux. S'élevant à faible hauteur, ils décrivent des cercles puis regagnent leur perchoir en un vol plané en spirale, ailes étendues et levées, queue déployée.

Plutôt sédentaires, les niverolles vagabondent en été vers les cimes, en troupes de cent à deux cents individus. L'hiver, elles descendent jusque dans les vallées où elles s'approchent des chalets. Les déplacements peuvent atteindre une amplitude de 100 km à 300 km.

Sur le terrain : gros pinson d'aspect clair, au bec noir et aux ailes blanches. Très grégaire.
Plumage : la femelle a des teintes moins vives et plus claires que celles du mâle. En hiver, les adultes ont le bec jaune. Les jeunes ressemblent à leur mère, mais ils sont plus ternes avec moins de blanc sur les ailes, et ils ont le bec orangé.
Nourriture : la niverolle consomme des graines et des insectes tels que les sauterelles, les papillons, les chenilles...
Site du nid : elle s'installe dans un trou ou dans une fente de rocher, dans l'une des anfractuosités d'une bâtisse. Elle niche jusqu'à 2 476 m d'altitude.
Nid : la femelle construit une coupe avec des herbes sèches, des radicelles et des mousses, puis elle la garnit de laine, de crins et de plumes.
Nichée : de 4 à 6 œufs blancs, mats ou très légèrement brillants, sont pondus de la mi-mai à la fin du mois de juillet, et couvés 13 ou 14 jours par le couple. 1 ponte annuelle. Nidicole. Quitte le nid entre le 18e et le 21e jour.
Longueur : 17 cm.
Poids : 40 g.
Longévité : inconnue.

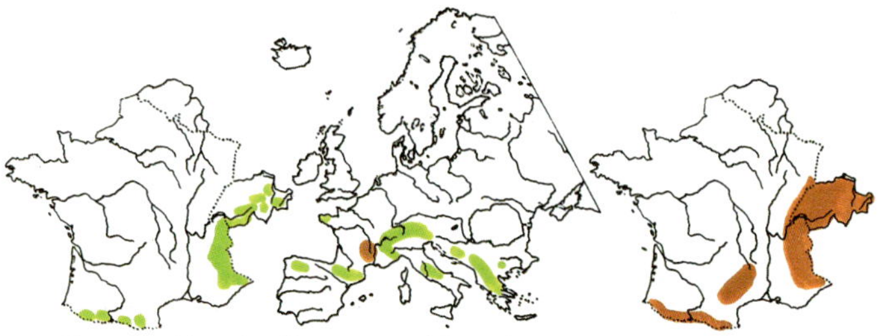

En vert : sédentaire. En marron : visiteur d'hiver. En jaune : visiteur d'été.

Venturon montagnard

Serinus citrinella

Au flanc de la montagne, les ramures sombres des sapins retiennent les traces floconneuses d'une tempête de neige. Un peu plus haut, l'herbe rase des pâturages est partiellement recouverte, mais les merles à plastron sont déjà à l'ouvrage, fouillant le sol en quête d'animalcules. A la lisière de la forêt, une troupe de petits oiseaux verts s'abat dans le gazon ras. Après avoir picoré quelques menues graines, les venturons s'envolent tous au même moment avec force cris doux et métalliques, puis ils rejoignent un conifère où ils babillent de concert.

Dans les derniers jours de mars, les mâles, grégaires même lors de la période de reproduction, exécutent leur parade nuptiale les uns à côté des autres. D'un vol papillonnant, la queue étalée, les ailes vibrantes et étendues, les oiseaux vont d'un arbre à un autre, réalisant de larges circuits au-dessus des sapins et des chalets d'alpage ; un babil rapide et liquide accompagne leurs évolutions aériennes.

Dès la fin de l'été, les venturons montagnards se réunissent en petites troupes d'une cinquantaine d'individus et vagabondent dans les massifs, descendant vers les vallées aux premières chutes de neige. Dans certaines régions de montagne, les oiseaux disparaissent totalement en hiver car ils rejoignent des massifs plus méridionaux.

Sur le terrain : le venturon montagnard se distingue du sizerin et du serin par une livrée beaucoup moins rayée, gris et brunâtre dessus et vert jaunâtre dessous.
Plumage : la femelle, plus rayée que le mâle, montre des teintes moins vives et plus sombres. Les jeunes ressemblent à leur mère, mais ils sont encore plus marqués de sombre et ont un aspect brun-roux, sans trace de vert ni de jaune.
Nourriture : surtout granivore, le venturon consomme des semences de plantes herbacées, de conifères, auxquelles il ajoute des petits insectes comme les pucerons et les chenilles, et aussi des bourgeons.
Site du nid : il s'installe à une hauteur comprise entre 6 m et 10 m, contre le tronc d'un conifère situé à la lisière d'une forêt ou dans un pâturage boisé, toujours à un endroit ensoleillé. Il niche jusqu'à 2 500 m d'altitude.
Nid : la femelle construit une coupe avec des tiges sèches, des lichens et des radicelles, puis elle la garnit de duvets végétaux, de crins et de plumes.
Nichée : de 2 à 5 œufs brillants, bleuâtres, tachetés de brun rougeâtre, sont pondus de la fin du mois de février à la fin du mois de juillet et couvés 13 ou 14 jours par la femelle. 1 ou 2 pontes annuelles. Nidicole. Quitte le nid le 17e ou le 18e jour.
Longueur : 13 cm.
Poids : 13 g.
Longévité : inconnue.

Ci-dessus : venturon montagnard mâle.

Aire de reproduction | Aire de reproduction et d'hivernage | Aire d'hivernage

En vert : sédentaire. En marron : visiteur d'hiver. En jaune : visiteur d'été.

Sizerin flammé

Carduelis flammea

Un groupe de petits oiseaux survole bruyamment la forêt de mélèzes aux arbres clairsemés. Au fil de leur cheminement s'égrènent leurs appels incessants dont la consonance métallique est bien particulière. Bientôt, la troupe s'abat sur un arbre et se disperse dans les branches.

De loin, le sizerin flammé paraît entièrement sombre mais, en approchant, on s'aperçoit qu'il porte une livrée colorée : le plumage est finement rayé sur le dessus et crème dessous, la poitrine est délicatement teintée de framboise, la tête est vivement colorée de rouge sang sur le dessus et de noir sur la bavette du menton. Inquiétés, les fringillidés se regroupent à nouveau, prennent leur essor en criant, passent au ras de la moraine et vont se poser dans l'alpage, à proximité d'une étable. Affairés dans un massif de rumex, ils se délectent maintenant des grappes et des graines de ces plantes aux larges feuilles.

Au printemps, lors de la parade nuptiale, le mâle décrit au-dessus des arbres des circuits en un vol papillonnant et lance dans les airs son chant de verdier.

Migrateur diurne partiel, le sizerin flammé vagabonde en été au niveau des étages alpin et nival, puis il redescend au début de l'automne vers le fond des vallées. D'octobre à avril, des oiseaux de la race nordique viennent hiverner à l'ouest de l'Europe.

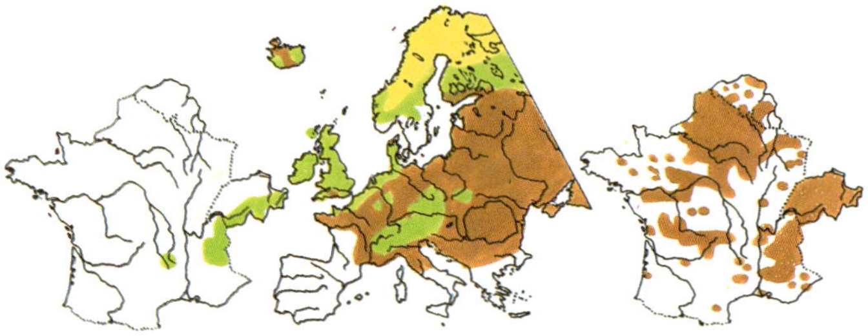

En vert : sédentaire. En marron : visiteur d'hiver. En jaune : visiteur d'été.

Sur le terrain : petite linotte au front rouge et au menton noir.
Plumage : la femelle n'a pas de rose cramoisi sur le croupion ni sur la poitrine ;
la tache noire du menton est plus étendue, les flancs sont roussâtres, rayés de brun. Les jeunes sont comme leur mère, mais sans rouge sur la tête.
Nourriture : surtout granivore, le sizerin flammé consomme des fruits de mélèze, d'aulne, de bouleau. Au printemps, il y ajoute des pucerons, des chenilles...
Site du nid : la femelle construit une coupe soignée et épaisse avec des ramilles, des herbes, des tiges sèches, des radicelles, des lichens, et elle la garnit de duvet végétal, de brindilles, de crins, plus rarement de plumes.
L'espèce niche jusqu'à 2 350 m d'altitude.
Nid : ils s'installent en colonies lâches, dans des conifères, des aulnes ou des bouleaux, entre 1 m et 1,50 m.
Nichée : de 4 à 7 œufs mats, bleu-vert pâle, tachetés de brun, sont pondus de la fin du mois d'avril au milieu du mois d'août, et couvés de 10 à 13 jours par la femelle.
2 pontes annuelles.
Nidicole. Quitte le nid entre le 11e et le 15e jour.
Longueur : 13 cm.
Poids : 14 g.
Longévité : peut atteindre 8 ans.

Ci-contre : sizerin flammé. Le mâle apporte ici une bouillie de graines particulièrement nutritives.

Bec-croisé des sapins

Loxia curvirostra

Perroquets miniatures, les becs-croisés survolent les versants bien exposés à la recherche de conifères dont les cônes mûrs leur fournissent des graines très énergétiques. S'abattant bruyamment sur un épicéa, la volée d'oiseaux attend quelques instants avant de pénétrer dans la cime de l'arbre ; chaque individu choisit alors un fruit dont le stade de maturité est rapidement estimé par des coups de bec. Les uns, pendus la tête en bas, s'attaquent directement au fruit roux, les autres cisaillent la tige qui attache le cône à sa branche support, le saisissent dans leurs mandibules puis l'emportent dans un endroit tranquille où ils le délestent de son précieux contenu.

Le bec de cet oiseau est remarquablement bien adapté pour écarter les écailles les plus dures, utilisant les mandibules croisées comme bras de levier.

Il est également pourvu d'une langue dont l'allongement facilite la préhension des graines les plus inaccessibles. Après avoir enlevé quelques graines, opération qui dure à peine trois minutes, le bec-croisé se désintéresse du cône et va en chercher un autre. Une fois rassasiée, la troupe multicolore se rassemble et s'envole comme elle était venue, dans un concert de cris sonores et explosifs.

Migratrice partielle diurne, l'espèce effectue des déplacements de type invasionnel en été et en automne, lorsque la fructification des épicéas est insuffisante. Oiseau nomade par excellence, il lui arrive de s'installer à des milliers de kilomètres de son lieu de naissance.

Sur le terrain : le bec-croisé des sapins a l'allure d'un petit perroquet aux mandibules croisées, avec de longues ailes et une queue courte et fourchue.
Plumage : la femelle a le dessus vert jaunâtre, le dessous gris-vert et le croupion rayé de brun. Les jeunes ressemblent à leur mère mais ils sont très rayés et ont le bec droit.
Nourriture : surtout granivore, il consomme des semences de mélèze, d'épicéa, d'arolle, de hêtre, d'aulne et de chardon. En été, il ajoute des insectes à ce régime.
Site du nid : ils s'installent en colonies lâches dans des conifères à une hauteur variant entre 20 m et 30 m. Ils nichent jusqu'à 2 300 m d'altitude.
Nid : la femelle construit une coupe volumineuse avec des mousses, des lichens, des brindilles de conifères, de la laine et des crins ; elle la garnit d'herbes sèches, de radicelles et, parfois, de poils et de plumes.
Nichée : de 3 à 5 œufs brillants, blanc bleuâtre taché de marron et de violet, sont pondus du mois de décembre au début du mois d'août, et couvés de 13 à 16 jours par la femelle.
1 ou 2 pontes annuelles.
Nidicole. Quitte le nid entre le 14ᵉ et le 25ᵉ jour.
Longueur : 16 cm.
Poids : 40 g.
Longévité : peut atteindre 7 ans.

Aire de reproduction — Aire de reproduction et d'hivernage — Aire d'hivernage

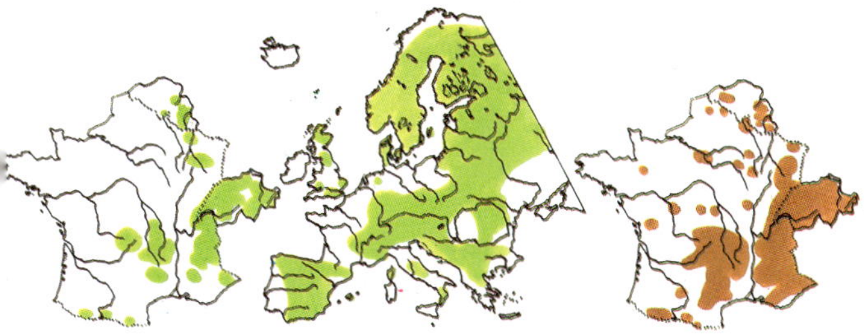

En vert : sédentaire. En marron : visiteur d'hiver. En jaune : visiteur d'été.

Ci-dessus : bec-croisé des sapins mâle. La femelle a une livrée jaune verdâtre.

Ci-contre : tarin des aulnes mâle. Ce petit fringille est originaire de l'est et du nord de l'Europe. A l'ouest, cette espèce habite surtout les montagnes. Migrateurs partiels, les tarins hivernent dans les plaines d'octobre à avril, certains individus pouvant atteindre l'Afrique du Nord. Cet oiseau granivore effectue à travers l'Europe des invasions cycliques provoquées par des pénuries alimentaires dans leurs régions d'origine (Russie, notamment).

LES OISEAUX DES COURS D'EAU, DES LACS, DES ÉTANGS ET DES MARAIS

Eaux courantes ou stagnantes, les milieux humides de plaine sont caractérisés par une richesse et une diversité floristique et faunistique exceptionnelles.
Les étangs, les lacs, les sablières et certains méandres de fleuves au faible courant présentent une végétation dont les plantes se distribuent en fonction de leurs affinités avec l'élément liquide. Exondées une partie de l'année, totalement ou partiellement immergées, parfois flottantes, les plantes aquatiques et palustres jouent un rôle déterminant dans la répartition des oiseaux.
Au printemps, les vanneaux s'installent dans les prairies humides, les bécassines et certains canards occupent les touffes de carex ou de joncs faiblement inondés, les butors, les râles, les rousserolles et bien d'autres espèces dissimulent leurs couvées au sein des grands massifs de roseaux.
Au cours de l'été, les milieux humides sont le théâtre de grands changements : de nombreuses fauvettes aquatiques quittent déjà l'Europe, de même que les petits échassiers des rivages.
Au début de l'automne, les hirondelles viennent dormir par milliers dans les roselières. Plus tard, lorsque les premiers froids chassent les oiseaux vers le sud, les grèbes, les canards et les foulques arrivent sur les plans d'eau. L'hiver, le marais est pratiquement désert, et seuls quelques râles, des bruants des roseaux, des bouscarles et des mésanges animent le paysage palustre jauni.

Ci-contre : sarcelle d'été mâle

LES MILIEUX DES COURS D'EAU, DES LACS, DES ÉTANGS ET DES MARAIS

Ci-dessus : au crépuscule, lorsque le soleil est pratiquement couché, le marais s'anime et les premiers canards quittent la végétation palustre pour gagner les lieux de nourrissage situés parfois à quelques dizaines de kilomètres.

En bas : cane colvert avec sa nichée.

Les millions d'êtres vivants qui peuplent les cours d'eau, les étangs et les marais forment des communautés animales et végétales dont la composition et l'organisation dépendent du courant, de la richesse minérale de l'eau, de sa température, de son oxygénation ainsi que d'autres paramètres physico-chimiques. Suivant que les eaux sont courantes ou stagnantes, on distingue deux grands ensembles de systèmes biologiques.

● Les écosystèmes des eaux vives

Avec leurs eaux fraîches et oxygénées, leur courant rapide, leur lit caillouteux, les ruisseaux et les rivières donnent l'impression de constituer des milieux inhospitaliers, mais leur faune est riche et diversifiée même si les végétaux y sont souvent peu abondants. Parmi les groupes d'invertébrés représentés, citons les mollusques (limnées), les crustacés (gammares), ainsi que de nombreuses larves d'insectes (trichoptères). Ces animaux constituent l'alimentation d'oiseaux de rivage comme les bergeronnettes, le chevalier guignette, et d'espèces capables de nager (canard colvert), de plonger (martin-pêcheur) ou même de marcher sur les fonds (cincle plongeur).

Les fleuves sont des milieux que l'on peut rapprocher des eaux stagnantes car leur faible courant permet à la végétation aquatique de se fixer et l'on y retrouve, à quelques exceptions près, les mêmes espèces floristiques et faunistiques que dans les étangs. Mais le niveau des fleuves varie suivant la saison du fait des crues printanières et des étiages estivaux, et les êtres vivants doivent être en mesure de s'adapter à ces bouleversements. Dans les prairies humides, les vanneaux pondent dans des nids surélevés, alors que, au bord du rivage, les grèbes construisent des plates-formes flottantes qui suivent ainsi le niveau des eaux. Mais beaucoup d'espèces, comme les sternes ou les petits gravelots, voient leurs îlots submergés par les flots après un fort orage et nichées ou couvées sont alors détruites.

● Les écosystèmes des eaux dormantes

Les lacs, les étangs et les marais accumulent des substances inertes (sables, limons), des matières organiques et des éléments minéraux dissous. Les écarts thermiques journaliers, qui peuvent être importants en eau peu profonde, facilitent le brassage des eaux et, par conséquent, une remise en suspension de ces éléments accumulés dans les fonds. Ces phénomènes sont à la base de la très forte productivité enregistrée dans ces milieux et expliquent la croissance rapide des organismes vivants : l'eau libre est le domaine des algues, des plantes flottantes ; près du rivage, les végétaux fixés forment des zones concentriques qui révèlent leur affinité avec un milieu de plus en plus humide. Ces ceintures végétales bien particulières se succèdent avec leur propre communauté animale. La roselière, appelée aussi phragmitaie, est l'un des milieux les plus caractéristiques où se reproduisent, en fonction de la superficie et de la hauteur des plantes, certains hérons, le busard des roseaux, les fauvettes aquatiques...
En eau plus profonde, la ceinture des grands joncs procure des sites de reproduction aux fuligules milouins, aux guifettes, aux grèbes. Les zones plus « sèches » des carex (laîches), moins riches, abritent quelques canards, des bergeronnettes, des pipits farlouses et même des locustelles...

1

2

4

1. *Cours d'eau rapide.*
2. *Étang.*
3. *Marais en hiver.*
4. *Cours d'eau lent.*

3

LA REPRODUCTION DES OISEAUX EN MILIEUX HUMIDES

En haut, à droite : cygne tuberculé. Cette espèce végétarienne consomme une telle quantité de plantes palustres qu'elle peut, dans certains cas, limiter la croissance d'une roselière.

Ci-dessous : le grèbe huppé occupe les zones d'eau libre ou peu colonisée par la végétation. Son alimentation, constituée de poissons de bonne taille, en est l'une des causes. En revanche, les grèbes à cou noir et, plus encore, les castagneux s'installent parmi les plantes aquatiques, là où l'eau est peu profonde ; leur nourriture, composée d'insectes, de petits poissons et de divers invertébrés d'eau douce, en est la raison essentielle.

Les milieux humides continentaux offrent une grande diversité de biotopes ; de nombreuses espèces s'y partagent des territoires en fonction de leurs préférences biologiques. Bien des adaptations se sont affinées au cours des temps, permettant ainsi aux oiseaux d'utiliser au mieux les caractéristiques des écosystèmes d'eaux douces. Les grèbes par exemple, ces étranges oiseaux dont le plumage tellement serré rappelle la fourrure, construisent un amas végétal amarré à des tiges de roseaux ou à des branches de saules : flottant ainsi au gré du niveau de l'eau, cette structure réduit les risques de submersion lors d'orages ou de crues. Les foulques macroules ont adopté une stratégie différente pour se garantir des intempéries en installant un volumineux tas de branchages assis sur de solides fondations. Bien d'autres adaptations pourraient être mises en évidence mais, en règle générale, il existe trois grands types de nids :

- **Les nids rudimentaires** se limitent en général à une légère dépression grattée ou creusée dans le sol (gravelots, sternes), ou bien encore à des structures grossières bâties sur des roseaux cassés par le vent ou la pluie (mouette rieuse, butors, guifettes). Les poussins de ces espèces (petits échassiers, canards) naissent couverts de duvet, et ils marchent et nagent sans problèmes quelques heures après leur naissance (on dit qu'ils sont nidifuges).

- **Les nids plus élaborés** des hérons arboricoles (hérons cendrés, bihoreaux) sont constitués par des plates-formes très bien amarrées aux branches maîtresses des arbres supports. Ces constructions sont constituées de rameaux et de brindilles entrecroisés. Les hirondelles de rivage, les martins-pêcheurs et les guêpiers creusent des sortes de terriers au flanc d'une berge ou d'un front de carrière ; une galerie droite ou oblique mène à une chambre d'incubation où sont élevés les jeunes. Le martin-pêcheur ne fait pas réellement de nid puisqu'il dépose ses œufs sur des arêtes et des écailles de poissons. Le guêpier dispose quelques pelotes de réjection en guise de litière et l'hirondelle de rivage tisse une coupe d'herbes sèches.

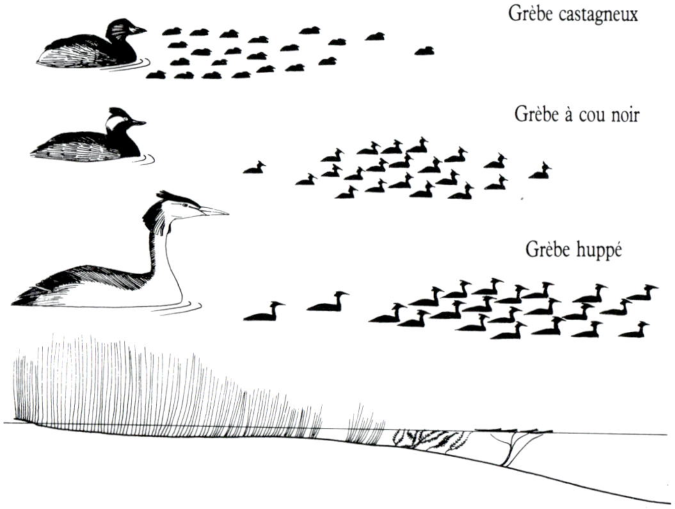

ISOLEMENT ÉCOLOGIQUE DE TROIS ESPÈCES DE GRÈBES

- **Les nids les plus sophistiqués** sont réalisés par les petits passereaux, comme les rousserolles ou les bruants des roseaux. Certaines espèces ont été très loin dans la complexité en aménageant des nids entièrement fermés qui les protègent non seulement des intempéries mais aussi des prédateurs. Ce type de construction constitue probablement un perfectionnement de la coupe initiale car, chez la mésange rémiz, par exemple, on constate que le mâle commence toujours par édifier un nid en coupe classique qu'il surmonte ultérieurement d'un « toit ». Les poussins de ces espèces naissent nus et demeurent plusieurs semaines dans le nid avant de pouvoir voler (ils sont nidicoles).

Voici les principaux sites de nidification choisis par les oiseaux des milieux aquatiques et palustres. Certaines espèces comme la mouette rieuse peuvent construire leur nid à différents endroits (sur une hutte de ragondin, sur des roseaux cassés ou sur un îlot de sable dépourvu de végétation) ; d'autres, beaucoup plus strictes, comme la rousserolle turdoïde, s'installent dans des emplacements très typés : roselière de bonne hauteur, toujours inondée, avec suffisamment de « clairières »...

Nids construits dans la végétation inondée

- **Nids situés dans la végétation basse ou en eau libre**

Grèbe et guifette (nid flottant), cygne, fuligules, foulque macroule, échasse, bécassine, vanneau.

- **Nids situés dans la végétation haute et dense**

— *Au sol :* héron pourpré, blongios nain, butor étoilé, canards chipeaux et pilets, sarcelles d'hiver et d'été, busard des roseaux, râle d'eau, marouettes (nid flottant), poule d'eau, mouette rieuse, goéland cendré, bouscarle de Cetti, lusciniole à moustaches.
— *Suspendus :* rousserolles effarvates et turdoïdes, locustelle luscinioïde, mésange rémiz...
— *Dans les arbres :* héron cendré, crabiers et bihoreau.

Nids construits dans la végétation exondée

- **Nids situés dans la végétation basse**

— *Au sol :* canards colvert et souchet, barge à queue noire, courlis cendré, chevaliers, hibou des marais, gorgebleue, pouillot fitis, locustelle tachetée, bruant des roseaux.
— *Suspendus :* cisticole des joncs, phragmite des joncs, rousserolle verderolle.

- **Nids situés dans la végétation haute et dense**

— *Dans les arbres :* grand cormoran, héron cendré, milan noir.
— *Dans une cavité naturelle :* harle bièvre.

Nids construits en milieux ouverts sans végétation

- **Nids situés sur les rives et îlots**

Petit gravelot, sternes pierregarin et naine, mouette rieuse.

- **Nids creusés dans les berges et les fronts de carrière**

Guêpier, martin-pêcheur, hirondelle de rivage.

1

2

3

4

Utilisation des milieux d'eau douce par les oiseaux nicheurs

1. Le grèbe castagneux construit son nid flottant à l'abri de la végétation des berges, d'un massif de roseaux ou entre les rameaux d'un arbuste inondé.
2. Les rousserolles, comme la plupart des fauvettes aquatiques, tissent leur nid au sein de la végétation, en l'accrochant à plusieurs tiges de roseaux ou de carex.
3. Le cygne tuberculé entasse des kilos de végétaux sur une assise de plantes ou sur un îlot.
4. Les hirondelles de rivage creusent des terriers au flanc des falaises de limon ou de sable.

Grèbe castagneux

Tachybaptus ruficollis

Jaillissant à la surface de l'eau comme un bouchon de liège que l'on maintenait enfoncé, une boule de plumes soyeuses teintées de roux apparaît. Véritable peluche vivante, le grèbe castagneux se déplace rapidement dans l'entrelacs de la végétation aquatique, plongeant brusquement à la moindre alerte.

A la belle saison, l'oiseau mène une vie retirée au sein d'une roselière d'où il lance de temps à autre de longs trilles aux sonorités liquides, souvent émis en duo. Mais la naissance des poussins va modifier l'activité du couple, l'obligeant à chasser et à pêcher afin d'assouvir l'appétit insatiable des petits. Minuscules boules de duvet rayé, enfouies dans le plumage du dos des parents, les poussins sont brusquement désorientés quand l'un des adultes plonge car ils se retrouvent seuls à la surface. Mais le plongeur réapparaît bien vite et il est aussitôt entouré par sa progéniture pépiant d'impatience dans l'attente de la becquée.

En dehors de la période de reproduction, les grèbes deviennent moins irascibles et moins querelleurs ; ils peuvent même se rassembler en petites sociétés regroupant d'une dizaine à une centaine d'individus. Ils fréquentent alors la plupart des pièces d'eau, même celles où la végétation est absente. A cette époque de l'année, le « castagneux » a perdu les couleurs vives de sa parure de noces et il arbore une livrée plus modeste, couleur de châtaigne.

Migrateur nocturne partiel, le grèbe castagneux quitte les sites de nidification en août. Les hivernants originaires d'Europe du Nord arrivent de septembre à décembre à l'ouest du continent. Les retours s'échelonnent de la fin du mois de février au début d'avril.

Sur le terrain : très petit grèbe, trapu, au cou très court. Cris caractéristiques.
Plumage : les deux sexes sont identiques. En dehors de la saison de reproduction, les adultes ont une livrée terne. Les jeunes ont des raies blanches sur les côtés de la tête et du cou.
Nourriture : le grèbe castagneux capture des insectes aquatiques et leurs larves, auxquels il ajoute des petits crustacés, des petits poissons et des graines.
Site du nid : il s'installe au sein de la végétation aquatique, près d'une berge.
Nid : le couple construit un nid flottant avec des tiges et des feuilles de roseaux, de carex, de joncs.
Nichée : de 4 à 10 œufs lisses, d'un blanc terne se fonçant au contact des végétaux humides dont les adultes les couvrent quand ils s'absentent du nid. Pondus entre la fin du mois d'avril et la fin du mois de juin, ils sont couvés 20 ou 21 jours par le couple. 2 ou 3 pontes annuelles. Semi-nidifuge. Vole entre le 44e et le 48e jour.
Longueur : 23 cm.
Poids : 200 g.
Longévité : peut atteindre 13 ans.

Aire de reproduction — Aire de reproduction et d'hivernage — Aire d'hivernage

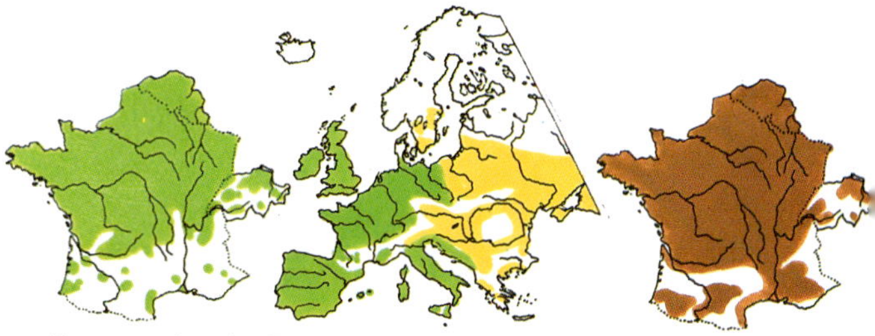

En vert : sédentaire. En marron : visiteur d'hiver. En jaune : visiteur d'été.

Ci-contre : grèbe castagneux en plumage nuptial.

Grèbe huppé

Podiceps cristatus

A la fin de l'hiver, au centre des eaux calmes du lac, des silhouettes argentées brillent au soleil parmi quelques foulques et quelques canards. Faisant surface non loin de là en tenant dans son bec rosé un poisson qui frétille encore, le grèbe huppé tend son long cou mince et montre sa tête triangulaire parée de larges « oreilles » rousses. Cette collerette de plumes chatoyantes, absente il y a encore peu de temps, annonce des cérémonies amoureuses élaborées où les danses vont succéder aux offrandes et aux joutes.

Merveilleux plongeur, le grèbe huppé glisse sous l'eau avec maestria, poursuivant les poissons les plus rapides, puis il réapparaît discrètement à la surface, le temps d'ingurgiter sa proie, et, dans un léger mouvement de bascule, il est de nouveau englouti par les eaux sombres. Très à l'aise dans le milieu aquatique comme tous les grèbes, il est maladroit et lourd lorsqu'il vient sur la terre ferme ou quand il veut décoller.

Victime de la mode au début du siècle, le grèbe huppé était chassé pour son plumage dont la densité lui confère la qualité d'une fourrure ; aujourd'hui, l'espèce est moins menacée.

Migrateurs partiels nocturnes, les jeunes grèbes huppés quittent les sites de reproduction en octobre, bientôt rejoints par les populations du Nord qui traversent l'ouest de l'Europe en novembre et en décembre. Certains hivernent sur le littoral, mais la plupart restent sur les pièces d'eau tant qu'elles ne sont pas gelées. Les retours ont lieu de février à avril.

Sur le terrain : grand grèbe au long cou effilé et au bec rose en forme de poignard. Pendant les noces, il arbore une collerette de plumes colorées.
Plumage : les deux sexes sont identiques. Toutefois, le bec des mâles est plus puissant que celui des femelles. En hiver, les adultes perdent leur collerette et ont un plumage plus terne. Les jeunes ont des raies sombres sur les côtés de la tête et du cou.
Nourriture : il consomme surtout des poissons comme les ablettes et les gardons, des crustacés, des petits mollusques, des insectes aquatiques et leurs larves, et aussi des graines de plantes palustres.
Site du nid : le grèbe huppé s'installe dans une roselière, souvent à proximité de la berge.
Nid : le couple construit un nid volumineux, flottant ou reposant sur le fond, composé de végétaux aquatiques.
Nichée : de 4 à 9 œufs lisses, blanc se tachant de brun, sont pondus entre le début d'avril et le début de juillet, et couvés de 27 à 29 jours par le couple. 1 ou 2 pontes annuelles. Semi-nidifuge. Vole entre le 65e et le 75e jour.
Longueur : de 47 cm à 56 cm.
Poids : de 700 g à 1,160 kg.
Longévité : peut atteindre 10 ans.

Ci-dessus : grèbe huppé sur son nid.

Aire de reproduction — Aire de reproduction et d'hivernage — Aire d'hivernage

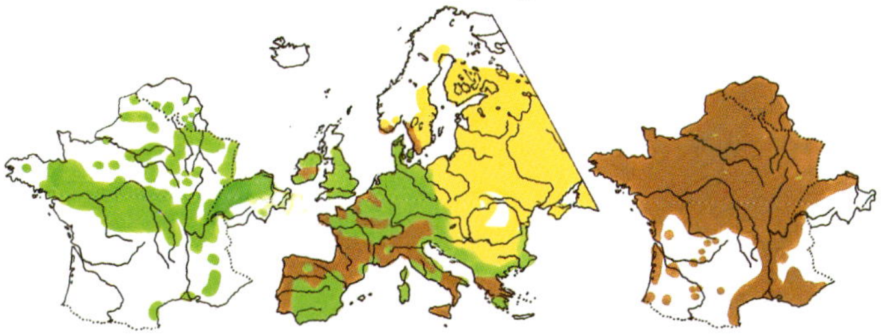

En vert : sédentaire. En marron : visiteur d'hiver. En jaune : visiteur d'été.

Butor étoilé

Botaurus stellaris

Par cette chaude soirée de mai, l'activité du marais est à son comble : les rousserolles bredouillent leurs fins gazouillis, un busard, ailes en V, chaloupe au-dessus des roseaux, au niveau de l'eau les insectes foisonnent et les éclosions de moustiques et autres tipules se multiplient, faisant le bonheur de quelques hirondelles venues chercher une dernière becquée pour leur nichée.

Du plus profond de la phragmitaie s'échappe un étrange mugissement. Voix d'un taureau, bruit d'une trompe ? Il n'en est rien, car ce beuglement sourd, répété à intervalles réguliers, est, bizarrement, le chant d'un grand héron couleur de sable. Tendant le cou en avant, le butor étoilé aspire longuement de l'air dans une vibration du corps, puis expire lentement sa plainte dans un mouvement convulsif, l'œsophage gonflé faisant résonner sa voix. L'obsédante répétition de ces sons inquiétants, au même titre que la vigoureuse protestation du râle d'eau ou que l'apparition fantomatique du hibou des marais, est à l'origine de légendes et de récits surnaturels.

Invisible au sein de la végétation qu'il ne quitte qu'au moment des migrations, le butor étoilé mène une vie retirée, comme la plupart des espèces vivant dans les marais. Migrateurs partiels nocturnes, les butors étoilés se déplacent de septembre à novembre vers l'Europe de l'Ouest, l'Afrique du Nord, plus rarement au-delà du Sahara. Beaucoup d'individus restent sur place tant que les eaux ne gèlent pas. Les retours ont lieu du mois de février à la mi-avril.

Sur le terrain : héron trapu, plutôt corpulent, au cou puissant.
La teinte cryptique de son plumage le fait souvent passer inaperçu.
Cris caractéristiques.
Plumage : les deux sexes sont identiques.
Les jeunes, très semblables aux adultes, sont toutefois plus pâles.
Nourriture : le butor étoilé consomme surtout des poissons (anguilles), des grenouilles, des tritons et des insectes aquatiques. Il y ajoute des mollusques, des vers, des araignées, des petits lézards, des oisillons et des petits mammifères.
Site du nid : il s'installe au sein d'une épaisse roselière, où l'eau est peu profonde.
Nid : la femelle construit sur l'eau ou sur un tapis de roseaux une plate-forme circulaire avec des tiges sèches de phragmite, de jonc et de laîche, puis elle la garnit de matériaux plus fins.
Nichée : de 3 à 7 œufs, lisses, mats, brun olive, sont pondus entre la fin du mois de mars et le début du mois de juin, et couvés 25 ou 26 jours par la femelle. 1 ponte annuelle.
Nidicole. Quitte le nid entre le 50e et le 55e jour.
Longueur : 73 cm.
Poids : de 750 g à 1,940 kg.
Longévité : peut atteindre 9 ans.

Aire de reproduction — Aire de reproduction et d'hivernage — Aire d'hivernage

En vert : sédentaire. En marron : visiteur d'hiver. En jaune : visiteur d'été.

Blongios nain

Ixobrychus minutus

La clameur de la colonie de mouettes rieuses diminue avec la nuit tombante et le miroir parfait de l'étang, reflète la silhouette de nombreux canards qui décollent par vagues successives pour rejoindre les champs où ils vont se nourrir. Alors que les derniers sifflements d'ailes s'estompent dans l'obscurité, en lisière de la phragmitaie, un héron miniature au chaud plumage ocre attend au ras de l'eau : immobile, tassé sur lui-même, ses yeux orangés fixes, le blongios nain décoche soudain un violent coup de bec en direction d'une libellule. L'insecte est happé dans un mouvement de gorge, puis l'oiseau retourne discrètement sous le couvert en faisant bruisser les roseaux.

Découvert ou se sentant menacé, le blongios nain se fige, le bec pointé à la verticale et les plumes collées contre le corps ; persuadé de l'efficacité de son camouflage, il se laisse approcher ; surveillant le danger de ses yeux exorbités, il ne s'envole qu'au dernier moment. Mais s'il est trop tard pour fuir, il essaie de frapper les yeux du prédateur ou de l'adversaire en lui assenant un coup de bec terrible, d'une rare précision.

Grands migrateurs nocturnes, les blongios nains quittent l'Europe dès le mois d'août pour rejoindre les marais d'Afrique tropicale et méridionale. Les mâles reviennent les premiers, en avril et en mai, pour délimiter leur territoire à l'aide de leur chant, tout en chassant et en poursuivant les intrus de leur vol souple et lent.

Sur le terrain : petit héron de la taille d'une tourterelle, au plumage contrasté.
Plumage : la femelle est plus terne et plus brune que le mâle. Les jeunes ressemblent à leur mère mais sont plus sombres et plus rayés.
Nourriture : le blongios nain consomme surtout des poissons, des grenouilles et des insectes. Il complète ce régime par des mollusques, des vers, des araignées, des œufs, des poussins et des petits mammifères.
Site du nid : il s'installe dans les roseaux, parfois dans les branches basses d'un buisson, à une distance allant de 5 m à 15 m du rivage.
Nid : le mâle construit une ébauche de nid en forme de cône, entre 20 cm et 60 cm au-dessus de l'eau ; la femelle achève la construction avec des roseaux secs et des brindilles.
Nichée : de 4 à 9 œufs blancs, mats et rugueux, sont pondus entre le mois de mai et la mi-juillet, et couvés de 17 à 19 jours par le couple. 1 ponte annuelle. Nidicole. Quitte le nid entre le 25e et le 30e jour.
Longueur : 37 cm.
Poids : de 64 g à 170 g.
Longévité : peut atteindre 5 ans.

Ci-dessus : blongios nain femelle.

Ci-contre : grande aigrette en plumage internuptial. Cette espèce habite les lacs et les étangs d'Europe centrale et du Sud-Est. Sédentaire ou migratrice partielle, elle se déplace vers l'ouest du continent d'octobre à décembre ; les retours ont lieu en mars et en avril.

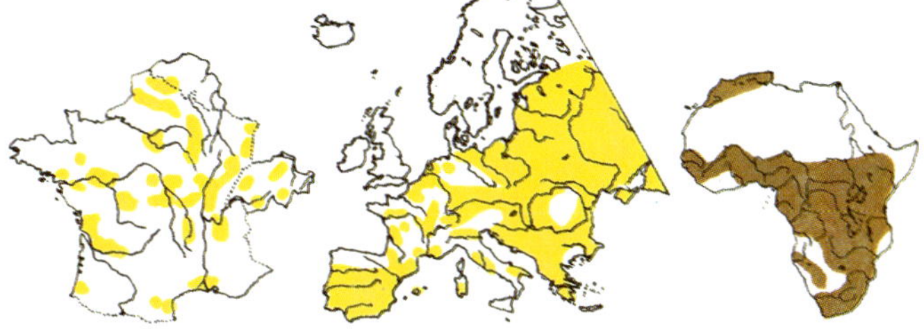

En vert : sédentaire. En marron : visiteur d'hiver. En jaune : visiteur d'été.

Héron cendré

Ardea cinerea

Marchant près du rivage, de l'eau jusqu'au ventre, le héron avance à pas mesurés, le cou porté à l'oblique et la tête bien horizontale. La dignité de sa démarche est remarquable. Attentif, il ralentit, écoute, fixe de ses yeux jaunes un poisson qui nage entre deux eaux, puis il reprend sa marche quelques instants et s'arrête à nouveau. Une brusque détente du cou, un violent coup de bec : une grenouille est harponnée, lancée en l'air et ingurgitée. Après un mouvement de gorge, l'oiseau déplie ses larges ailes gris et noir, bondit deux ou trois fois pour s'élancer et s'envole rejoindre la colonie à grands coups de rames nonchalants, la tête rentrée dans les épaules.

Bientôt, le héron arrive en vue d'un groupe de peupliers. En haut des arbres, une quinzaine de plates-formes sont gardées par les grands oiseaux clairs. Exécutant d'étranges mimiques ponctuées de sons gutturaux, les uns pointent le bec vers le ciel, le cou tendu vers l'arrière, exhibant leurs épaules noires et les plumes lancéolées de leur plastron. D'autres dressent leur huppe, ailes entrouvertes et plumage gonflé, projetant le cou dans la direction d'un intrus. Tout au long de la reproduction, la colonie est le théâtre de multiples cérémonies entre partenaires et couples ; celles-ci maintiennent le bon fonctionnement du groupe.

En principe migrateur partiel, le héron cendré peut atteindre l'Afrique et, exceptionnellement, les Antilles. Ses mouvements nocturnes, qui débutent en août, le conduisent vers l'ouest ou le sud, là où les pièces d'eau ne sont pas gelées.

Ci-dessus : deux superprédateurs de poissons, le pêcheur et le héron cendré.

Ci-contre : spatule blanche. Cette espèce niche aux Pays-Bas, dans le sud-est de l'Europe et à la pointe de l'Espagne. Grande migratrice, elle quitte le continent d'août à octobre pour rejoindre l'Afrique tropicale et revient de mars à mai. Le bec aplati de l'oiseau, très élargi à son extrémité (en forme de cuillère), lui permet de balayer la surface de l'eau, les mandibules se refermant sur les proies animales rencontrées.

Sur le terrain : grand héron « au long bec emmanché d'un long cou ».
Plumage : les deux sexes sont identiques. Les jeunes ont une livrée plus terne que celle des adultes et n'ont pas les longues plumes effilées de la nuque et de la poitrine.
Nourriture : le héron cendré consomme surtout des poissons, vivants ou morts, des petits mammifères et des grenouilles. Il ajoute à cette alimentation des insectes, des reptiles, des vers, des mollusques.
Site du nid : ils s'installent en colonies, sur de grands arbres situés près de milieux humides, plus rarement dans une roselière.
Nid : entre 15 m et 25 m, la femelle construit une plate-forme avec des branches et des brindilles, puis elle la tapisse d'herbes et de feuilles.
Nichée : de 4 à 10 œufs lisses, mats, bleu pâle, sont pondus entre le début du mois de mars et mai, et couvés 25 ou 26 jours par le couple. 1 ou 2 pontes annuelles. Nidicole. Quitte le nid entre le 42ᵉ et le 55ᵉ jour.
Longueur : 90 cm.
Poids : de 1,200 kg à 2,300 kg.
Longévité : peut atteindre 25 ans.

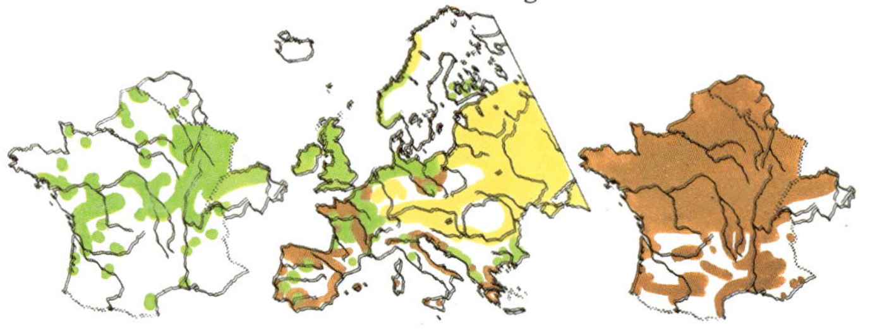

En vert : sédentaire. En marron : visiteur d'hiver. En jaune : visiteur d'été.

Sarcelle d'hiver

Anas crecca

En cette journée grise et brumeuse de février, un héron cendré pêche au bord de l'étang, quelques colverts cancanent sur l'eau non gelée, et une troupe de tarins s'égaille dans les aulnes avec d'incessants appels métalliques. Au bout de la pièce d'eau, de grands saules ceinturent un ensemble de petites mares dont la surface est encombrée par une forêt de roseaux secs.

Au sein des hampes cassantes et jaunies des phragmites, de minuscules canards à la tête roux et vert, au cou rentré dans les épaules, nagent à l'abri de la végétation en lançant par moments de doux appels musicaux. Inquiétée, la troupe bondit aussitôt hors de l'eau, s'élève dans le ciel avec légèreté et à grande vitesse, frôle la cime des arbres dans un large demi-cercle puis disparaît derrière le bois.

En automne, les sarcelles d'hiver pataugent sur les vasières où elles palpent la boue onctueuse de leur bec sensible afin d'en extraire la petite faune d'invertébrés dont elles sont friandes. Très grégaire en automne et en hiver, cette espèce peut rassembler sur des sites favorables plusieurs centaines d'individus ou même des milliers. En revanche, au printemps, les couples se dispersent et rejoignent isolément leurs sites de nidification.

Migratrices nocturnes partielles, les sarcelles d'hiver se déplacent dès la fin du mois de juillet et jusqu'en novembre. Toutefois, lors des vagues de froid, les hivernants sont obligés de partir vers des régions où les plans d'eau ne sont pas gelés. Les retours s'échelonnent de la mi-février à mai.

Sur le terrain : canard miniature à la tête roux et vert, et à la queue jaune bordé de noir. Miroir alaire vert.
Plumage : les femelles sont brunâtres. Les jeunes ressemblent à leur mère mais ils sont plus tachetés de brun.
Nourriture : surtout végétarienne, la sarcelle d'hiver consomme les graines et les parties végétales des plantes aquatiques auxquelles elle ajoute des petits animaux trouvés dans la vase.
Site du nid : elle s'installe dans la queue d'un étang ou dans un marais, entre les joncs ou les carex, parfois loin de l'eau.
Nid : la femelle tasse avec son corps les herbes d'une grosse touffe et tapisse de brins secs la dépression ainsi formée.
Nichée : de 6 à 12 œufs ivoire-crème sont pondus de la fin du mois d'avril à la fin du mois de mai et couvés de 21 à 23 jours par la femelle. 1 ponte annuelle. Nidifuge. Vole entre le 22ᵉ et le 24ᵉ jour.
Longueur : de 30 cm à 33 cm.
Poids : mâle, de 257 g à 440 g ; femelle, de 270 g à 330 g.
Longévité : peut atteindre 21 ans.

Ci-dessus : sarcelle d'hiver mâle.

En bas, à gauche : jeune canard chipeau. Le miroir alaire blanc, ici bien visible, est un bon critère de reconnaissance.

Aire de reproduction — Aire de reproduction et d'hivernage — Aire d'hivernage

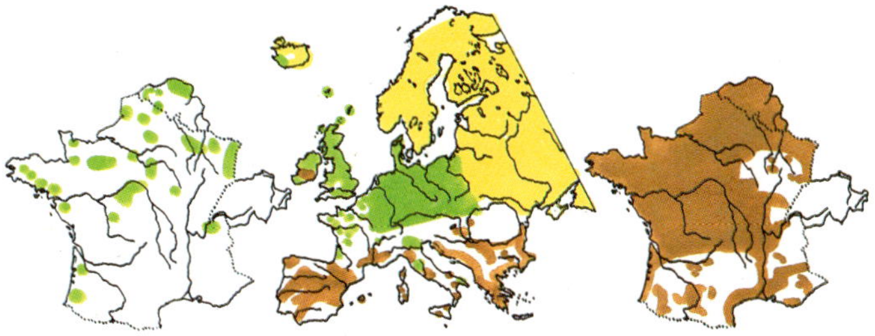

En vert : sédentaire. En marron : visiteur d'hiver. En jaune : visiteur d'été.

Canard souchet

Anas clypeata

Au mois de juin, les ceintures végétales de l'étang sont le plus luxuriantes et c'est parmi quelques touffes de joncs, là où l'eau est peu profonde, qu'un curieux canard barbote, le cou à l'horizontale.

Très richement paré, le canard souchet a un bec extraordinaire : outil sensible, c'est à la fois un filtre, une pompe et une drague. Muni de nombreuses fibres nerveuses, il possède, le long des mandibules, des lamelles serrées et très fines qui jouent le même rôle que les fanons d'une baleine, lui permettant de retenir les particules comestibles et de rejeter les autres. Ainsi, le canard souchet filtre inlassablement l'eau et la vase à la recherche du plancton en suspension.

Lors des parades nuptiales, plusieurs mâles entourent les femelles en effectuant des figures circulaires qui se resserrent progressivement autour des canes, puis ils rejettent brusquement la tête vers l'arrière. Lorsque le couple est formé, les deux partenaires nagent côte à côte, se saluant réciproquement en un court menuet. Puis, une fois que la femelle a pondu, le mâle devient très vigilant et se tient à proximité du nid afin de détourner l'attention d'un éventuel prédateur qui mettrait en danger la couvée.

Migrateur partiel, le canard souchet quitte les zones de reproduction dès le mois de juillet pour gagner des contrées plus méridionales. La majeure partie des migrateurs est observée en octobre et en novembre ; certaines populations se déplaçent jusqu'en Afrique tropicale.

Sur le terrain : canard de surface très coloré, au long bec en forme de spatule. Miroir alaire vert.
Plumage : la femelle est entièrement brun roussâtre avec des taches foncées. Les jeunes ressemblent à leur mère, mais ils sont encore plus tachetés. Plumage d'éclipse de juillet à novembre.
Nourriture : surtout végétarien, le canard souchet consomme les graines, les pousses et les bourgeons des plantes aquatiques et des algues, des mollusques, des petits crustacés et des insectes.
Site du nid : il s'installe dans la végétation des marais et des rives des étangs, surtout dans les prairies sèches, entre les herbes et les joncs.
Nid : la femelle garnit un creux assez profond du sol avec des brins d'herbes et son duvet.
Nichée : de 6 à 12 œufs pâles, jaune olivâtre, blanc-crème ou gris-vert, sont pondus de la fin du mois de mars à mai, et couvés de 23 à 25 jours par la femelle.
1 ponte annuelle.
Nidifuge. Vole entre le 52e et le 56e jour.
Longueur : 43 cm.
Poids : mâle, de 460 g à 850 g ; femelle : 670 g.
Longévité : peut atteindre 21 ans.

Aire de reproduction — Aire de reproduction et d'hivernage — Aire d'hivernage

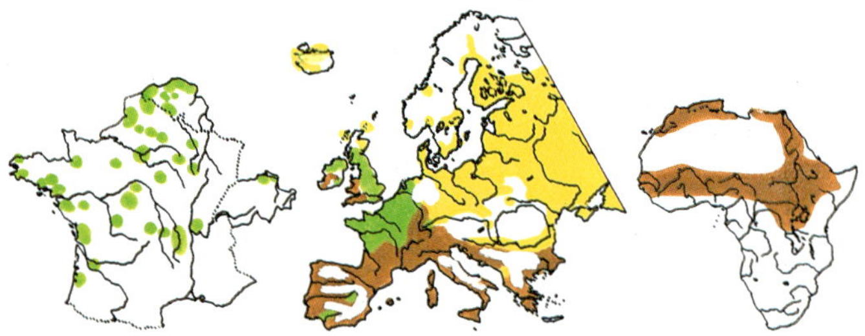

En vert : sédentaire. En marron : visiteur d'hiver. En jaune : visiteur d'été.

Ci-dessous : canard souchet mâle.

Canard colvert

Anas platyrhynchos

Au bord du grand lac, la vaste roselière jaunie par le temps s'étale à perte de vue, les panaches des phragmites frémissant sous les assauts répétés des vents d'automne. Cette jungle aquatique, qui dissimule une vie intense insoupçonnée, étouffe les cris et les derniers chants de la saison. Mais, le soir venu, l'activité de ce monde secret s'intensifie, les craintes se dissipent au fur et à mesure que l'obscurité tombe et des silhouettes se dégagent peu à peu de la masse végétale. Poules d'eau et râles lancent alors leurs cris retentissants tandis qu'un héron perdu dans les ténèbres déchire de sa voix nasillarde la rumeur sourde des clapotis et des bruissements des plantes.

Le ciel tout à l'heure rougeoyant s'assombrit très vite et, en quelques instants, il fait presque nuit. Un à un ou par petits groupes, des canards colverts jaillissent des roseaux, s'élèvent rapidement de leur vol puissant et bruyant puis disparaissent à l'horizon pour rejoindre les champs, les bois et les marais où ils vont se nourrir.

Peu difficile sur le choix de son habitat, l'ancêtre de nos canards domestiques, bien connu pour ses cancanements, s'installe indifféremment dans les milieux d'eau douce ou saumâtre ; il pénètre même dans les agglomérations où il égaie les pièces d'eau des parcs et des jardins.

Migrateurs partiels, les canards colverts du nord et de l'est de l'Europe migrent d'octobre à décembre vers l'ouest du continent. Les oiseaux occidentaux sont relativement sédentaires. Les retours s'échelonnent de février à avril.

Sur le terrain : grand canard au bec coloré, peu farouche dans les agglomérations.
Plumage : le mâle a la tête verte, un bec jaune et un collier blanc à la base du cou. La femelle est brune avec le bec en partie orangé. Les jeunes sont comme leur mère, mais plus tachetés, leur bec est noir. Plumage d'éclipse en juin et en juillet. Miroir alaire bleu.
Nourriture : le canard colvert cherche les pousses et les graines des végétaux aquatiques ainsi que des escargots, des têtards et des petits poissons. Il y ajoute des insectes et leurs larves, des crustacés.
Site du nid : il s'installe sur le sol, dans la végétation aquatique ou dans un trou d'arbre ; en ville, il s'installe dans une ruine ou dans un buisson.
Nid : la femelle construit une coupe de végétaux qu'elle garnit de feuilles, d'herbes, de duvet et de plumes.
Nichée : de 8 à 12 œufs allant du bleu pâle au gris-vert sont pondus de mars à mai et couvés de 26 à 29 jours par la femelle. 1 ou 2 pontes annuelles. Nidifuge. Vole vers le 55e jour.
Longueur : de 45 cm à 55 cm.
Poids : mâle, de 850 g à 1,400 kg ; femelle, de 700 g à 1,300 kg.
Longévité : peut atteindre 41 ans.

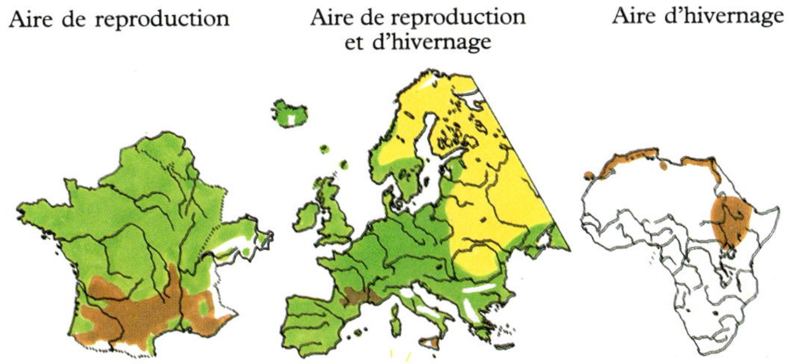

En vert : sédentaire. En marron : visiteur d'hiver. En jaune : visiteur d'été.

Ci-dessus : canard colvert mâle. En hiver, des oiseaux sauvages se joignent aux individus semi-domestiques des pièces d'eau urbaines.

Au centre : canard colvert femelle.

En bas : cygne tuberculé.

Fuligule milouin

Aythya ferina

En haut, à droite : fuligule milouin mâle immature.

Ci-dessous : fuligule milouin mâle.

Somnolant en bordure de la roselière, une troupe de fuligules milouins se laisse porter paresseusement par les eaux peu profondes de l'étang. La tête rousse et le dos finement chiné des mâles attirent le regard, alors que les femelles, plus ternes, passent inaperçues dans le paysage palustre.

En fin d'après-midi, lorsque la nuit commence à tomber, le groupe s'agite et s'éparpille. Les plongeons se succèdent à un rythme endiablé ; agitant l'eau en tous sens, les oiseaux disparaissent de vingt à trente secondes, puis émergent çà et là, le bec embarrassé de végétaux aquatiques dégoulinants. Aux premières lueurs du jour, les derniers clapotis viennent mourir sur les hampes des roseaux jaunis et, après s'être rassemblés, les milouins tombent progressivement dans une « torpeur » vigilante.

Comme tous les canards plongeurs, cette espèce est adaptée pour se mouvoir dans l'eau ; en revanche, les déplacements terrestres sont laborieux, tout comme les décollages. Mais, une fois dans les airs, le vol est rapide et puissant.

Dès la fin du mois d'août, de petites troupes venant du nord-ouest de l'Europe occupent les plans d'eau de l'ouest du continent où elles hiverneront. A cette époque, on peut observer des rassemblements sur les pièces d'eau urbaines où les canards viennent le jour se reposer et parfois se nourrir.

Sur le terrain : canard plongeur au cou et à la tête brun-rouge.
Plumage : la femelle est brune avec le dessous gris-blanc tacheté de brun et le bec plus terne que celui du mâle. Les jeunes ressemblent à la femelle mais avec le dessous plus tacheté.
Plumage d'éclipse de juillet à octobre.
Nourriture : surtout végétarien, le fuligule milouin consomme des plantes aquatiques dont il va chercher les feuilles et les racines entre 1 m et 4 m de profondeur.
Il ajoute à ce régime des graines, des petits crustacés et des mollusques, des vers, des insectes, des petites grenouilles et des poissons.
Site du nid : il s'installe au milieu des formations végétales qui avancent dans les étangs, là où l'eau est peu profonde.
Nid : le couple construit un amas avec des feuilles et des tiges au centre duquel il creuse une dépression garnie de matériaux fins. La structure flotte ou repose sur un soubassement de végétaux inondés.
Nichée : de 6 à 12 œufs allant du gris verdâtre au gris jaunâtre sont pondus de la mi-avril à juin et couvés de 23 à 26 jours par la femelle. 1 ponte annuelle. Nidifuge. Vole entre le 58e et le 62e jour.
Longueur : 40 cm.
Poids : de 750 g à 1,250 kg.
Longévité : peut atteindre 11 ans.

Aire de reproduction — Aire de reproduction et d'hivernage — Aire d'hivernage

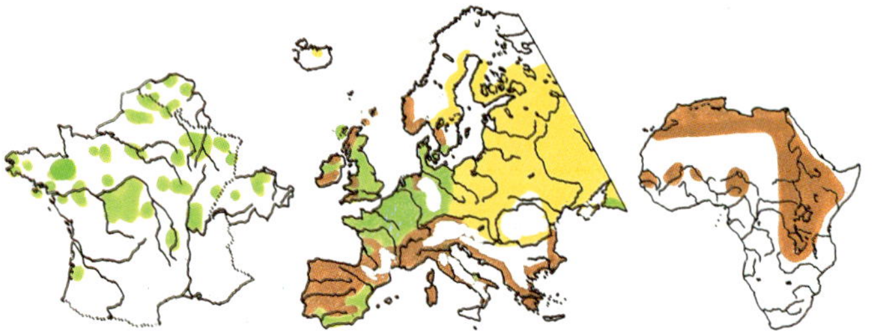

En vert : sédentaire. En marron : visiteur d'hiver. En jaune : visiteur d'été.

Foulque macroule

Fulica atra

Tête sortie hors de l'eau et corps immergé, un ragondin avance dans un sillon argenté en direction de sa hutte sur laquelle une mouette rieuse, la tête encapuchonnée de brun-chocolat, remet de l'ordre dans son plumage. A proximité de cette volumineuse structure de roseaux cassés, de branches sèches et de végétaux pourrissants, nage un oiseau couleur de suie, la tête rentrée dans les épaules et le cou animé d'un va et vient régulier. Mais, surgissant de derrière une touffe de laîches, une autre foulque s'approche de son congénère, très excitée. Les plumes gonflées, les ailes relevées au-dessus du dos, la courte queue dressée et le cou tendu posé sur l'eau montrent toute la détermination du mâle à défendre son territoire. Nullement intimidé par cette manifestation agressive, l'adversaire adopte la même position, rendant alors l'affrontement inévitable, et c'est dans une gerbe d'éclaboussures que les protagonistes se jettent l'un contre l'autre. Poitrine contre poitrine, ils s'empoignent par les pattes, battant des ailes pour maintenir leur équilibre. Pendant quelques secondes, les jouteurs essaient de se basculer vers l'arrière, puis l'un des oiseaux prend le dessus et poursuit le vaincu au ras de l'eau en courant à la surface.

Migratrices partielles nocturnes, les foulques d'Europe centrale arrivent à l'ouest du continent de septembre à novembre. Certains individus poursuivent même jusqu'en Afrique du Nord, plus rarement au-delà du Sahara. Les retours s'échelonnent de la mi-février à avril. Les populations méridionales semblent sédentaires.

Sur le terrain : la foulque macroule a l'aspect d'un canard noir au bec blanc.
Plumage : les deux sexes sont identiques. Les jeunes sont brunâtres avec du blanc grisâtre sur la tête, le cou et la gorge. Leur plaque frontale est petite et leur bec sombre.
Nourriture : elle cherche des plantes aquatiques, mais consomme aussi des graines, des mollusques, des insectes, des têtards, des petits poissons et même des œufs d'oiseau.
Site du nid : elle s'installe dans la végétation aquatique des marais, des étangs et des cours d'eau lents.
Nid : la femelle construit une coupe flottante, très volumineuse, avec des feuilles et des tiges qu'elle tasse en les piétinant. L'intérieur est garni de brins plus fins.
Nichée : de 6 à 10 œufs allant du crème à l'ivoire, piquetés de roux, sont pondus entre avril et juin, et couvés de 21 à 24 jours par le couple.
1 ou 2 pontes annuelles.
Nidifuge.
Vole entre le 55e et le 60e jour.
Longueur : 37 cm.
Poids : 750 g.
Longévité : peut atteindre 18 ans.

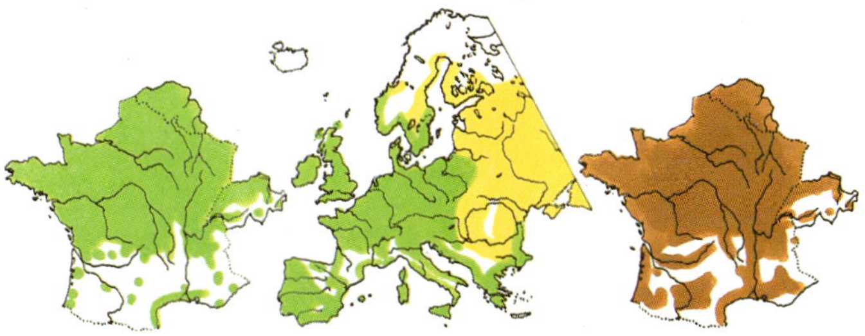

En vert : sédentaire. En marron : visiteur d'hiver. En jaune : visiteur d'été.

Ci-dessus : foulque macroule femelle couvant ses œufs.

En bas, à gauche : foulque macroule. Cette espèce apparaît sur les lacs et les fleuves des villes à partir de la mi-septembre puis les quitte vers la fin du mois de mars.

Poule d'eau

Gallinula chloropus

En haut, à droite : nidifuges, les poussins de poule d'eau naissent couverts de duvet et les yeux ouverts ; après quelques heures, ils sont déjà prêts à prendre leur premier bain.

Ci-dessous : poule d'eau.

Page de droite
En haut : râle d'eau.
En bas : marouette ponctuée. Ce petit râle niche dans les marais et les prairies marécageuses. Grande migratrice, la marouette ponctuée quitte le continent en août et en septembre pour hiverner en Afrique ; quelques individus restent en Europe. Les retours ont lieu en avril et en mai.

En bordure d'un massif de roseaux, un coup de trompette sonore retentit : bientôt, son auteur apparaît, suivi de quatre petites boules de duvet noir au bec rouge. Avançant prudemment sur la végétation flottante, la poule d'eau pose délicatement ses longs doigts flexibles, inspectant les alentours à chaque pas. Perpétuellement inquiète, elle agite sa queue relevée, laissant admirer le joli dessin blanc et noir du dessous. Au moindre bruit suspect, l'oiseau et sa progéniture s'éclipsent dans l'épaisseur du couvert, se faufilant prestement entre les herbes aquatiques.

Parcourant les rivages des étangs et des lacs, les poules d'eau s'aventurent en compagnie de foulques macroules dans les prairies inondées et dans les champs, à la recherche d'herbes, de pousses, de grains et de diverses bestioles qu'elles extirpent du sol. Dans les marais, elles broutent les plantes palustres ou cueillent à la nage les petites lentilles d'eau et les fleurs de renouée qui flottent à la surface.

Les capacités d'adaptation de l'espèce lui ont permis de s'installer sur les pièces d'eau des grandes agglomérations ; moins farouches que dans leur habitat naturel, les poules d'eau ne dédaignent pas le pain jeté par les promeneurs.

Migratrices nocturnes partielles, les poules d'eau se déplacent en fonction des aléas climatiques, de septembre à novembre, et rejoignent les régions du pourtour méditerranéen ; d'autres poursuivent leur route au-delà du Sahara. Les retours s'échelonnent en mars et en avril.

Sur le terrain : oiseau aquatique sombre de la taille d'un pigeon, avec un bec rouge et jaune. La queue est toujours relevée, montrant les plumes blanches du dessous.
Plumage : les deux sexes sont identiques. Les jeunes sont bruns, ont la gorge blanchâtre et le bec et la plaque frontale colorés de brun et non de rouge comme ceux des adultes.
Nourriture : la poule d'eau cherche dans l'eau, ou à proximité, des plantes aquatiques, des céréales, des fruits et des graines. Elle consomme aussi des mollusques, des têtards, des poissons et des œufs.
Site du nid : elle s'installe sur le sol ou dans la végétation inondée, plus rarement dans un buisson.
Nid : le couple construit une plate-forme volumineuse avec des végétaux, puis il la garnit d'une litière de feuilles et d'herbes fines.
Nichée : de 5 à 11 œufs crème, tachetés et piquetés d'acajou ou de brun-noir, sont pondus d'avril à juin et couvés de 19 à 22 jours par le couple. 1 ou 2 pontes annuelles. Nidifuge. Vole entre le 40e et le 50e jour.
Longueur : 32 cm.
Poids : 250 g.
Longévité : peut atteindre 15 ans.

Aire de reproduction — Aire de reproduction et d'hivernage — Aire d'hivernage

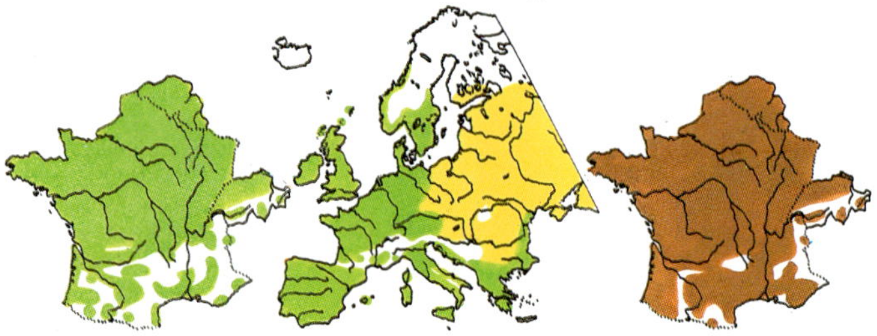

En vert : sédentaire. En marron : visiteur d'hiver. En jaune : visiteur d'été.

Râle d'eau

Rallus aquaticus

Une voix surprenante éclate brusquement entre les grandes herbes du marécage, bientôt suivie d'un écho à quelques dizaines de mètres de là. Les « chanteurs » demeurent invisibles mais les séries de cris perçants retentissent un peu partout dans le marais, allant decrescendo pour s'achever en grognements sourds.

Vif, nerveux et insociable, le râle d'eau est un étrange oiseau aux mœurs discrètes et crépusculaires. C'est en hiver qu'on a le plus de chance de le voir s'aventurer à découvert, marchant sur la vase noire en de grandes enjambées prudentes. Son long bec rouge pointé vers le sol, il pique çà et là quelques graines et des insectes. A la moindre alerte, il disparaît sous les roseaux couchés, empruntant d'étroits corridors où il se faufile en courant, la queue relevée. Pressé par un prédateur, il s'envole dans un essor vertical, les pattes pendantes, et traverse difficilement une mare avant de se laisser choir dans les hautes herbes où il s'éclipse.

Malgré sa répugnance à voler, le râle d'eau effectue des déplacements nocturnes qui le mènent parfois jusqu'en Afrique du Nord. En règle générale, l'espèce quitte les milieux humides d'Europe du Nord lorsqu'ils sont pris par les glaces, et rejoint alors l'ouest et le sud du continent.

Sur le terrain : de la taille d'une petite tourterelle, le râle, juché sur de hautes pattes, a un corps élancé. Son bec est long et rouge, sa queue est courte, en pointe. Cris caractéristiques.
Plumage : les deux sexes sont identiques. Les jeunes ont la tête et le cou tachetés de beige et de brun, avec le menton et la gorge blanchâtres, et le bec brun. Leurs flancs gris sont barrés de jaunâtre.
Nourriture : le râle d'eau consomme surtout des insectes aquatiques, des petits mollusques, des vers, des sangsues, des crustacés et des araignées. Il complète ce régime par des grenouilles, des petits poissons et des animaux morts ou blessés.
Site du nid : il s'installe en queue d'étang, le long d'un cours d'eau, dans un marais, au cœur d'une touffe de laîches, de roseaux ou de rameaux de saule.
Nid : il prépare une cuvette en pliant des herbes vers le centre d'une touffe, puis il tapisse l'intérieur de feuilles mortes mouillées, de roseaux...
Nichée : de 7 à 10 œufs allant du blanc léger au crème pâle, légèrement tachetés de brun-rouge et de gris cendré, sont pondus de la fin du mois d'avril à la fin du mois de juin et couvés de 19 à 22 jours par le couple. 1 ou 2 pontes annuelles. Nidifuge. Vole entre le 49e et le 56e jour.
Longueur : 28 cm.
Poids : mâle, de 105 g à 160 g ; femelle, de 88 g à 125 g.
Longévité : peut atteindre 6 ans.

Aire de reproduction — Aire de reproduction et d'hivernage — Aire d'hivernage

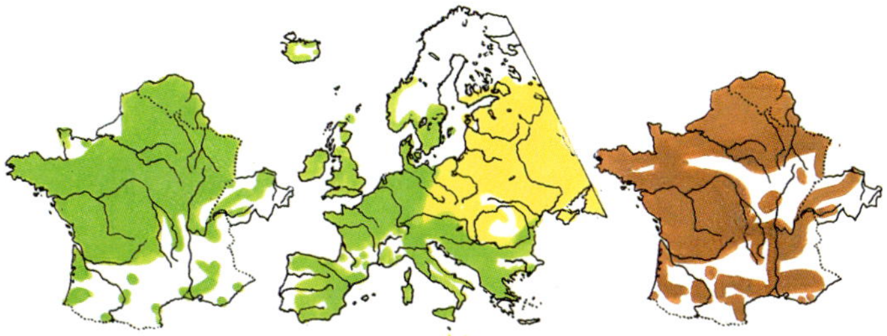

En vert : sédentaire. En marron : visiteur d'hiver. En jaune : visiteur d'été.

Petit gravelot

Charadrius dubius

En haut, à droite : petit gravelot en plumage nuptial couvant ses œufs.

Ci-dessous : petit gravelot immature.

Sur un banc d'alluvions, là où les crues maintiennent le sol libre de végétation, un petit échassier de la taille d'une alouette trottine entre les galets charriés par le cours d'eau. Immobile, le petit gravelot passe inaperçu, son plumage fauve, blanc et noir se fondant à merveille dans l'environnement minéral ; seuls son activité et ses sifflements d'excitation témoignent de sa présence.

En ce début d'avril, le couple vient de prendre possession d'un îlot d'oû le mâle s'élance pour exécuter la parade nuptiale : en rase-mottes au-dessus de son territoire terrestre et aquatique, il pivote alternativement d'un flanc sur l'autre puis décrit des arabesques ponctuées de cris. Une fois posé, l'oiseau se déplace rapidement auprès de sa partenaire, la tête rentrée, la gorge hérissée et le torse bombé pour exhiber son poitrail immaculé.

Grands migrateurs nocturnes, les petits gravelots commencent leurs déplacements à la mi-juillet et les poursuivent jusqu'en septembre. Quelques individus isolés hivernent en Europe, surtout autour du bassin méditerranéen, mais la plupart des effectifs se rendent au-delà du Sahara. La remontée culmine entre la mi-avril et le début du mois de mai pour s'achever les premiers jours de juin.

Sur le terrain : petit échassier bicolore à la tête ronde bariolée, avec le bec noir à pointe jaune, le cercle orbital jaune citron et les pattes rose brunâtre. Il ne possède pas la barre alaire blanche que l'on distingue chez le grand gravelot lorsqu'il vole.
Plumage : les deux sexes sont identiques. En automne, les dessins de la tête s'estompent et la barre pectorale devient brune. La livrée des jeunes ressemble à celle des adultes, mais en plus flou et avec le collier de la poitrine incomplet.
Nourriture : surtout insectivore, le petit gravelot consomme des proies mobiles comme les insectes coléoptères ; il cherche aussi des larves de diptères, des fourmis, des araignées et parfois des petits mollusques, des crustacés et des vers.
Site du nid : il s'installe à découvert sur des îlots, des bancs d'alluvions de rivière, de lagune, de grève de bord de mer, de sablière...
Nid : une cuvette d'environ 10 cm de diamètre et de 2 cm à 3 cm de profondeur est aménagée entre les cailloux ou les coquillages.
Nichée : de 3 à 5 œufs jaunes ou gris jaunâtre, pointillés de gris cendré et ponctués de brun-noir, sont pondus de la fin du mois d'avril à la fin du mois de mai et couvés par le couple de 22 à 28 jours. Nidifuge.
1 ou 2 pontes annuelles.
Vole vers le 21ᵉ jour.
Longueur : 15 cm.
Poids : de 30 g à 54 g.
Longévité : peut atteindre 10 ans.

Aire de reproduction — Aire de reproduction et d'hivernage — Aire d'hivernage

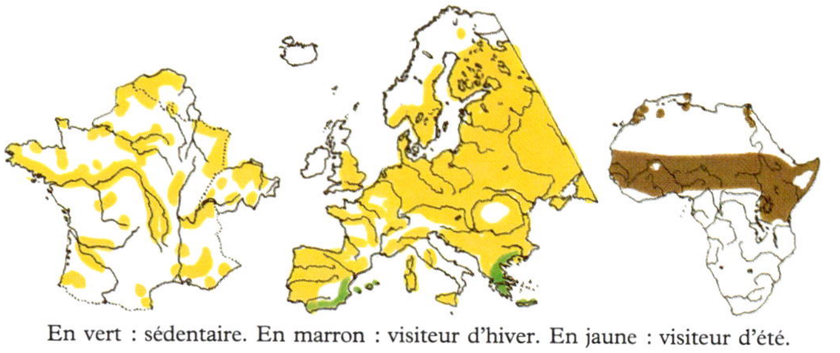

En vert : sédentaire. En marron : visiteur d'hiver. En jaune : visiteur d'été.

Vanneau huppé

Vanellus vanellus

En cette fin de mars, la prairie est encore bien inondée. Quelques charolaises broutent nonchalamment l'herbe mouillée, se déplaçant avec peine sur la terre détrempée. Parmi les touffes de joncs bordant le ruisseau, un vanneau huppé trottine rapidement sur plusieurs mètres, s'arrête brusquement, se redresse, la huppe à la verticale, puis enfonce le bec dans la terre humide avant de reprendre sa course entre les herbes.

Virtuose des airs, le vanneau maîtrise les acrobaties les plus folles grâce à ses grandes ailes larges. C'est pendant les parades nuptiales qu'il exécute les ballets aériens chantés les plus spectaculaires : il décolle, battant lentement des ailes au ras du sol, puis accélère la cadence tout en prenant de l'altitude, se tourne d'un flanc sur l'autre, montrant alternativement son dos foncé et son ventre argenté. Après avoir effectué cette figure à plusieurs reprises, il s'élève brusquement en chandelle, se stabilise quelques secondes, puis entame une descente vertigineuse sur le dos, redressant sa trajectoire au dernier moment pour repartir dans un vol papillonnant. A chaque battement ample de l'oiseau, le frottement sur l'air de ses ailes larges et arrondies provoque un bruit qui rappelle celui que faisait le van du paysan, lorsque celui-ci agitait le panier pour séparer les poussières du grain.

En février et en mars, d'importantes troupes de vanneaux quittent les champs labourés et remontent vers le nord pour rejoindre les sites de nidification. Migrateur partiel, il fuit le gel et la neige, se déplaçant de novembre à janvier vers l'ouest et le sud de l'Europe, et en direction du Maghreb. Les vanneaux s'installent l'hiver, en général, dans des régions dont l'isotherme minimum est de 2,5 °C en janvier.

Sur le terrain : échassier de la taille d'un pigeon, au manteau vert irisé de pourpre et à la huppe érigée.
En vol, les ailes sont larges et arrondies.
Plumage : la femelle n'a pas la gorge noire du mâle et sa huppe est plus courte. En hiver, les mâles ont le même plumage que les femelles. Les jeunes ont le dessus terne, avec des lisérés brun-roux et leur huppe est très courte.
Nourriture : insectivore, le vanneau huppé consomme des larves d'insectes coléoptères, orthoptères, diptères, des chenilles de papillons, des fourmis. Il ajoute à cette alimentation des araignées, des myriapodes, des mollusques, de nombreux vers et recherche aussi des algues.
Site du nid : il s'installe dans une prairie humide, le plus souvent pâturée, dans un labour...
Nid : le mâle prépare une cuvette sur une touffe de végétaux émergeant de l'eau ou sur une butte ; la femelle la garnit avec des herbes sèches et des brindilles grossièrement disposées.
Nichée : de 3 à 6 œufs jaunâtres, olivâtres ou rougeâtres, tachés de noir, sont pondus de la fin du mois de février au mois de juin et sont principalement couvés par la femelle de 24 à 31 jours.
1 ponte annuelle. Nidifuge.
Vole entre le 30ᵉ et le 40ᵉ jour.
Longueur : 30 cm.
Poids : de 104 g à 280 g.
Longévité : peut atteindre 20 ans.

Aire de reproduction — Aire de reproduction et d'hivernage — Aire d'hivernage

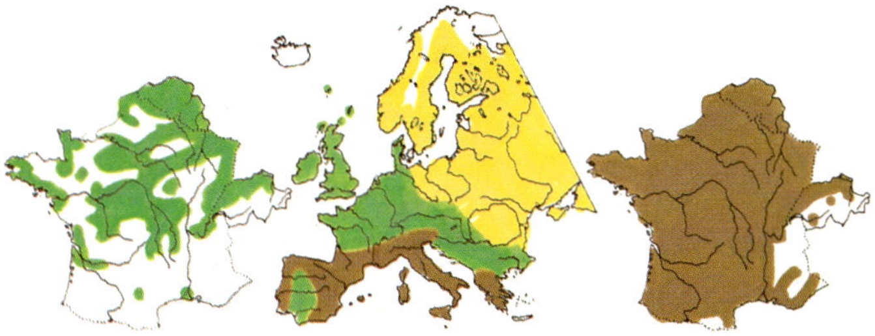

En vert : sédentaire. En marron : visiteur d'hiver. En jaune : visiteur d'été.

Ci-contre : vanneau huppé en plumage internuptial.

Bécassine des marais

Gallinago gallinago

Le brouillard de cette matinée de septembre plonge l'étang et le marais dans une ambiance humide et ouatée. Le long de la roselière, sur la vasière exondée par les basses eaux d'automne, de petites silhouettes rondelettes, au bec démesurément long, marchent prudemment dans la vase. De l'eau à mi-cuisse, les bécassines plongent régulièrement et méticuleusement leur bec dans le substrat mou. Après plusieurs coups de sonde, une proie est repérée grâce à l'extrême sensibilité des mandibules, puis attrapée du bout du bec et enfin aspirée sans que celui-ci soit sorti du sol.

Dotés d'une vision panoramique exceptionnelle, ces petits échassiers repèrent bien vite les prédateurs ; inquiets, ils s'accroupissent, bec pointé vers le sol, pattes tendues comme des ressorts, prêts au décollage. Si la menace se précise, les bécassines s'envolent alors en zigzaguant dans un concert de cris rêches.

Le printemps venu, les mâles effectuent leur parade nuptiale : ils décrivent alors de grands cercles et plongent brusquement à 45 degrés vers le sol, en émettant un « chevrotement ». Ce son étrange est, en fait, produit par le frottement de l'air sur les plumes externes de la queue qui sont tenues très écartées. La cérémonie se termine à terre, le mâle posé près de la femelle.

Migratrices nocturnes partielles, les bécassines migrent d'août à décembre. Les quartiers d'hiver sont situés à l'ouest de l'Europe et, quand les périodes de froid gèlent les milieux humides, ils peuvent s'étendre autour du bassin méditerranéen. Les retours ont lieu de février à la mi-mai.

Sur le terrain : petit échassier de la taille du merle. Le bec a une longueur égale au tiers de celle du corps.
Plumage : les deux sexes sont identiques.
Nourriture : la bécassine des marais consomme des insectes et des larves aquatiques — tipules, phryganes, éphémères, fourmis. Elle y ajoute des vers, des sangsues et des petits mollusques, et cherche aussi des graines et des fragments de végétaux.
Site du nid : elle s'installe au milieu des laîches ou d'autres formations herbacées assez basses et plus ou moins entourées d'eau, souvent en haut d'un tertre de mousse ou au sein d'un touradon.
Nid : la femelle aménage dans la végétation un creux assez large qu'elle garnit d'herbes fines et de feuilles sèches.
Nichée : de 2 à 5 œufs vert olive ou allant du gris-vert au brun, avec des taches allant du brun-roux au brun-noir, sont pondus entre la fin du mois d'avril et la fin du mois de mai, et couvés par la femelle de 18 à 22 jours. 1 ponte annuelle. Nidifuge. Vole entre le 28e et le 35e jour.
Longueur : 20 cm.
Poids : 100 g.
Longévité : peut atteindre 12 ans.

Aire de reproduction — Aire de reproduction et d'hivernage — Aire d'hivernage

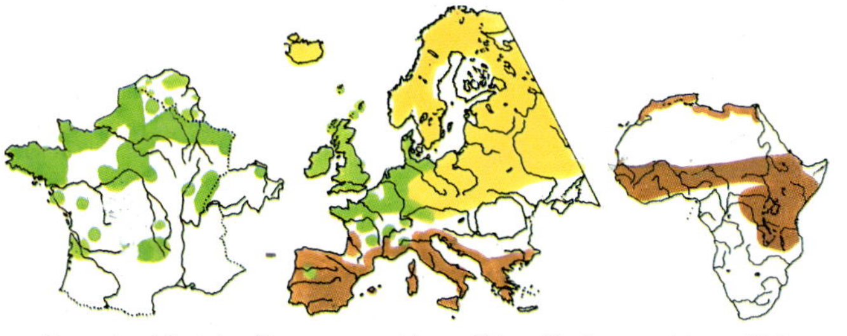

En vert : sédentaire. En marron : visiteur d'hiver. En jaune : visiteur d'été.

A gauche : bécassine des marais.

Chevalier guignette

Actitis hypoleucos

En haut, à droite : chevalier guignette.

En bas, au centre : chevalier cul-blanc. Cette espèce, qui niche dans le nord de l'Europe, traverse l'ouest du continent de juillet à septembre et peut y hiverner ; certains individus se dirigent vers le sud et atteignent parfois Le Cap. Les retours ont lieu de mars à mai.

Dominant le bruit de la rivière, un triolet argentin aigu et clair annonce l'arrivée d'un chevalier guignette. D'un vol direct, avec de courts battements intermittents de ses ailes incurvées vers le bas, le petit échassier vient se poser sur la grève. Ne tenant pas en place, il se faufile entre les pierres et les herbes, grimpe sur de petits monticules, hochant nerveusement le corps à chaque arrêt. Tout en déambulant le long du rivage, l'oiseau attrape des proies minuscules, explore les crevasses des rochers, happe au passage un insecte imprudent.

En période de nidification, il est inféodé aux cours d'eau dont les crues périodiques entretiennent les îles et les bancs d'alluvions. Pendant ses migrations, il fréquente les rigoles, les canaux, les enrochements de protection des fleuves, plus rarement les grandes vasières plates.

Migrateur transsaharien, dès le mois de juillet le chevalier guignette se dirige, de nuit comme de jour, vers ses quartiers d'hiver. Certains oiseaux effectuent des déplacements de plus de 10 000 km. Les retours s'échelonnent de la fin du mois de mars au mois de mai. Très sensible à la modification des cours d'eau, l'espèce semble se raréfier dans de nombreux pays d'Europe de l'ouest.

Sur le terrain : échassier aux teintes claires, de la taille d'une alouette.
Plumage : les deux sexes sont identiques.
Nourriture : surtout insectivore, le chevalier guignette consomme des insectes et leurs larves : coléoptères, diptères, hémiptères, fourmis et papillons. Il capture aussi des crustacés, des vers, des araignées, des têtards, des petites grenouilles, plus rarement des petits poissons.
Site du nid : il s'installe en terrain sec, sur une île ou sur une berge, à quelques dizaines de mètres de l'eau, entre les herbes ou sous un buisson.
Nid : profond et rond, il est encastré dans le sol sablonneux ou caillouteux et garni d'herbes et de feuilles sèches.
Nichée : de 3 à 8 œufs brun pâle allant du roussâtre au noir rosé, parsemés de points bruns et de taches allant du marron au brun foncé, avec des marques grises ou violacées, sont pondus de la fin du mois d'avril à la fin du mois de mai et couvés 21 ou 22 jours.
1 ponte annuelle.
Nidifuge.
Vole vers le 20e jour.
Longueur : 18 cm.
Poids : de 35 g à 70 g.
Longévité : peut atteindre 10 ans.

Aire de reproduction — Aire de reproduction et d'hivernage — Aire d'hivernage

En vert : sédentaire. En marron : visiteur d'hiver. En jaune : visiteur d'été.

Ci-contre : balbuzard pêcheur. Cette espèce fréquente les littoraux rocheux, les lacs et les étangs de l'intérieur. Grand migrateur, il quitte l'Europe d'août à octobre pour rejoindre l'Afrique de l'Ouest ; les retours ont lieu de la mi-mars au début de mai. Les populations méditerranéennes semblent sédentaires.

Ci-dessous : hirondelle de rivage. Cette petite hirondelle qui arrive en Europe entre la fin du mois de mars et le début du mois de mai creuse des terriers horizontaux dans les parois sablonneuses ou argileuses des sablières ou des rives de cours d'eau. Après avoir élevé leurs trois à sept petits, les couples quittent la colonie d'août à octobre pour rejoindre les zones humides africaines.

Mouette rieuse

Larus ridibundus

En haut, à droite : mouette rieuse en plumage nuptial.

Ci-dessous : mouette rieuse en plumage internuptial.

En bas, à droite : sterne naine adulte en plumage nuptial. Légèrement plus grande que le martinet noir, cette sterne se reproduit sur les littoraux et les plages sableuses des îles fluviales. Cet oiseau migrateur arrive dans nos régions en avril et en mai, parfois en juin, et repart vers les côtes d'Afrique occidentale dès le début du mois d'août.

Après avoir vagabondé toute la matinée le long du fleuve, les mouettes rieuses se reposent sur les bites d'amarrage de l'écluse en un bel alignement blanc. Certaines remettent de l'ordre dans leur plumage, d'autres regardent approcher une péniche qui glisse lentement vers l'entrée du chenal. Inquiétés par les mouvements des bateliers, les oiseaux se dispersent dans les airs et rejoignent d'un vol souple et léger le chemin de halage où ils se posent sur une rambarde souillée de déjections blanchâtres.

En mars, lorsque les mouettes revêtent leur beau capuchon brun-chocolat, elles quittent le milieu fluvial pour s'installer dans les marais, les îlots côtiers et les dunes où elles se reproduisent. Très bruyantes, elles survolent les sites de nidification en réalisant des figures acrobatiques puis commencent leurs parades nuptiales : aux abords de la colonie, les mâles essaient d'attirer des femelles par de longues salutations accompagnées de cris rauques et profonds, le cou gonflé, les ailes écartées et la queue en éventail. A l'arrivée des partenaires, les séducteurs tendent le cou, agitent la tête puis, après plusieurs minutes, les cérémonies s'achèvent par des offrandes de petits poissons.

A la fin du mois de juillet, les populations britanniques et méditerranéennes s'éloignent des colonies, sans quitter leur région natale. En revanche, les mouettes du nord et de l'est de l'Europe se déplaçent vers l'ouest du continent de novembre à décembre, certaines continuant leur voyage en direction des côtes africaines. Au cours de l'hiver, de nombreux oiseaux pénètrent dans les villes, profitant des décharges d'ordures, des sorties d'égoûts, ainsi que du pain jeté par les promeneurs. Les retours ont lieu de février à avril.

Sur le terrain : oiseau aquatique blanc aux pattes et au bec rouges.
Plumage : en hiver, livrée toute blanche avec une petite tache noire en arrière de l'œil. En été, la tête devient brun-chocolat. Les deux sexes sont identiques. Les jeunes, aux ailes et au dos tachetés de brun, acquièrent le plumage adulte vers 2 ans.
Nourriture : omnivore, la mouette rieuse consomme des proies animales comme des lombrics, des mollusques, des batraciens, des poissons, des œufs... En hiver, elle profite des décharges d'ordures.
Site du nid : elle s'installe le long de la berge marécageuse d'un lac ou d'un étang ; éventuellement, sur un bâtiment, dans un buisson ou dans un arbre.
Nid : à l'aide de tiges de roseaux, de joncs, d'herbes sèches, le couple construit sur la végétation aquatique un nid volumineux d'environ 30 cm de haut, parfois flottant.
Nichée : 2 ou 3 œufs allant du fauve pâle au marron, tachés de brun et de gris violacé, sont pondus entre avril et juin, et couvés de 21 à 27 jours par le couple. Nidifuge. Vole entre le 35e et le 42e jour.
Longueur : 36 cm.
Poids : 260 g.
Longévité : peut atteindre 32 ans.

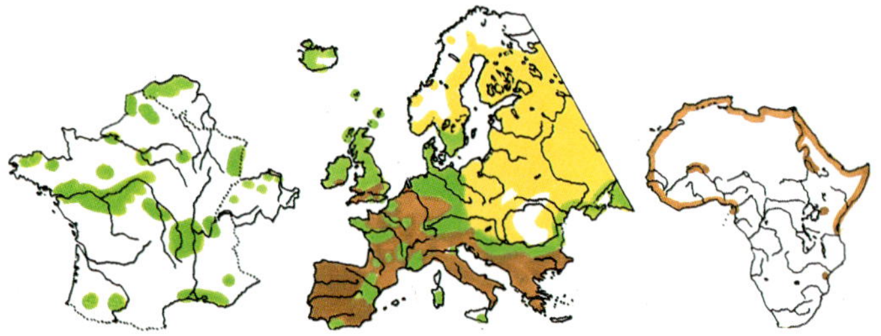

En vert : sédentaire. En marron : visiteur d'hiver. En jaune : visiteur d'été.

Sterne pierregarin

Sterna hirundo

Au bord du fleuve, la sablière en fin d'exploitation laisse apparaître quelques îlots de graviers dépourvus de végétation. Les premières hirondelles de rivage sont déjà au travail dans une falaise et quelques mouettes rieuses s'attardent sur les rives à la recherche de débris comestibles. Posé sur un piquet à moitié immergé, une « mouette » miniature, aux longues ailes et à la queue effilée, lisse méticuleusement son plumage.

La sterne pierregarin, ou hirondelle de mer, fréquente non seulement les plages du littoral mais aussi de nombreux milieux humides à l'intérieur des terres.

Bientôt, d'autres oiseaux arrivent de leur pérégrination et les jeux nuptiaux commencent : tournoyant dans l'azur en criant, un petit poisson dans le bec, deux oiseaux se poursuivent inlassablement, chacun voulant dépasser l'autre. Une fois posé, le mâle offre la proie frétillante à sa compagne et la parade peut alors débuter : tête baissée, queue dressée, ailes légèrement écartées, l'oiseau tend brusquement le cou à la verticale.

En août, lorsque les jeunes sont aptes au vol, les sternes pierregarins commencent leur migration en direction des rivages de l'Afrique occidentale, allant de la Mauritanie à l'Afrique du Sud et parfois jusqu'à Madagascar.

Dans bien des pays d'Europe, l'espèce est menacée à cause du recalibrage des fleuves qui supprime les sites de nidification et des printemps pluvieux qui font monter les eaux, facteurs auxquels il faut ajouter la prédation des goélands sur les œufs et les poussins.

Sur le terrain : ressemble à une petite mouette aux longues ailes claires et effilées, et aux courtes pattes rouges.
Plumage : les deux sexes sont identiques. A la fin de l'été, le front est blanc et une tache noire devant l'œil est bien visible ; le bec, qui est rouge pendant les noces, devient ensuite noir. Les jeunes ont la calotte brune et le dessus brun barré de noir et de roux.
Nourriture : la sterne pierregarin consomme des petits poissons capturés à la surface, des crustacés, des mollusques, des vers et divers insectes.
Site du nid : elles s'installent en colonies sur les plages et les îlots de sable ou de galets des fleuves et du littoral, sur les dunes, sur les rochers, au bord des étangs.
Nid : le couple gratte dans le sable une dépression circulaire qu'il garnit de débris de bois, de brindilles, parfois de roseaux, de laîches...
Nichée : de 1 à 4 œufs allant du brun au vert-olive, ponctués et tachés de brun foncé et de gris violacé, sont pondus de mai à juillet et couvés de 20 à 23 jours par le couple. 1 ponte annuelle. Nidifuge. Vole entre le 28e et le 32e jour.
Longueur : 35 cm.
Poids : de 100 g à 175 g.
Longévité : peut atteindre 25 ans.

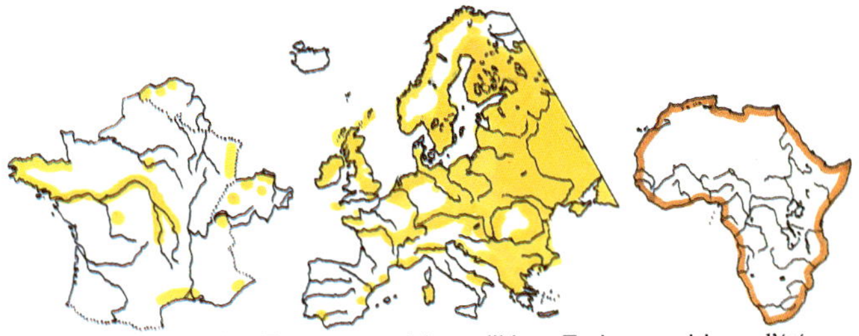

En vert : sédentaire. En marron : visiteur d'hiver. En jaune : visiteur d'été.

Ci-contre : sterne pierregarin couvant ses œufs.

Hibou des marais

Asio flammeus

Le hibou des marais a sans doute contribué jadis à la mauvaise réputation des marécages. Son visage blafard au regard presque humain, l'envergure de ses ailes dont le battement mou est totalement silencieux, l'ambiance brumeuse du début de l'automne ne laissent-ils pas présager quelque apparition fantomatique ?

Sûr du camouflage de son plumage brun-roux marqué de flammèches sombres, invisible entre les laîches et les touffes végétales desséchées, le hibou ne décolle qu'au dernier moment, dépliant alors ses longues ailes de « busard » tachées de noir aux poignets.

En plein jour ou au crépuscule, ce rapace rôde inlassablement au-dessus de son territoire de chasse, épousant les moindres caprices du relief en un vol ramé louvoyant ou en d'interminables glissades. Scrutant la plus petite parcelle de terrain, l'oiseau tente de surprendre un campagnol imprudent. Mais il est souvent gêné par le vent qui le fait dériver ou par la croissance printanière de la végétation, et son attaque perd alors en précision, laissant une chance au petit mammifère.

Ces oiseaux reviennent de leur pérégrination hivernale entre février et mai, les mâles marquant alors leur territoire par des vols nuptiaux spectaculaires : s'élevant dans les airs, l'oiseau se stabilise, plane en cercle puis entame un piqué accompagné de claquements rapides des poignets et d'émissions vocales.

Les hiboux brachyotes quittent les sites de reproduction en août. Autant migrateurs que nomades, certains d'entre eux vont en Afrique, d'autres restent en Europe.

Sur le terrain : hibou aux aigrettes frontales souvent peu visibles et aux yeux jaune pâle. Vole souvent de jour.
Plumage : les deux sexes sont identiques. Les jeunes ont le dessus brun foncé, taché et barré de roussâtre, et le dessous roux pâle avec du brun sur la gorge et de fines raies sombres.
Nourriture : le hibou des marais consomme surtout des campagnols auxquels il ajoute des insectes, des musaraignes, des petits rongeurs, des lapereaux, des lézards, des grenouilles, des petits oiseaux.
Site du nid : il s'installe dans les prés humides, les marais, les dunes, les landes, dans les formations de bruyères, de saules, de roseaux, de carex.
Nid : la femelle pond ses œufs sur une litière de foin et de débris complétée par une garniture soignée. L'ensemble est caché sous les herbes et les arbrisseaux.
Nichée : de 4 à 9 œufs blancs sont pondus de la fin du mois de mars à juin et couvés de 25 à 29 jours par la femelle. 1 ou 2 pontes annuelles. Semi-nidicole. Quitte le nid entre le 30e et le 35e jour.
Longueur : de 34 cm à 42 cm
Poids : mâle, de 293 g à 427 g ; femelle, de 320 g à 500 g.
Longévité : peut atteindre 13 ans.

Aire de reproduction — Aire de reproduction et d'hivernage — Aire d'hivernage

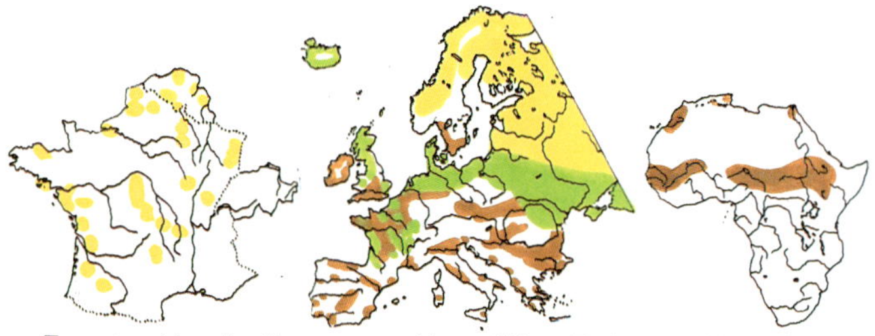

En vert : sédentaire. En marron : visiteur d'hiver. En jaune : visiteur d'été.

Ci-contre : le hibou des marais est le seul hibou dont les aigrettes de la tête sont peu visibles.

Martin-pêcheur

Alcedo atthis

Sous l'ombrage des saules, la rivière fraîche qui reflète la voûte feuillue des grands arbres coule paisiblement entre les pierres polies par le courant. Ralentissant encore sa course dans un méandre encombré de touradons et de roseaux épars, le cours d'eau poursuit son chemin à travers la campagne.

Trottinant sur la gravière, une bergeronnette grise quitte la berge dans une envolée pour se saisir d'un insecte, tandis qu'un cincle jaillit comme un obus, au ras de la surface, jetant au passage son cri métallique discordant.

Perché sur une branche basse d'aulne, un martin-pêcheur richement paré d'outremer, de cobalt, d'orangé et de corail, guette inlassablement le courant cristallin. Soudain, son regard se fixe, son corps se tend et il se laisse tomber dans l'eau, les ailes plaquées contre le corps, dans une gerbe d'éclaboussures, et son long bec noir se referme sur un vairon. Remontant à la surface à grands coups d'ailes, il regagne son perchoir, des perles d'eau glissant sur le plumage, et avale d'un trait sa proie frétillante.

Grand prédateur de poissons, le martin-pêcheur souffre des longs hivers rigoureux qui le privent de sa nourriture en gelant les pièces d'eau. Il abandonne alors les étangs, les lacs et les rivières pour s'installer sur les fleuves libres de glace.

L'espèce est sédentaire ou tout au plus nomade. Ce sont les jeunes martins-pêcheurs qui s'éloignent de plusieurs centaines de kilomètres de leur lieu de naissance ; les adultes réalisent parfois des déplacements, en septembre et en octobre, qui les mènent dans le midi de la France et le sud-ouest de l'Europe.

Sur le terrain : petit oiseau rondelet très coloré, aux pattes rouges. Son long bec noir en forme de poignard lui permet de capturer les poissons.
Plumage : les deux sexes sont identiques. Seule la couleur de la mandibule inférieure, rougeâtre chez la femelle, noire chez le mâle, permet de les distinguer. Les jeunes ont les pattes sombres.
Nourriture : le martin-pêcheur capture des petits poissons comme les vairons et les goujons, ainsi que des insectes aquatiques et des têtards.
Site du nid : le martin-pêcheur creuse dans une berge un terrier de 30 cm à 90 cm de profondeur.
Nid : la chambre n'est pas aménagée mais elle se tapisse rapidement d'arêtes régurgitées et de déjections odorantes.
Nichée : 6 ou 7 œufs blancs sont pondus entre avril et juillet, et couvés par le couple de 19 à 21 jours. 2 ou 3 pontes annuelles. Nidicole. Quitte le nid entre le 23e et le 27e jour.
Longueur : 16 cm.
Poids : 35 g.
Longévité : peut atteindre 15 ans.

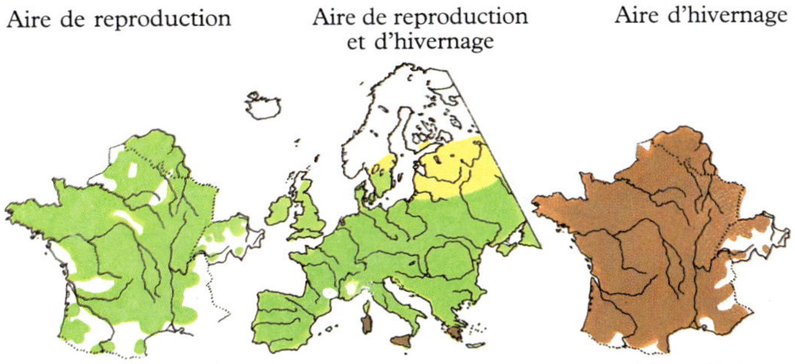

En vert : sédentaire. En marron : visiteur d'hiver. En jaune : visiteur d'été.

Ci-contre : martin-pêcheur mâle. La femelle a la mandibule inférieure rougeâtre et non noire.

Bergeronnette grise

Motacilla alba

Dans le creux d'une vallée, sous l'ombre fraîche des arbres, la rivière, tantôt calme et sombre, tantôt agitée et écumante, suit les courbes du relief. Une truite vient de moucher, ridant la surface d'ondes concentriques qui s'estompent déjà dans le courant. Sur la berge, on distingue les empreintes qu'un rat d'eau a laissées pendant la nuit.

Sautant de pierre en pierre, un petit oiseau gracile et élégant, sans cesse en mouvement, atteint la rive, le corps à l'horizontale et la queue animée d'un curieux hochement régulier. Le bec effilé de la bergeronnette pique sans cesse la vase luisante ; soudain, elle accélère sa course sur quelques mètres, le temps de gober une mouche, puis reprend son chemin.

La bergeronnette grise, cette petite « bergère » qui surveille les troupeaux, cette « lavandière » qui fréquentait les lavoirs et dont les hochements de la queue font penser aux mouvements des femmes qui battaient le linge aux bords des rivières, habite plusieurs types de milieux : elle fréquente les prairies sèches, les prairies humides au bord d'eaux stagnantes ou courantes, et même les agglomérations. Les soirs d'hiver, des centaines d'individus se regroupent sur les places des villages pour dormir dans la ramure des grands arbres. Le jour, les oiseaux se dispersent dans la campagne, chacun défendant un territoire.

Migratrices diurnes partielles, les bergeronnettes grises quittent les sites de reproduction en août et migrent de septembre à octobre pour rejoindre le sud de l'Europe, le Maghreb, parfois l'Afrique de l'Ouest et même le Zaïre.

Sur le terrain : oiseau bicolore noir et blanc dont la longue queue est perpétuellement agitée par des hochements.
Plumage : au printemps, la femelle a moins de noir sur la tête et la gorge, et son front est taché de sombre. En hiver, le mâle a la calotte et le front gris, la gorge et la tête olivâtres. Les jeunes ont le dessus brunâtre et le dessous jaunâtre.
Nourriture : insectivore, la bergeronnette grise attrape des insectes et leurs larves (mouches, moustiques), à la surface du sol ou de l'eau.
Site du nid : elle s'installe dans un trou de mur, sur la berge d'un cours d'eau ou dans un vieux nid d'hirondelle.
Nid : la femelle construit une coupe avec des tiges, des feuilles, des brindilles, des racines et des mousses, puis elle la garnit de crins, de plumes et de laine.
Nichée : 5 ou 6 œufs blanc grisâtre, piquetés et finement rayés de brun et de gris, sont pondus entre avril et juillet, et couvés par la femelle de 12 à 14 jours. 1 ou 2 pontes annuelles. Nidicole. Quitte le nid entre le 13e et le 16e jour.
Longueur : 20 cm.
Poids : de 18 g à 27 g.
Longévité : peut atteindre 10 ans.

Aire de reproduction — Aire de reproduction et d'hivernage — Aire d'hivernage

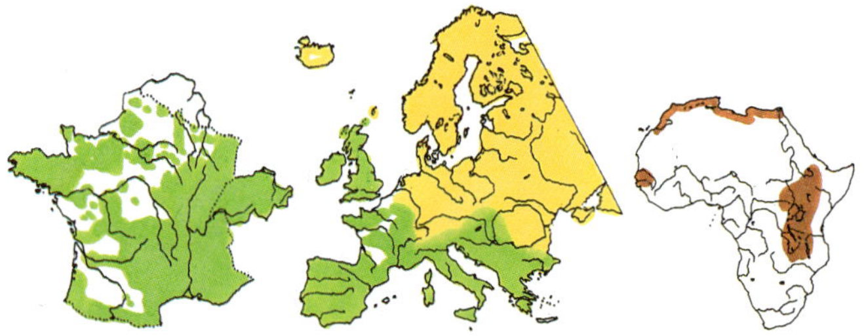

En vert : sédentaire. En marron : visiteur d'hiver. En jaune : visiteur d'été.

Bergeronnette des ruisseaux

Motacilla cinerea

Le ruisseau coule au creux du vallon, calme à l'abri d'un méandre, impétueux et bruyant dans la pente où il bouscule cailloux et sable. Un cri aigu d'une sonorité métallique annonce l'arrivée d'une silhouette colorée de soufre et de noir qui illumine la berge ombragée. Trottinant sur le bord du cours d'eau, la bergeronnette des ruisseaux, dont l'interminable queue est agitée d'un balancement régulier, accélère brusquement sa course, pique un insecte, s'arrête. Sautant d'une pierre à l'autre sans se mouiller, elle s'envole tout à coup, happe une mouche au-dessus de l'eau puis retourne sur la berge. Insatiable, elle s'avance prudemment vers une flaque, mouille légèrement ses délicates pattes noires, faisant ainsi vibrer son image dans le miroir liquide, retourne un caillou et se saisit d'une larve.

Lors de la parade nuptiale, le mâle monte en chandelle puis redescend, les ailes et la queue étalées, tout en chantant. A terre, il exhibe sa bavette noire, gonfle le torse, tend le cou, traîne sa queue déployée, hérisse ensuite les plumes du croupion et bouge ses ailes pendantes.

Migratrice partielle diurne, dans la dernière décade de septembre et en octobre, cette bergeronnette quitte les sites de reproduction pour hiverner dans les régions méditerranéennes. Certains individus poursuivent le voyage jusqu'en Afrique. Les retours ont lieu du début du mois de mars jusqu'à la mi-avril.

Sur le terrain : oiseau jaune, souvent au sol, dont la longue queue est en permanence animée de hochements.
Plumage : pendant les noces, le mâle arbore une bavette noire encadrée de blanc alors que la femelle garde la gorge blanche. En automne et en hiver, le mâle ressemble à la femelle. Les jeunes sont plus ternes que les adultes et les parties claires de leur plumage sont teintées de brunâtre.
Nourriture : surtout insectivore, elle capture ses proies en vol sur place ou en parcourant le bord de l'eau, les tas de fumier, les zones d'épandage. Elle aime les libellules, les mouches, les larves de moustique et y ajoute des crustacés, des petits mollusques et de minuscules poissons.
Site du nid : la bergeronnette des ruisseaux s'installe à proximité de l'eau, dans une crevasse de berge, entre les racines d'une arbre, dans une cavité de bâtiment.
Nid : le couple construit une coupe avec des racines, des brindilles, des herbes et des mousses, puis il la garnit de poils et de crins.
Nichée : de 4 à 7 œufs gris, marbrés de brun ou de gris foncé, avec des traits sombres, sont pondus de la fin du mois de mars à la mi-août, et couvés de 11 à 14 jours, principalement par la femelle. 2 ou 3 pontes annuelles. Nidicole.
Quitte le nid entre le 15e et le 18e jour.
Longueur : 21 cm.
Poids : 18 g.
Longévité : inconnue.

Aire de reproduction — Aire de reproduction et d'hivernage — Aire d'hivernage

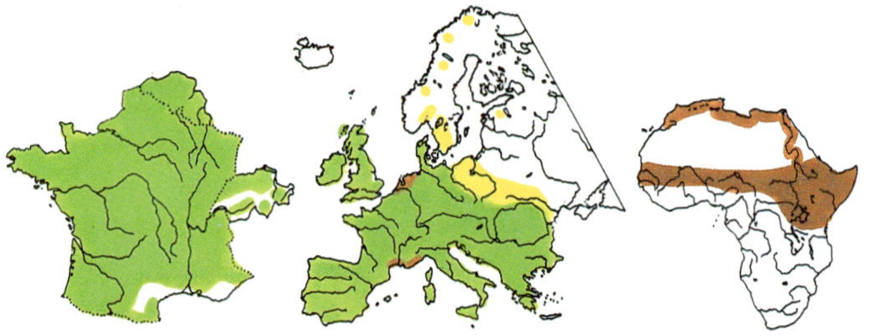

En vert : sédentaire. En marron : visiteur d'hiver. En jaune : visiteur d'été.

Ci-contre : bergeronnette des ruisseaux femelle.

Ci-dessous : bergeronnette grise en plumage nuptial (à droite), en plumage d'automne-hiver (à gauche).

Gorgebleue

Luscinia luscinia

La gorgebleue mène une vie secrète, retirée sous le couvert des plantes aquatiques des formations marécageuses. Proche cousine du rouge-gorge dont elle a les habitudes terrestres, elle est toutefois beaucoup plus craintive et ne s'attarde guère à découvert.

Pendant la période de reproduction, le mâle quitte pour quelque temps son repaire végétal pour gagner le haut d'un buisson où, bien en vue, il exhibe son poitrail bleu illuminé d'un miroir blanc. Puis il se lance dans un pot-pourri dont les strophes sonores, au débit rapide mais fréquemment interrompu, sont particulièrement harmonieuses. Beaucoup de sons purs et flûtés semblent empruntés au répertoire du rossignol. Certains individus ajoutent même des imitations très réussies de cris et de chants de pouillots, de mésanges ou de fauvettes ainsi que des stridulations d'insectes.

De temps à autre, la gorgebleue quitte son perchoir, monte en chandelle, toujours en chantant, décrit quelques arabesques puis descend lentement, ailes et queue déployées. L'apparition d'une femelle augmente l'excitation du séducteur : la queue relevée et étalée en éventail, les ailes pendantes et les plumes du corps hérissées, il renverse alors nerveusement la tête et déplace son corps de gauche à droite sur ses pattes fléchies.

Grande migratrice, la gorgebleue quitte l'Europe d'août à septembre pour des contrées africaines. Certains individus demeurent dans le sud du continent, notamment dans la péninsule Ibérique. Les retours s'échelonnent de la fin du mois d'avril à mai.

Sur le terrain : oiseau à gorge bleue ; il mène une vie très secrète.
Plumage : la femelle, qui n'a pratiquement pas de bleu sur la gorge, a les pattes claires et non pas noires comme celles du mâle. Les jeunes sont striés de roussâtre sur le dessus et rayés de jaunâtre dessous.
Nourriture : surtout insectivore, la gorgebleue capture des insectes et leurs larves, des vers et des petits mollusques.
Site du nid : elle s'installe dans un marais, surtout à même le sol, sous les herbes retombantes d'un fossé, dans une cavité, sous des racines ou des branches basses, parfois dans un creux de berge.
Nid : la femelle construit sur une assise de radicelles une coupe profonde avec des herbes sèches entrelacées de mousse, des brindilles et des feuilles mortes. Elle la garnit de brins fins, de crins et de plume
Nichée : 5 ou 6 œufs allant du gris verdâtre au bleu verdâtre, piquetés de roux, sont pondus vers la fin d'avril et le début de mai, et couvés par la femelle 13 ou 14 jours. 1 ou 2 pontes annuelles. Nidicole. Quitte le nid entre le 16e et le 18e jour.
Longueur : 14 cm.
Poids : de 14 g à 22 g.
Longévité : peut atteindre 9 an

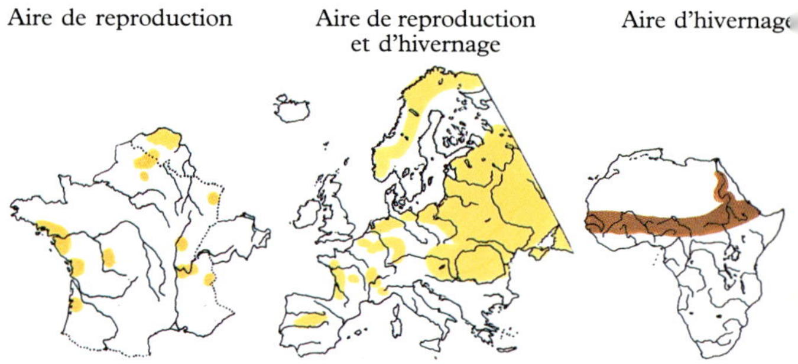

En vert : sédentaire. En marron : visiteur d'hiver. En jaune : visiteur d'été.

Ci-dessous : gorgebleue à miroir blanc mâle.

Locustelle tachetée

Locustella naevia

La fraîcheur matinale de cette aube d'avril n'inquiète pas le rossignol qui entame l'une de ses brillantes roulades aux notes liquides et sonores. Des fumerolles s'échappent des miroirs humides de la prairie dans lesquels se reflète l'apparition rougissante du soleil.

C'est au cœur d'un fourré de saules qu'une mystérieuse voix s'élève, stridulation lancinante, monotone et soutenue : elle ressemble au bruit que ferait un insecte. En approchant silencieusement, on découvre, perché sur un rameau, un petit oiseau à la tête triangulaire et au bec largement ouvert. Tout en s'égosillant, la locustelle tachetée tourne lentement la tête afin d'inspecter les alentours, modifiant ainsi l'intensité sonore de son trille rapide et aigu. Infatigable, l'oiseau va poursuivre son concert pendant des heures, ne reprenant son souffle qu'à de rares reprises, en une fraction de seconde, interruptions imperceptibles pour une oreille humaine. Un mouvement intempestif fait brusquement fuir l'oiseau qui, d'un vol rasant, rejoint l'enchevêtrement végétal où il disparaît. Très à l'aise dans le dédale des plantes sèches, la locustelle se faufile comme une souris dans le fouillis inextricable.

Moins craintif lors de la parade nuptiale, le mâle séduit une femelle en courant le long d'une branche ou d'une tige, le plumage gonflé, les ailes déployées et tremblantes, tenant une brindille dans le bec.

Grande migratrice nocturne, cette locustelle quitte l'Europe dès le début du mois d'août pour rejoindre l'Afrique et ne revient que dans la première quinzaine d'avril.

En haut, à gauche : pouillot fitis. Cette petite fauvette habite les mêmes milieux que la locustelle tachetée et, notamment, les prairies humides comportant des buissons épars. Arrivant en Europe dès le mois d'avril, les oiseaux dissimulent leurs nids sphériques dans de hautes herbes. Après avoir élevé leurs six à huit petits, les couples quittent les sites de nidification d'août à septembre afin de rejoindre leurs quartiers d'hivernage au sud du Sahara.

En bas, au centre : locustelle tachetée émettant sa stridulation d'insecte.

Sur le terrain : fauvette aquatique terne, à la queue cunéiforme, peu visible ; seul son chant permet de la localiser.
Plumage : les deux sexes sont identiques. Les jeunes sont comme les adultes, mais plus roussâtres dessus, sans teinte olive et avec le dessous plus sombre.
Nourriture : surtout insectivore, la locustelle tachetée capture de petits insectes et leurs larves qu'elle trouve sur les herbes — petits papillons, mouches, carabes ; elle y ajoute des araignées et de minuscules limaces.
Site du nid : elle s'installe dans la végétation sèche, sur une touffe d'herbes, sous une plante, sous un arbuste.
Nid : le couple construit une coupe posée ou suspendue à faible hauteur, composée de feuilles sèches, de mousses et de brindilles ; l'intérieur est garni d'herbes, de tiges fines et parfois de crins.
Nichée : de 4 à 7 œufs aux teintes roses et bleuâtres sont pondus de la fin du mois d'avril à la fin du mois de mai et couvés de 13 à 15 jours par le couple. 2 pontes annuelles, parfois 3. Nidicole. Quitte le nid entre le 12e et 15e jour.
Longueur : 12,5 cm.
Poids : de 11 g à 20 g.
Longévité : inconnue.

Aire de reproduction — Aire de reproduction et d'hivernage — Aire d'hivernage

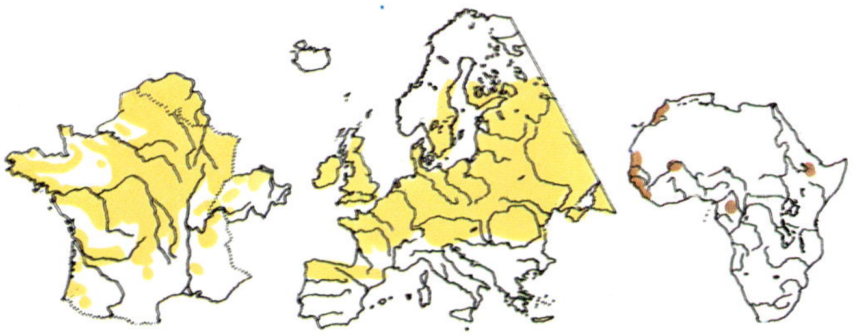

En vert : sédentaire. En marron : visiteur d'hiver. En jaune : visiteur d'été.

Phragmite des joncs

Acrocephalus schœnobænus

Ci-dessous : ce phragmite des joncs bagué en Ile-de-France pendant la migration postnuptiale a été retrouvé un an et demi plus tard dans le centre de l'Italie, lors de son retour printanier.

Après les dernières averses de l'hiver, l'étang a déversé son trop-plein dans les prairies de joncs et de laîches, et le marais est maintenant complètement inondé. C'est à l'intérieur de cette végétation basse que vit le phragmite des joncs, contrairement à ce que pourrait laisser croire son nom.

A l'inverse de ses proches cousines, rousserolles et locustelles, cet oiseau ne se dissimule guère pour chanter. Haut perché sur le sommet d'une tige herbacée ou d'un buisson, bien visible avec ses sourcils clairs, un mâle fait retentir, gorge gonflée, son chant saccadé. Des babils aigres, des cascades de notes et des crescendos sifflés ou roulés intègrent quelques imitations de mésange bleue ou de pouillot. Le phragmite émet aussi des cris durs et brefs, râpeux, pas toujours harmonieux.

De temps à autre, le chanteur quitte son poste, s'envole, monte presque à la verticale sur quelques mètres, bascule d'un seul coup puis retombe lentement, ailes et queue étalées, pour se poser sur son perchoir de départ. Cet étrange vol nuptial marque le paroxysme de l'excitation du mâle.

Grande migratrice nocturne, l'espèce quitte l'Europe à la fin de juillet et en août afin de rejoindre ses quartiers d'hiver situés au-delà du Sahara. Les phragmites des joncs reviennent dès la fin du mois de mars, avant les autres fauvettes aquatiques ; leur passage s'étale jusqu'à la mi-mai.

Sur le terrain : fauvette aquatique aux larges sourcils clairs. Vol de parade « en parachute ».
Chant caractéristique.
Plumage : les deux sexes sont identiques. Les jeunes ont le haut de la poitrine et les côtés de la gorge tachetés de brun.
Nourriture : insectivore, le phragmite des joncs consomme de petits insectes et leurs larves : tipules, moustiques, ainsi que des araignées.
Site du nid : il s'installe à une hauteur variant entre 10 cm et 50 cm, parmi la végétation aquatique dense, parfois dans une haie ou dans un roncier situés près de l'eau, dans une touffe de carex, au cœur d'un faisceau de roseaux.
Nid : le couple construit une coupe volumineuse, d'aspect irrégulier et grossier, avec des matériaux secs : herbes, brins de joncs, tiges, panicules de roseaux. L'intérieur est garni de fleurs de roseaux, de duvets de saule, de crins et de plumes.
Nichée : de 4 à 6 œufs clairs, tachés de points jaunâtres et gris brunâtre, avec quelques filaments noirs, sont pondus du début du mois de mai au mois de juillet, et couvés de 12 à 14 jours par la femelle. 1 ou 2 pontes annuelles. Nidicole. Quitte le nid entre le 14e et le 16e jour.
Longueur : 12,5 cm.
Poids : de 10 g à 14 g.
Longévité : peut atteindre 6 ans.

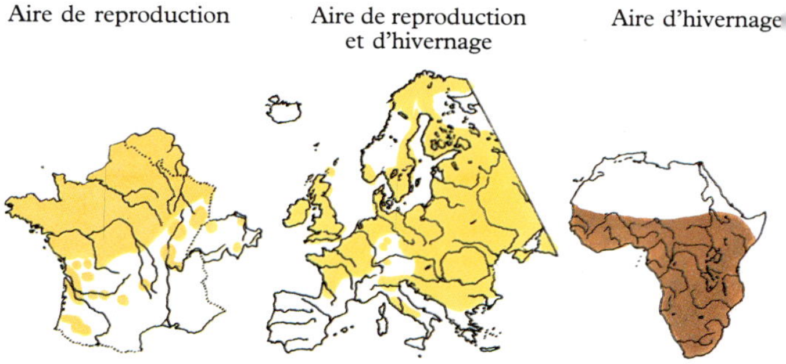

En vert : sédentaire. En marron : visiteur d'hiver. En jaune : visiteur d'été.

Rousserolle effarvatte

Acrocephalus scirpaceus

En avril, la phragmitaie est encore bien jaune mais des pousses vertes annonciatrices de la belle saison se fraient un chemin parmi les végétaux desséchés. Ayant résisté aux intempéries hivernales, de grands roseaux se dressent vers le ciel. Perchée sur l'un d'entre eux, une mésange bleue s'acharne à en perforer la tige fibreuse par de vigoureux coups de becs, afin d'extraire une délicieuse chrysalide.

Soudain, au cœur de la roselière, le tremblement d'un roseau, puis d'un autre, permet de suivre la progression d'une voix douce au débit rapide, où des séries de sons rauques répétés deux ou trois fois alternent avec des sonorités liquides. Bientôt, une fauvette jaunâtre se hisse au sommet d'une canne par des secousses verticales, puis saute de tige en tige, s'arrête quelques instants sur le plumeau ébouriffé d'une massette et plonge enfin dans le couvert. Au cœur de l'été, il est encore plus difficile d'observer la rousserolle effarvatte car la végétation a atteint sa croissance maximale ; seul son chant permet alors de la localiser.

Grande migratrice nocturne, cette rousserolle quitte l'Europe de la mi-juillet au mois d'août pour rejoindre ses quartiers d'hivernage sahéliens.
Au printemps, les mâles précèdent les femelles d'une dizaine de jours, arrivant sur les sites de nidification entre la mi-avril et mai.

Sur le terrain : fauvette aquatique discrète, aux teintes neutres. Elle se signale surtout par son chant.
Plumage : les deux sexes sont identiques. Les jeunes sont plus roux que les adultes avec les flancs et la poitrine plus sombres.
Nourriture : surtout insectivore, la rousserolle effarvatte capture des insectes et leurs larves, ainsi que des petits mollusques tels que les planorbes et les limnées. En automne, elle complète ce régime alimentaire par des baies.
Site du nid : elle s'installe de préférence dans un massif de roseaux inondés, plus rarement dans un taillis.
Nid : la femelle tresse avec des lanières végétales un nid suspendu entre 3 à 5 tiges de roseaux.
Nichée : de 3 à 6 œufs verdâtres, pâles, marbrés et tachetés de vert olive et de gris, sont pondus entre la fin d'avril et le début de juin, et couvés de 11 à 13 jours par le couple.
1 ou 2 pontes annuelles.
Nidicole.
Quitte le nid entre le 13ᵉ et le 16ᵉ jour.
Longueur : 13 cm.
Poids : de 9,5 g à 17,5 g.
Longévité : peut atteindre 11 ans.

Aire de reproduction — Aire de reproduction et d'hivernage — Aire d'hivernage

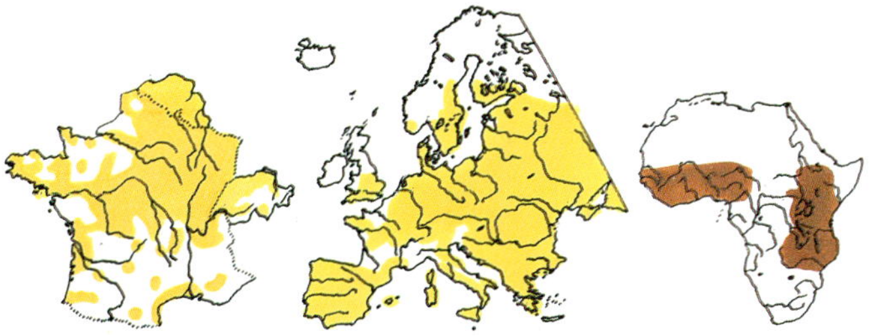

En vert : sédentaire. En marron : visiteur d'hiver. En jaune : visiteur d'été.

Ci-contre : rousserolle effarvatte.

Ci-dessous : rousserolle verderolle. Cette fauvette aquatique ressemble à s'y méprendre à sa proche parente la rousserolle effarvatte, mais s'en distingue par sa voix et par son habitat qui est, en principe, moins lié aux plantes palustres. Arrivant en Europe vers la mi-mai, les femelles construisent leurs nids dans un buisson, un roncier et même au milieu de céréales... Après avoir élevé de trois à six petits, les couples quittent les sites de nidification de la fin du mois de juillet à septembre pour gagner leurs quartiers d'hivernage situés en Afrique orientale.

Rousserolle turdoïde

Acrocephalus arundinaceus

En mai, la roselière étale dans l'eau peu profonde du marais sa jungle de tiges vertes trouée par endroits de surfaces dégagées où s'aventurent quelques canards et quelques sarcelles. Au centre de l'une de ces « clairières », on découvre une touffe serrée de phragmites d'où un oiseau gros comme une grive s'extirpe pour prendre son essor. À quelques mètres de là, maintenant installée dans le tiers supérieur d'une canne de roseau, la rousserolle turdoïde déclame un discours qui rappelle plus le chant d'un batracien que celui d'un oiseau : composé de courtes phrases interrompues par des pauses fréquentes, ses notes rauques et râpeuses sont rehaussées par quelques sons aigus qui se détachent dans cette cacophonie.

Pour courtiser une femelle, le mâle effectue tout en chantant des vols sur place au-dessus d'une roselière, puis il lui fait des offrandes symboliques de débris végétaux. Séduite, la femelle entreprend alors un travail d'architecture remarquable : avec des lanières végétales trempées au préalable dans l'eau pour les assouplir, elle tisse en moins de cinq jours un nid qui pourra résister aux vents les plus violents ; il est bien rare que l'un de ces berceaux rompe ses amarres et laisse ainsi son contenu à la merci des butors, busards et autres râles d'eau.

Grande migratrice nocturne, cette rousserolle quitte l'Europe d'août à septembre et revient à la fin d'avril et en mai.

Sur le terrain : fauvette aquatique de la taille d'une grive, au chant sonore.
Plumage : les deux sexes sont identiques. Les jeunes sont plus roussâtres que les adultes sur le dessus et ils ont le menton et la gorge roux.
Nourriture : insectivore, elle capture de gros insectes et leurs larves : libellules, papillons, moustiques. Elle y ajoute des petits crustacés, des araignées, des petites grenouilles et des poissons.
Site du nid : elle s'installe dans un espace d'eau libre d'une roselière inondée.
Nid : la femelle construit un nid analogue à celui de l'« effarvatte » mais plus grand et plus profond.
Nichée : de 3 à 6 œufs bleuâtres ou verdâtres, avec de grandes taches brunes ou olive, sont pondus entre mai et juillet, et couvés de 13 à 15 jours par la femelle.
1 ou 2 pontes annuelles.
Nidicole.
Quitte le nid entre le 15e et le 17e jour.
Longueur : 19 cm.
Poids : de 26 g à 33 g.
Longévité : peut atteindre 9 ans.

Aire de reproduction — Aire de reproduction et d'hivernage — Aire d'hivernage

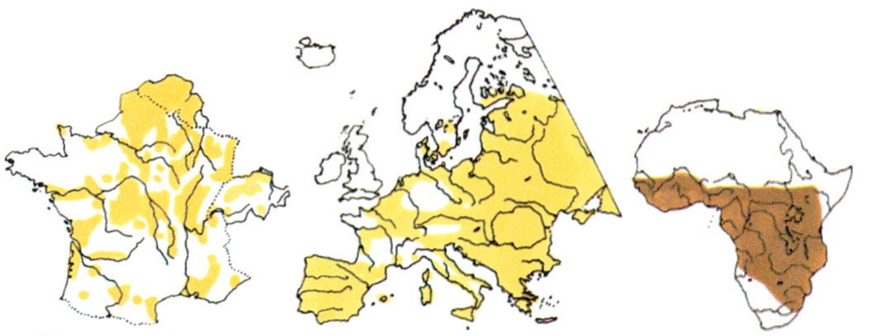

En vert : sédentaire. En marron : visiteur d'hiver. En jaune : visiteur d'été.

Bruant des roseaux

Emberiza schœniclus

Posé sur un frêle brin d'alpiste, un petit oiseau — capuchon noir et moustaches blanches — est balancé par une bourrasque entre deux giboulées de pluie et de neige fondue. Malgré la précarité de son équilibre, le bruant des roseaux égrène son chant monotone seulement composé de trois à six notes. De-ci, de-là, entre deux rafales de vent, les mâles se répondent, quelques strophes se perdant dans le bruissement du feuillage palustre.

Au ras du sol, une femelle au plumage crème rehaussé de roux vient de franchir la frontière d'un territoire de l'un des chanteurs, qui en a la voix coupée instantanément. Puis, dans une brève envolée, il se rapproche et entreprend de courtiser la femelle en gonflant le plumage de sa tête pour bien accentuer le contraste produit par le blanc de son collier et le noir de son capuchon velouté ; il entrouvre ensuite ses ailes frémissantes, sautille en se redressant, étale et referme nerveusement la queue. Le couple ainsi formé se livre à des jeux nuptiaux : des poursuites s'engagent entre les massifs de saules et de roseaux, puis s'achèvent par un accouplement au sol.

L'espèce est plutôt sédentaire dans nos régions. En revanche, les bruants des roseaux scandinaves quittent les lacs et les tourbières de la mi-septembre à la première décade de novembre pour rejoindre les champs et les friches de l'ouest et du sud de l'Europe. Au cours des déplacements ou sur les lieux d'hivernage, le soir, les bruants se rassemblent pour dormir dans les phragmitaies. Le retour sur les sites de nidification a lieu de la fin du mois de février à la fin du mois de mars.

Aire de reproduction | Aire de reproduction et d'hivernage | Aire d'hivernage

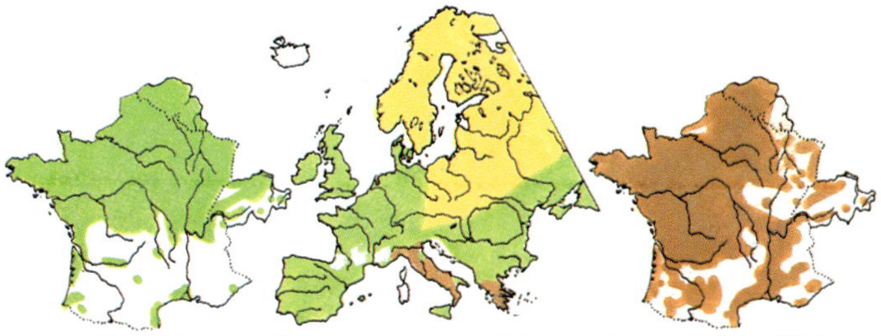

En vert : sédentaire. En marron : visiteur d'hiver. En jaune : visiteur d'été.

Sur le terrain : le bruant ressemble à un moineau qui aurait une longue queue et une tête encapuchonnée de noir. Chant caractéristique.
Plumage : la femelle a une livrée brun et roux avec deux sourcils roussâtres. Les jeunes ressemblent à la femelle mais sont très rayés et ont le croupion roussâtre.
Nourriture : il consomme des graines de plantes aquatiques, de céréales, des insectes tels que libellules, petits papillons et mouches. Il complète ce régime par des petits mollusques, des crustacés et des araignées.
Site du nid : il s'installe à même le sol ou à faible hauteur, sous les herbes, entre les rejets ou les racines d'un saule, dans une touffe de carex ou de joncs.
Nid : la femelle construit une coupe assez lâche avec des tiges, des feuilles sèches, des panicules de roseau, des joncs, puis elle la garnit de brins plus fins, de duvets végétaux et de crins.
Nichée : de 3 à 6 œufs brun rosé, gris brunâtre ou roussâtre, tachés et vermiculés de gris cendré et de brun-noir, sont pondus de la mi-avril à juillet, et sont couvés de 12 à 14 jours par la femelle. 1 ou 2 pontes annuelles. Nidicole. Quitte le nid entre le 12e et le 15e jour.
Longueur : de 13 cm à 15 cm.
Poids : de 17 g à 18 g.
Longévité : peut atteindre 11 ans.

Ci-dessus : bruant des roseaux mâle en plumage nuptial.

En bas, à gauche : bruant des roseaux femelle.

En bas, à droite : bruant des roseaux mâle.

LES OISEAUX DU LITTORAL OCEANIQUE

Rythmé par le flux et le reflux des marées, le littoral océanique comporte une grande variété de milieux. Des côtes rocheuses aux côtes sablonneuses, la vie s'organise non seulement en fonction de la profondeur de l'eau et de l'action plus ou moins forte des vagues et des courants, mais aussi suivant les vents dominants.
Les plus fortes concentrations animales sont observées quand une remontée d'eau profonde, donc froide, est présente, favorisant ainsi la production de plancton et, par voie de conséquence, la venue des prédateurs, dont font partie les oiseaux.
Des laisses de haute mer aux falaises et aux landes à ajoncs en passant par l'estran, les oiseaux se répartissent dans l'environnement suivant leurs particularités biologiques.
Dès la fin de l'hiver, les parois abruptes font le plein de guillemots, de pingouins, de fulmars et autres mouettes tridactyles, alors que les plages et les îlots sont occupés par des échassiers, des fous de Bassan, des goélands et par bien d'autres espèces inféodées aux écosystèmes marins. En été, les colonies sont peu à peu désertées car beaucoup d'oiseaux quittent la côte pour rejoindre le grand large où la nourriture abonde à cette époque de l'année. En automne, les canards ainsi que certaines mouettes et sternes migratrices longent les littoraux pour gagner les estuaires et les baies d'Europe de l'Ouest et du Sud ou d'Afrique. Dans ces quartiers d'hiver, les espèces occupent les différents types de milieux de la même façon que sur les sites de reproduction, les unes préférant les sites rocheux, les autres, les étendues sablonneuses.

Ci-contre : mergule nain

LES MILIEUX DU LITTORAL OCÉANIQUE

Soumis à l'action des vents, des courants et des vagues, vivant au rythme des marées, le littoral océanique regroupe trois grands ensembles communs aux côtes sablonneuses et rocheuses : la zone des embruns, exceptionnellement inondée ; la zone de balancement des marées (l'estran), successivement exondée puis submergée, et une zone qui n'est pratiquement jamais découverte. Les communautés végétales et animales se distribuent dans ces différents niveaux en fonction de leurs exigences écologiques, en grande partie déterminées par la durée d'immersion des sites.

● **Les côtes sablonneuses**

Cette catégorie est le domaine de nombreux mollusques et de vers qui, à marée basse, disparaissent dans le sable. Les échassiers, pourvus de becs adaptés, profitent de ces basses eaux pour sonder le substrat mou et extirper ces petits invertébrés principalement dans les baies et les estuaires qui en sont particulièrement riches. Sur le rivage, les vagues rejettent divers détritus (varech, plantes arrachées des fonds, animaux morts), attirant des insectes qui feront l'ordinaire des pipits maritimes, alors que les cadavres intéressent les goélands.

Dans certaines régions, l'estran est couvert de vastes herbiers à zostères, qui se développent sur les fonds vaseux ; ces végétaux attirent non seulement des oiseaux herbivores comme les canards siffleurs ou les bernaches cravants, mais également des espèces prédatrices d'animalcules telles que les courlis ou les huîtriers-pies.

● **Les côtes rocheuses**

Ces zones sont les plus productrices : elles recèlent non seulement des végétaux et des animaux propres à l'environnement rocheux, mais aussi à celui des plages car de petites étendues sablonneuses se forment dans des criques. Dans les milieux de rochers, les mollusques et les crustacés n'ont plus la possibilité de s'enfouir dans le sable et ils ont donc adopté une autre stratégie pour survivre et échapper aux prédateurs : ils se plaquent sur le substrat dur ou se dissimulent entre les algues qui souvent le recouvrent. Mais bien des oiseaux, comme les canards plongeurs (eiders) et les huîtriers, savent décoller les bigorneaux et autres patelles, ou tels les bécasseaux, fouiller le varech.

Les côtes rocheuses présentent aussi un faciès à falaises qui peut revêtir différents aspects en fonction de son orientation, de sa situation géographique ou du micro-climat local. Les petits pingouins, les guillemots ou les mouettes tridactyles s'installent en colonies dans ce type de milieu, surtout lorsque les falaises sont situées à proximité d'une remontée d'eau profonde, favorisant ainsi la production de plancton, nourriture de certains poissons qui sont eux-mêmes la proie d'espèces carnivores.

Les milieux terrestres des littoraux sont représentés par les dunes, en général pauvres du point de vue biologique, par les pelouses à fétuques ou à statices fréquentées par les craves et les traquets motteux, sans oublier les landes à ajoncs ou à bruyère, habitées par les fauvettes pitchous et les linottes.

Ci-contre : goéland dans sa colonie.

1

3

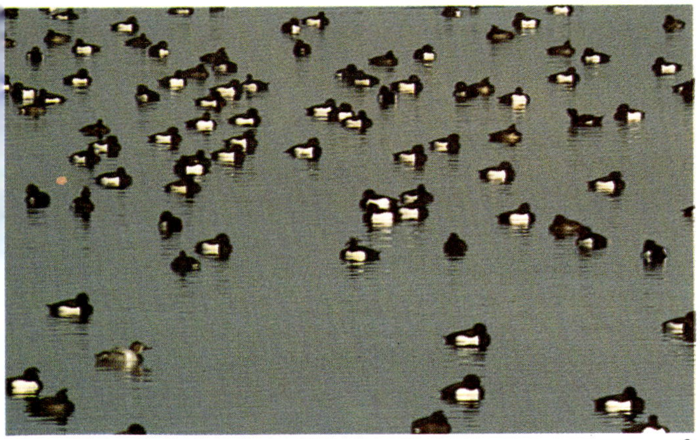

2

4

1. Vasières découvertes par la marée basse.
2. Estuaire où se rassemblent des milliers de fuligules morillons.
3. Falaises et landes à ajoncs.
4. Ile tapissée de pelouses à statices.

LA REPRODUCTION DES OISEAUX DU LITTORAL OCÉANIQUE

En haut, à droite : phalarope à bec large.

Ci-dessous, isolement écologique de trois espèces de laridés :
- *La mouette rieuse est une espèce continentale qui se reproduit surtout dans les milieux d'eau douce. C'est en hiver qu'elle est le plus abondante sur les côtes.*
- *Le goéland argenté est un oiseau sédentaire qui vit sur le littoral.*
- *La mouette tridactyle ne vient sur les côtes que pour se reproduire ; l'hiver, elle gagne les immensités pélagiques.*

Deux grandes catégories d'espèces fréquentent le littoral océanique : d'une part, les espèces du grand large, dites pélagiques, qui ne viennent à terre que pour se reproduire (pétrels, puffins, macareux, guillemots) et, d'autre part, les espèces qui ne s'éloignent guère de la côte, comme les goélands, les sternes, les cormorans, les petits échassiers. A de rares exceptions près, les premières espèces sont toutes grégaires : les mouettes tridactyles, par exemple, reviennent chaque année sur les mêmes pans de falaise où plusieurs centaines d'individus se côtoient ; les oiseaux des secondes, en revanche, nichent plutôt en solitaires (échassiers ou passereaux).

Tous ces oiseaux de mer se distribuent sur les côtes en fonction de conditions bien définies. Ainsi, les surfaces pentues et herbeuses sont recherchées par les macareux, qui y creusent leurs terriers, et par les fous de Bassan qui y installent leurs nids à ciel ouvert. Les fronts des falaises tombant à pic dans l'océan recèlent de nombreuses corniches et anfractuosités colonisées par les pingouins, les guillemots et les mouettes tridactyles : les deux alcidés préfèrent les étroites enclaves de la roche où ils déposent leur unique œuf sur le sol nu plutôt que les saillies minérales utilisées par les mouettes comme support de leur nid. Les fulmars s'installent au bord des falaises là où, en général, la végétation est encore présente. Les pétrels et les puffins pondent leurs œufs dans des cavités naturelles du sol, dans des grottes, des éboulis et même dans les trous des vieux murs.

Ces oiseaux, qui vivent la plus grande partie de l'année bien au large des côtes, sont d'excellents voiliers et leur maîtrise des courants aériens est remarquable. Mais, certaines années, les tempêtes d'automne s'éternisent et les empêchent de se nourrir et de se reposer, provoquant dans leurs rangs des hécatombes plus ou moins importantes dont les cadavres échoués sur les côtes témoignent. La résistance de ces oiseaux est néanmoins étonnante puisque les pétrels-tempête nicheurs des îles Britanniques et de Bretagne vont chercher la nourriture destinée à leur progéniture jusque dans le golfe de Gascogne.

La faculté de cet oiseau à transformer de petits poissons et du plancton en une huile épaisse et nauséabonde, qu'il régurgite ensuite dans la gorge du poussin, lui permet de réaliser ce long voyage sans être alourdi. Le jeune dispose alors d'une nourriture extrêmement riche qui lui donne la force de supporter ces durées de jeûne relativement longues entre deux nourrissages. Ce phénomène montre bien que, chez cette espèce, la nourriture n'est pas le facteur limitant de son installation dans une région mais que ce sont plutôt les potentialités de nidification. Les exigences biologiques de certains oiseaux limitent donc leur aire de reproduction. Ainsi, les sternes prennent place sur des étendues plates de sable ou de graviers (îlots, plages), lorsqu'elles ne sont pas chassées par des goélands dont l'omniprésence devient gênante en certaines localités ; les grands gravelots grattent des cuvettes dans le sol d'une plage, souvent à proximité de la ligne sinueuse formée par les détritus que dépose la mer à marée haute.

Le goéland argenté, oiseau caractéristique du littoral dont les facultés adaptatives sont exceptionnelles, fait preuve d'une démographie florissante et ses populations augmentent régulièrement depuis plus de trente ans. Les causes de ce phénomène sont à rechercher dans le fait que cette espèce a un régime alimentaire très éclectique qui lui permet de profiter de ressources alimentaires que notre société met directement à sa disposition : en Bretagne, par exemple, dès 1951 les décharges d'ordures ménagères à ciel ouvert se sont multipliées en relation avec l'accroissement des villes du littoral. Ce goéland s'est également intéressé aux déchets de la pêche et à ceux des industries agro-alimentaires qui n'ont cessé d'augmenter durant la décennie. Cette manne est sans aucun doute à l'origine de cette explosion démographique à laquelle il faut ajouter la longévité moyenne élevée de l'espèce qui se situe aux alentours d'une quinzaine d'années. A l'heure actuelle, il semble que les populations européennes soient en voie de stabilisation.

1

3

2

4

Utilisation du milieu marin par les oiseaux nicheurs

1. *Le grand gravelot s'installe de préférence sur une plage.*
2. *Les goélands argentés construisent leurs nids soit sur le sol d'un îlot, soit au flanc d'une falaise, parfois sur le toit d'une maison, exceptionnellement dans un arbre.*
3. *La mouette tridactyle utilise le moindre relief d'une paroi abrupte pour y bâtir son nid d'algues.*
4. *Le pétrel-tempête pond son unique œuf dans une anfractuosité de la roche.*

Pétrel fulmar

Fulmarus glacialis

En haut, à droite : pétrels fulmars se disputant les entrailles d'un cétacé dans un port islandais. Les narines tubulaires formées de plusieurs pièces cornées soudées ensemble caractérisent la famille des procellariiformes.

L'immensité marine du grand large s'étend à perte de vue et seuls les mouvements des vagues et le roulis d'un navire animent ce paysage monotone. Depuis des heures, quelques mouettes tridactyles suivent le bateau d'un vol souple en espérant récupérer des déchets de cuisine. Au loin, un petit point blanc se rapproche à grande vitesse : les ailes droites et parfaitement rigides, un pétrel fulmar aux allures de puffin glisse au ras de l'eau. Lorsqu'il change de cap, le bout de ses ailes semble toucher la crête des vagues, puis il s'éloigne, disparaissant aussi vite qu'il est venu.

Dans le nord de l'Europe, ce pétrel a pour habitude d'accompagner les chalutiers dont il guette la remontée des filets afin de saisir au passage quelques poissons. Lors du dépeçage des baleines dans les ports islandais ou norvégiens, les « fulmars » se jettent dans les entrailles des cétacés en une mêlée grouillante et grognante. Les oiseaux qui ne peuvent accéder à la curée nagent à proximité et se gavent du sang répandu dans l'eau.

C'est au cours de l'hiver que les premiers pétrels rejoignent les sites de reproduction et commencent leurs cérémonies nuptiales : posés sur une corniche, les deux partenaires se saluent en agitant la tête et, le bec largement ouvert, émettent dans le même temps des sons graves et nasillards.

En vert : sédentaire. En marron : visiteur d'hiver. En jaune : visiteur d'été.

A la fin de l'été, les pétrels fulmars quittent les colonies pour le grand large, les jeunes allant vagabonder pendant près de quatre ans dans l'Atlantique Nord.

Sur le terrain : il ressemble à un petit goéland au cou épais, à la tête ronde, à la queue arrondie et aux ailes sans marques noires.
Plumage : les deux sexes sont identiques.
Les plumages varient du blanc jaunâtre au gris. Les jeunes sont comme les adultes.
Nourriture : le pétrel fulmar consomme du plancton et des déchets d'animaux qui flottent sur l'eau. Il y ajoute des poissons, des mollusques, des crustacés et parfois des oiseaux morts.
Site du nid : il s'installe sur une corniche de falaise abrupte ou sur un rocher qui surplombe la mer.
Nid : l'œuf est déposé à même le roc ou dans une petite dépression de terre.
Nichée : 1 œuf, rarement 2, blanc uni, est pondu du mois de mai au début du mois de juin et couvé de 41 à 57 jours par le couple.
1 ponte annuelle.
Semi-nidicole.
Quitte le nid entre le 41e et le 57e jour.
Longueur : de 43 cm à 51 cm.
Poids : de 625 g à 830 g.
Longévité : peut atteindre 22 ans.

Pétrel-tempête

Hydrobates pelagicus

Au large des côtes bretonnes, un chapelet d'îles et d'îlots balayés par le vent et sans cesse rongés par les flots s'égrène dans un paysage d'écume et de roches. Par beau temps, les pelouses à statices resplendissent de leur rose pâle qui contraste avec l'environnement minéral. Sur ce tapis végétal de fleurs et d'herbes rases, les goélands ont installé leurs nids à proximité les uns des autres, ce qui entraîne de nombreuses querelles de voisinage.

A la nuit tombante, la colonie se calme lentement, une dernière clameur accueille un oiseau revenu tardivement de la pêche. Maintenant, seul le battement de la mer sur les récifs est audible, mais un étrange ronronnement monte du sol, d'entre les pierres. En approchant de l'une de ces voix, dans l'anfractuosité d'un muret en ruine dégageant une forte odeur de musc, on découvre un petit oiseau noir au croupion blanc qui couve son unique œuf. Ne paraissant pas effrayé, le pétrel-tempête regarde l'observateur de sa tête ronde aux petits yeux noirs.

Le jour, cet oiseau de haute mer parcourt l'océan en quête de plancton et de petits poissons. Bravant les tempêtes les plus sévères, il se met à l'abri au creux des vagues. Très à l'aise par mauvais temps, il continue à se nourrir, picorant çà et là de minuscules proies ; volant sur place quelques secondes, les pattes pendantes, il plonge puis reprend son chemin en zigzaguant.

Migrateurs nocturnes partiels, les pétrels se déplacent d'août à novembre dans l'Atlantique ou la Méditerranée ; les retours ont lieu en mars.

Sur le terrain : de la taille d'un martinet, ce pétrel tout noir a le croupion blanc et de longues pattes.
Plumage : les deux sexes sont identiques. Les jeunes sont comme les adultes mais plus noirs, avec de fins lisérés gris-brun sur le dos.
Nourriture : le pétrel-tempête consomme surtout du plancton, des petits mollusques, des méduses, des seiches, des déchets jetés par les bateaux.
Site du nid : ils s'installent en colonies sur des îlots rocheux ou herbeux, parsemés de pierres.
Nid : il creuse un terrier ou occupe une fissure de rocher, une cavité dans un mur de pierres sèches ; le couple y dépose quelques herbes sèches. L'odeur musquée du nid trahit sa présence.
Nichée : 1 œuf blanc, couronné de points rouges, est pondu entre la fin du mois de mai et la mi-juillet, et couvé de 38 à 41 jours, alternativement par les deux parents.
1 ponte annuelle.
Semi-nidicole.
Quitte le nid entre le 54e et le 73e jour.
Longueur : 15 cm.
Poids : de 23 g à 27 g.
Longévité : peut atteindre 18 ans.

Aire de reproduction — Aire de reproduction et d'hivernage — Aire d'hivernage

En vert : sédentaire. En marron : visiteur d'hiver. En jaune : visiteur d'été.

Ci-dessus : *pétrel-tempête couvant son unique œuf dans l'anfractuosité d'un mur en ruine.*

Ci-contre : *« nid » de pétrel-tempête.*

Fou de Bassan

Sula bassana

Page de droite
En haut : fous de Bassan dans leur colonie.
En bas, à droite : grand cormoran jeune. Cette espèce fréquente les îlots et les falaises rocheuses du littoral. Sédentaires ou migrateurs partiels, certains oiseaux quittent les sites de reproduction d'août à novembre, errant alors au gré des sources de nourriture. Les retours ont lieu de février à avril.
En bas, à gauche : cormoran huppé en plumage nuptial. L'hiver, la petite huppe disparaît.

Loin des côtes, le bateau fend les vagues dans un léger roulis et, sous l'étrave écumante, plusieurs dauphins surgissent des profondeurs. Au-dessus du bastingage, des mouettes tridactyles volent souplement, espérant quelques morceaux de pain. Dans cette immensité où ciel et mer ne font qu'un, les silhouettes en croix de grands oiseaux blancs se rapprochent. Volant à 20 m ou 30 m au-dessus de la surface, les fous de Bassan viennent de repérer un banc de maquereaux.

Plongeant les uns après les autres, en vrille ou verticalement, les oiseaux pénètrent dans l'eau au milieu d'une gerbe d'éclaboussures, les ailes collées contre le corps et tendues vers l'arrière. Quelques secondes plus tard, les fous réapparaissent et avalent les poissons qu'ils ont capturés. Pendant de longues minutes, les fous de Bassan se jettent à chaque instant dans les flots, puis, comme le banc de poissons est descendu à plus de 5 m de profondeur, les grands pêcheurs blancs s'éloignent en glissant légèrement, les ailes tendues au ras des vagues, et s'élèvent lentement en planant.

En février, les fous quittent la haute mer pour rejoindre leurs colonies où ils commencent les jeux nuptiaux : face à face, les partenaires battent des ailes à moitié ouvertes, dressent le cou à la verticale et secouent la tête d'un côté à l'autre, tout en lançant des cris rauques et sonores. Les cérémonies se poursuivent par des révérences : cou arqué, tête abaissée, ils agitent les ailes et la queue.

En automne, les jeunes se dirigent vers le sud, hivernant des côtes marocaines au Sénégal, tandis que les adultes restent en Europe, autour des îles Britanniques.

Sur le terrain : de la taille d'une oie, le fou de Bassan a le corps allongé et terminé en pointe par un bec puissant. Silhouette caractéristique.
Plumage : les deux sexes sont identiques. Les jeunes ont le dessus brun marqué de chevrons blancs et le dessous blanc avec des lisérés foncés. Le plumage adulte est acquis vers 4 ans ou 5 ans.
Nourriture : il consomme essentiellement des poissons comme les harengs, les maquereaux, les sardines.
Site du nid : les fous de Bassan s'installent en colonies, sur des rochers à pic ou dans les corniches étroites des falaises.
Nid : le couple entasse des algues mêlées de plantes et de débris trouvés en mer, en formant une structure circulaire.
Nichée : 1 œuf, plus rarement 2, de couleur bleuâtre et que les algues tachent de brun, est pondu entre la fin du mois de mars et la fin du mois d'avril, et couvé de 43 à 45 jours par le couple.
1 ponte annuelle.
Nidicole.
Quitte le nid entre le 85ᵉ et le 95ᵉ jour.
Longueur : de 78 cm à 85 cm.
Poids : 3,500 kg.
Longévité : peut atteindre 17 ans.

Aire de reproduction — Aire de reproduction et d'hivernage — Aire d'hivernage

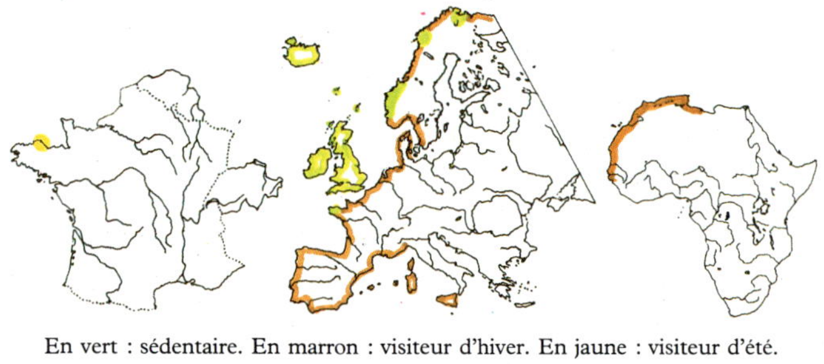

En vert : sédentaire. En marron : visiteur d'hiver. En jaune : visiteur d'été.

Cormoran huppé

Phalacrocorax aristotelis

Se laissant bercer par les flots, un groupe de mouettes tridactyles pêche de menus poissons et des petits crustacés en basculant le haut du corps ou en plongeant totalement. Non loin de là, sur un récif blanchi d'écume, quelques cormorans huppés à la silhouette noire en forme de croix sont immobiles, face au vent. D'autres, aux trois quarts immergés, la tête hors de l'eau et le bec pointé vers le ciel, nagent dans les vagues puis disparaissent de longs instants sous les flots à la recherche de sprats et autres orphies.

Les cormorans peuvent rester sous l'eau une cinquantaine de secondes, et certains parfois près de trois minutes, aussi descendent-ils pêcher leurs proies jusqu'à une vingtaine de mètres de profondeur. Handicapés par la perméabilité de leur plumage, ils sont obligés de se sécher longuement après chaque bain. Contrairement aux autres espèces d'oiseaux aquatiques, les cormorans ne s'enduisent pas régulièrement de la substance huileuse qu'ils trouvent à la base de leur queue et dont la fine pellicule protège du froid et de l'humidité. Une fois sec, le cormoran replie ses longues ailes étendues, s'ébroue, puis décolle au ras des vagues et s'en va rejoindre sa partenaire pour couver à sa place.

Les cormorans huppés de Bretagne sont sédentaires ; ils effectuent parfois des déplacements erratiques, mais ne s'éloignent guère des côtes de l'Atlantique et de la Manche. En Méditerranée, l'espèce semble très sédentaire.

Sur le terrain : de la taille d'un canard, le cormoran huppé n'a pas sur la tête et les cuisses les taches blanches du grand cormoran. Les reflets vert irisé de bleu au cou et à la tête, et de violacé sur le manteau, sont caractéristiques.
Plumage : les deux sexes sont identiques.
Pendant les noces, les oiseaux arborent une huppe qui disparaît dès l'été. Les jeunes sont brun foncé dessus et blanchâtres dessous.
Nourriture : il pêche des poissons tels les sprats, les labres, les spirlins, jusqu'à 21 m de profondeur.
Site du nid : ils s'installent en colonies sur les côtes rocheuses, dans les crevasses des rochers, entre les blocs d'éboulis, sur les corniches des falaises.
Nid : le couple construit un nid d'algues, de brindilles ou d'herbes sèches.
Nichée : de 2 à 4 œufs bleuâtres, pondus de la mi-janvier à juin, sont couvés de 24 à 28 jours par le couple.
1 ponte annuelle.
Semi-nidicole. Quitte le nid entre le 45ᵉ et le 50ᵉ jour.
Longueur : 67 cm.
Poids : 1,760 kg.
Longévité : peut atteindre 23 ans.

Aire de reproduction — Aire de reproduction et d'hivernage — Aire d'hivernage

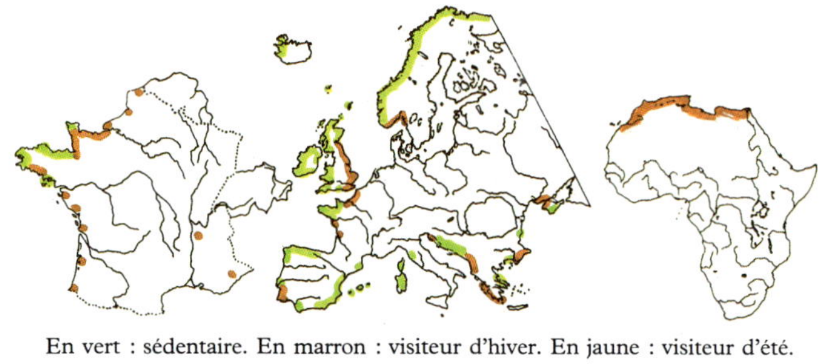

En vert : sédentaire. En marron : visiteur d'hiver. En jaune : visiteur d'été.

Tadorne de Belon

Tadorna tadorna

En haut, à droite : tadorne de Belon immature.

Au centre : tadorne de Belon mâle adulte. La femelle n'a pas sur le bec un tubercule rouge aussi saillant.

Ci-dessous, à droite : canard siffleur mâle. Ce canard de surface niche dans le nord de l'Europe et arrive à l'ouest du continent de septembre à novembre pour en repartir de février au début du mois de mai. Cette espèce passe l'hiver dans les baies et les estuaires où les herbiers à zoostères lui fournissent l'essentiel de sa nourriture. En dehors de ces milieux, le canard siffleur ne se rencontre qu'en petites troupes, notamment à l'intérieur du continent.

Ci-dessous, à gauche : macreuse brune mâle. Ce canard plongeur consommateur de coquillages niche en Europe septentrionale. Migratrice, cette espèce apparaît des littoraux de la Baltique à ceux de l'Atlantique d'octobre à avril. Rare à l'intérieur des terres, elle est cependant plus fréquente que sa proche parente la macreuse noire, qui est nettement plus dépendante des rivages marins.

A marée basse, le sable humide de la baie brille sous la lumière rasante du soir. L'eau aspirée par le large se retire dans les canaux creusés par les courants et, dans le ciel, des courlis lancent leurs cris plaintifs sur deux notes puis se posent à proximité d'une troupe d'huîtriers.

Au bord d'une rigole, quelques gros canards au plumage bariolé de roux, de blanc et de vert, pataugent nonchalamment, leur bec rouge écarlate fouillant les vases en quête de crevettes et de vers marins. Se nourrissant aussi bien le jour que la nuit, les tadornes suivent le rythme des marées ; affairés à marée basse, ils regagnent les dunes dès que la baie est inondée et attendent le prochain reflux.

Les couples se forment au sein des troupes en hiver, mais les cérémonies nuptiales et le choix de l'emplacement des sites de reproduction ont lieu au début du printemps : mâles et femelles font alors entendre leurs sifflements clairs et leurs cris bas et rauques. Au summum de l'excitation, les mâles tournent autour des canes avec des mouvements de cou spectaculaires, puis essaient de les faire entrer dans un terrier de lapin ; c'est là qu'elles déposeront leurs œufs.

Dès le mois de juillet, les tadornes de Belon rejoignent des grands bancs de sable situés aux Pays-Bas et en Allemagne de l'Ouest ; ils y subissent la mue, ce qui les empêche de voler pendant plusieurs semaines. En septembre, les canards retournent sur les sites de nidification où ils passent la plus grande partie de l'hiver. De nombreux individus s'égarent à l'intérieur du continent, jusqu'en Suisse, parfois même plus loin.

Macreuse brune mâle.

Canard siffleur mâle.

Sur le terrain : il ressemble à une petite oie bariolée de roux et de vert, avec le bec rouge et les pattes roses.
Plumage : la femelle est plus terne que le mâle avec le dos marqué de noir, et elle n'a pas de protubérance cornée sur le bec. En hiver, le mâle ressemble à la femelle car celle-ci a alors perdu sa raie ventrale foncée.
Les jeunes, moins contrastés que les adultes, ont le bec rose grisâtre.
Nourriture : le tadorne de Belon consomme surtout des crustacés comme les crevettes, des mollusques et des vers, auxquels il ajoute des insectes, des larves et des algues.
Site du nid : il s'installe dans un terrier de lapin ou de renard situé à proximité de l'eau et caché par les herbes ou les buissons d'une dune.
Nid : la femelle réunit au fond de la cavité des herbes sèches et quelques débris végétaux.
Nichée : de 8 à 12 œufs blanc-crème, lisses, sont pondus entre la fin d'avril et le début de juin, et couvés 28 ou 29 jours par la femelle. 1 ponte annuelle. Nidifuge. Vole entre le 60ᵉ et le 65ᵉ jour.
Longueur : de 49 cm à 66 cm.
Poids : mâle, de 750 g à 1 500 g ; femelle, de 500 g à 970 g.
Longévité : peut atteindre 16 ans.

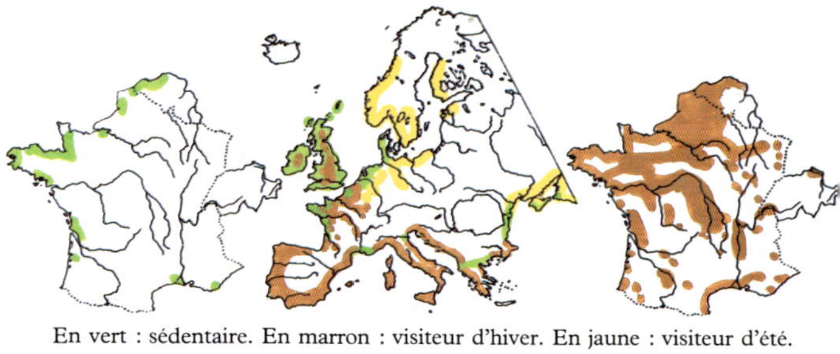

En vert : sédentaire. En marron : visiteur d'hiver. En jaune : visiteur d'été.

Huîtrier pie

Hæmatopus ostralegus

Les vastes bancs de sable de la baie s'amenuisent sous les assauts de la marée et de grandes troupes d'oiseaux bicolores, sans cesse refoulées par les eaux montantes, font entendre leurs coups de sifflet perçants.

A marée basse, les huîtriers se nourrissent pendant de longues heures en fouillant de leur bec rouge-orangé la boue saumâtre, à la recherche de vers, de coques et d'autres mollusques. Bien adaptées à l'ouverture des bivalves, les fortes mandibules de l'oiseau martèlent les coquilles, décollent des rochers les bigorneaux et les berniques. Se servant de son bec comme d'un levier, l'huîtrier perce les opercules des invertébrés afin d'en extraire le précieux contenu. Paradoxalement, cet échassier ne se nourrit pratiquement pas d'huîtres en Europe, puisque la plupart des bancs naturels ont aujourd'hui disparu des littoraux. A marée haute, les « pies de mer » se retirent sur des îlots exondés et somnolent sur une patte jusqu'au reflux suivant.

En avril, les couples, en principe unis pour la vie, se forment sur les sites de nidification et les jeux nuptiaux s'engagent. C'est par d'incessants sifflements que le mâle attire une femelle. Celle-ci sollicite alors l'accouplement en se tenant penchée vers l'avant, le bec à l'horizontale.

Migrateurs nocturnes partiels, les huîtriers pies se dirigent d'août à octobre vers leurs quartiers d'hiver européens. Certains individus gagnent l'Afrique du Nord et peuvent même atteindre les côtes mauritaniennes, parfois le Ghana et, exceptionnellement, la Sierra Leone et l'Afrique du Sud. Les retours s'échelonnent de février à avril.

Sur le terrain : échassier bicolore, de la taille d'un pigeon, au long bec rouge et aux fortes pattes. Sifflements caractéristiques.
Plumage : les deux sexes sont identiques. En automne et en hiver, menton blanchâtre et croissant blanc sur la gorge. Les jeunes ont les parties foncées brun-roussâtre et le bec brun.
Nourriture : l'huîtrier pie consomme surtout des moules, des coques, des bigorneaux et des vers marins. Il y ajoute des cadavres de poissons et d'oiseaux et, en été, des insectes.
Site du nid : il s'installe à découvert sur les arrière-plages de sable, de galets ou de coquillages, sur les rochers, les digues, les prairies...
Nid : le couple gratte dans le sol une cuvette qu'il garnit de coquillages, d'arêtes...
Nichée : de 2 à 4 œufs mats, allant du blanc-crème au brun-olive, tachés de brun-noir ou de brun-rouge, sont pondus de la mi-mars à la mi-juillet et couvés 26 ou 27 jours par le couple.
1 ponte annuelle.
Nidifuge. Vole entre le 34e et le 36e jour.
Longueur : 36 cm.
Poids : 550 g.
Longévité : peut atteindre 36 ans.

En vert : sédentaire. En marron : visiteur d'hiver. En jaune : visiteur d'été.

Ci-dessus : huîtrier pie couvant ses œufs.

Au centre : huîtrier pie surveillant les alentours, prêt à donner l'alarme.

En bas : bernache cravant. Cette petite oie originaire des toundras rocheuses de l'Arctique hiverne d'octobre à mai sur le littoral, dans les golfes et les baies, où elle se nourrit principalement de plantes marines (zoostères).

Grand gravelot

Charadrius hiaticula

Sur les pelouses d'un îlot, une colonie mixte de goélands bruns et de goélands argentés produit un vacarme indescriptible témoignant de l'activité intense des oiseaux. Sur le rivage, un huîtrier pie inquiet, bec grand ouvert, lance son sifflement d'alarme puis s'éloigne et disparaît entre les blocs sombres et luisants du rivage.

Sur la plage, au-dessus de la laisse de haute mer, tapi sur le sol entre les graviers et les débris de coquillages, un grand gravelot au plumage parfaitement homochrome couve ses quatre œufs. Pratiquement invisible, l'oiseau surveille les alentours de ses grands yeux noirs maquillés de jaune-orangé.

Souvent uni pour la vie, le couple est déjà formé lorsqu'il arrive sur les sites de nidification et les cérémonies nuptiales se succèdent en vol chanté ou au sol, près du nid. La posture la plus caractéristique est adoptée lorsque le gravelot défend son territoire : légèrement penché en avant, l'échassier exhibe son collier noir, pattes fléchies, hérissant son manteau brun, puis il hoche la queue avec des vibrations du corps.

Grands migrateurs nocturnes, les gravelots commencent leurs pérégrinations dès le mois de juillet et les achèvent en novembre. Convergeant vers le littoral atlantique, les différentes populations européennes vont hiverner sur les côtes de France et de la péninsule Ibérique. Mais le plus gros des effectifs gagne les rivages du Maroc et du banc d'Arguin en Mauritanie. Les retours s'échelonnent de février à mai.

Ci-dessus : grand gravelot couvant ses œufs sur une plage.

Au centre : tourne-pierre à collier en plumage nuptial. Cette espèce niche sur les côtes de Scandinavie. Migrateur nocturne, le tourne-pierre apparaît à l'ouest de l'Europe de la fin de juillet à octobre puis hiverne jusqu'en mars. D'autres individus vont jusqu'en Mauritanie. Les retours ont lieu en avril et en mai.

En bas : bécasseau de Temminck sur son nid. Cette espèce, qui niche dans le nord de la Scandinavie, traverse l'ouest de l'Europe de juillet à septembre puis hiverne au sud du Sahara. Les retours ont lieu en avril et en mai.

Page de droite
En haut : bécasseau violet. Cette espèce niche en Scandinavie et en Islande, et hiverne sur les côtes rocheuses d'Europe de l'Ouest d'octobre à avril.

Sur le terrain : petit échassier à la tête ronde, au bec court et aux pattes orangées. Au printemps, les dessins de la face et de la poitrine sont caractéristiques. En vol, barre alaire blanche. Sifflements caractéristiques.
Plumage : la femelle a les parties sombres du plumage brun foncé et le cercle orbital gris. Les jeunes, plus pâles que les adultes, ont le dessus marqué de liserés roussâtres et les dessins de la tête beiges.
Nourriture : le grand gravelot consomme surtout des vers et des mollusques marins, ainsi que des insectes coléoptères. Il complète ce régime par des crustacés, des araignées et parfois des fragments de végétaux.
Site du nid : il s'installe à même le sol sur le haut d'une plage, au pied d'une dune, sur un pré.
Nid : le couple prépare dans le sable une dépression qu'il garnit de petits graviers, de débris de coquilles, de crottes de lapin...
Nichée : de 3 à 5 œufs jaune-brun pâle ou vert-bleuâtre, ponctués et tachetés de noir et de gris, sont pondus de la mi-avril à juillet et couvés de 21 à 28 jours par le couple. 1 ou 2 pontes annuelles. Nidifuge. Vole entre le 21e et le 23e jour.
Longueur : 18 cm.
Poids : 65 g.
Longévité : peut atteindre 12 ans.

Aire de reproduction | Aire de reproduction et d'hivernage | Aire d'hivernage

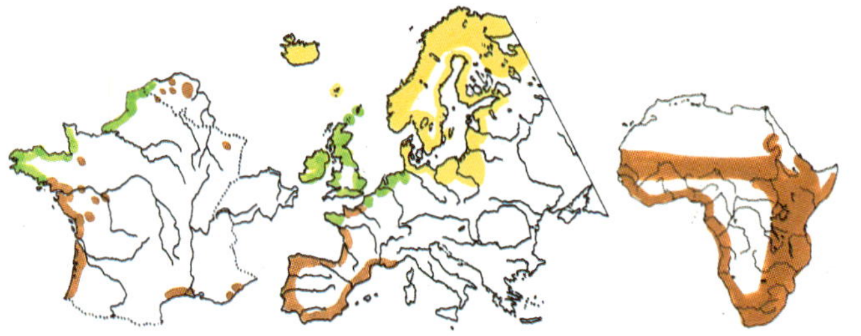

En vert : sédentaire. En marron : visiteur d'hiver. En jaune : visiteur d'été.

En bas, à gauche : chevalier gambette en plumage de noces. En période de reproduction, son habitat est constitué par les herbages des prés salés du littoral et par des prairies. A l'intérieur (tourbières et îlots des cours d'eau), le « gambette » est plus rare. Des populations hivernent sur les vasières de la mer du Nord ou de la Méditerranée, d'autres vont sur les côtes du Maroc ou de Mauritanie.

En bas, à droite : phalarope à bec large en hiver. L'espèce niche en Islande et en Sibérie arctique ; elle apparaît au large de l'Europe de l'Ouest à la fin du mois d'août et en septembre.

Goéland argenté *Larus argentatus*
Goéland brun *Larus fuscus*

En haut, à droite : goéland brun faisant la vigie près de son nid.

Au centre : goéland brun.

En bas, à gauche : grand labbe. Cette espèce niche surtout le long des côtes de Norvège, d'Écosse et d'Islande. Hivernant au grand large, ce labbe n'apparaît près du littoral que lors de fortes tempêtes.

En bas, à droite : labbe parasite en phase sombre. Cette espèce niche surtout le long des côtes scandinaves, en Islande et en Écosse. Grande migratrice, elle quitte les sites de reproduction en août, traverse l'ouest de l'Europe jusqu'en décembre, gagne les côtes africaines et descend jusqu'au Cap pour hiverner. Les retours ont lieu d'avril à juin.

Les premières lueurs de l'aube jettent une lumière blafarde sur une petite crique. Un phoque gris regarde les alentours de ses grands yeux tristes puis disparaît, englouti par les flots. Sur la plage, un huîtrier explore la laisse de haute mer et les derniers croassements des puffins s'élèvent de l'îlot.

Peu à peu, la colonie de goélands argentés et de goélands bruns s'active. Les femelles, posées sur leurs œufs, dressent leur tête qui émerge des touffes végétales, tandis que leurs partenaires veillent non loin de là, prêts à faire face à un éventuel danger.

Les deux espèces de goélands font apparemment bon ménage ; leur silhouette et leur taille identiques pourraient d'ailleurs faire croire qu'il s'agit du même oiseau. En fait, par bon éclairage, le manteau foncé du goéland brun se distingue aisément de celui du goéland argenté qui est d'un beau gris cendré.

Très bavard, le goéland argenté possède un répertoire vocal fort diversifié et adapté aux différentes situations auxquelles il est confronté : l'accueil d'un congénère est salué par un coup de clairon émis la tête tendue en avant, suivi d'autres cris, le bec pointé vers le sol ; des aboiements avertissent les jeunes de l'arrivée d'un homme ou d'un prédateur et les incitent à se dissimuler parmi les herbes et les fleurs. D'autres comportements permettent de faire respecter les territoires au sein de la colonie. Occupant un petit promontoire à proximité de la couvée, le mâle guette et, si l'un de ses voisins vient le provoquer, cou tendu, bec abaissé, arrachant de temps en temps des brins d'herbe, le propriétaire descend de son perchoir et adopte la même posture jusqu'au moment où l'intrus retourne chez lui.
Grands voiliers, ces deux goélands excellent dans les acrobaties aériennes, en vol sur place face à un vent violent ou louvoyant au ras de l'écume.

Plutôt sédentaire, le goéland argenté vagabonde le long des côtes, sur plusieurs dizaines de kilomètres mais, depuis quelques années, l'espèce a tendance à pénétrer l'intérieur des terres en suivant les grands fleuves. Ce phénomène est probablement lié à l'exceptionnelle croissance démographique qu'elle a connue en Europe ces vingt dernières années.

Les goélands argentés posent des problèmes aux agglomérations proches de la côte car ils polluent les réservoirs d'eau et dégradent les toitures ; ils nuisent également à de nombreuses espèces d'oiseaux menacées car ils mangent leurs œufs, tuent les oisillons et occupent les emplacements de nidification.

Contrairement au goéland argenté, le goéland brun entreprend des migrations au long cours qui le conduisent en Méditerranée et, sur le littoral atlantique, jusqu'au Nigeria. Quittant l'Europe d'août à novembre, il revient de ses quartiers d'hiver de mars à avril.

;oéland argenté

ur le terrain : grosse
: mouette » au bec jaune et
on rouge. En été, il n'arbore
as le capuchon chocolat de la
nouette rieuse.
'lumage : les deux sexes sont
dentiques. Les jeunes
résentent un plumage brun
oncé les deux premières
nnées, puis acquièrent vers
ans la livrée blanche des
dultes.
Nourriture : le goéland
rgenté est omnivore.
'rédateur, parasite, écumeur et
boueur, il a un régime des
lus éclectiques : charognes,
nollusques, insectes, poissons;
pille aussi les nids et attaque
es petits mammifères ou
es oiseaux blessés. En hiver,
exploite les décharges
lomestiques à ciel ouvert.

Site du nid : ils s'installent en colonies sur les corniches des falaises, les rivages des îlots, sur les toits des habitations et même dans des arbres morts.
Nid : le couple construit dans le sol une dépression qui est garnie d'herbes sèches, de racines, d'algues, d'os...
Nichée : de 2 à 4 œufs de couleur variable (vert, gris, bleu cendré), tachés de noir, sont pondus entre le début d'avril et le début de juillet, et couvés de 25 à 33 jours par la femelle.
1 ponte annuelle.
Semi-nidifuge. Vole entre le 40e et le 45e jour.
Longueur : 63 cm.
Poids : de 800 g à 1,300 kg.
Longévité : peut atteindre 32 ans.

\ire de reproduction — Aire de reproduction et d'hivernage — Aire d'hivernage

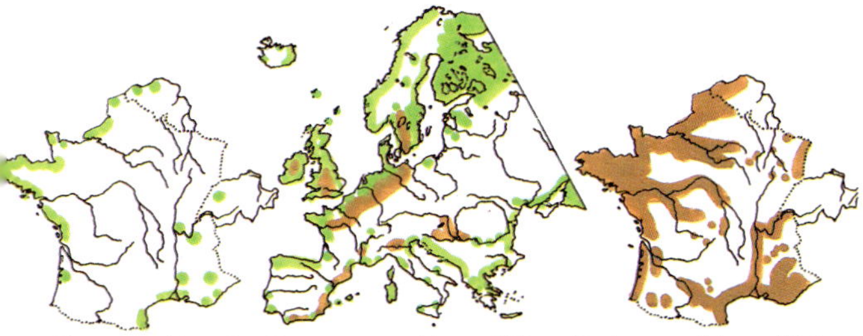

En vert : sédentaire. En marron : visiteur d'hiver. En jaune : visiteur d'été.

Goéland brun

Sur le terrain : réplique du goéland argenté mais avec un manteau noir et des pattes jaunes. Il se distingue difficilement du goéland argenté méditerranéen qui a aussi les pattes jaunes.
Plumage : les deux sexes sont identiques. Les jeunes ont une livrée semblable à celle du goéland argenté. En hiver, les adultes ont la tête, le cou et la poitrine tachetés de brun.
Nourriture : il consomme surtout des poissons, des mollusques. Le goéland brun est nettement moins charognard que l'argenté.
Site du nid : ils s'installent en colonies sur les rochers, les dunes, les plages du littoral, parfois près des lacs proches de la mer.
Nid : à l'abri de la végétation ou entre des rochers, le couple gratte une cuvette dans le sable ou dans la terre, puis il la garnit d'herbes sèches, d'algues, de racines, de coquillages.
Nichée : de 1 à 4 œufs allant du vert-olive au gris jaunâtre sont pondus de mai à juin et couvés de 23 à 26 jours par le couple. 1 ponte annuelle.
Nidifuge. Vole entre le 30e et le 34e jour.
Longueur : 53 cm.
Poids : de 560 g à 1,200 kg.
Longévité : peut atteindre 27 ans.

Ci-dessus : l'hiver, des milliers de goélands argentés profitent des décharges d'ordures ménagères pour se restaurer.

En bas, à gauche : goéland argenté à pattes roses.

Aire de reproduction — Aire de reproduction et d'hivernage — Aire d'hivernage

En vert : sédentaire. En marron : visiteur d'hiver. En jaune : visiteur d'été.

Mouette tridactyle

Rissa tridactyla

Ci-dessous : sterne arctique. Cette espèce niche dans toutes les régions de l'Arctique, plus au sud dans les îles Britanniques et, très ponctuellement, en Bretagne. Grande migratrice, elle réalise un périple annuel de 17 000 km aller et retour entre les sites de reproduction et les quartiers d'hivernage situés au large du continent Antarctique. Quittant l'hémisphère Nord de juillet à août, elle y revient à la fin d'avril et en mai.

Page de droite : mouette tridactyle. Cet adulte protège son poussin des rayons du soleil ; ayant très chaud, celui-ci ouvre largement le bec pour assurer une bonne thermorégulation.

Le vacarme assourdissant des différentes colonies de pingouins, de fous et de goélands résonne contre les parois des falaises et se mêle au grondement des flots. A proximité d'une troupe de guillemots de Troïl, plusieurs centaines de mouettes tridactyles se sont installées du sommet de la falaise jusqu'à la limite du ressac, exploitant les moindres aspérités de la roche.

Posé sur le futur emplacement du nid, le mâle commence sa parade nuptiale : courbé vers l'avant, il abaisse et relève rapidement la tête. Des cris accompagnent cette posture et le bec alors grand ouvert montre l'orange de la gorge. Attirée par ces manigances, une femelle se pose près du séducteur et les deux partenaires, face à la paroi, se caressent du bec tout en gonflant la gorge dans des mouvements de tête. La proximité de plusieurs nids entraîne souvent des querelles qui dégénèrent parfois en bagarre : les deux antagonistes se tiennent alors par le bec et tombent en chute libre jusqu'à la mer. Les « territoires » sont en principe déterminés par la portée du bec d'une mouette couvant ses œufs.

Contrairement aux autres espèces de laridés les poussins tridactyles ne peuvent vagabonder autour des nids avant de savoir voler étant donné leur situation élevée.

En automne, les mouettes tridactyles quittent les colonies pour gagner l'immensité pélagique de l'Atlantique Nord, s'approchant même des côtes du Groenland et du Canada ; d'autres se dirigent vers le sud.

Souvent perturbés par les longues tempêtes d'automne, de nombreux oiseaux meurent de faim ou d'épuisement alors que d'autres sont rejetés à l'intérieur des terres.

Sur le terrain : mouette de haute mer à la pointe des ailes noires, au bec jaune et aux pattes noires.
Plumage : les deux sexes sont identiques. En hiver, tache noire en croissant devant l'œil. Les jeunes ont la tête blanche et un demi-collier noir sur la nuque ; en vol, ils montrent un M noir sur le dos et les ailes.
Nourriture : la mouette tridactyle consomme surtout du plancton océanique, des crustacés, des vers, des mollusques et aussi des débris végétaux et des insectes.
Site du nid : elles s'installent en colonies, souvent en compagnie de guillemots, sur les corniches de falaises rocheuses aux parois verticales.
Nid : le couple construit une plate-forme d'herbes, de mousses et de terre humide, qui est aplatie par piétinement La coupe, profonde, est garnie d'algues et de plantes marines, puis tapissée d'herbes sèches. L'ensemble est cimenté par les fientes de l'oiseau.
Nichée : de 1 à 3 œufs allant du gris bleuâtre au vert-olive ou du jaunâtre au brun, tachés de gris et de brun-rouge, sont pondus de mai à juin et couvés de 26 à 28 jours par le couple. 1 ponte annuelle.
Semi-nidicole. Quitte le nid entre le 35e et le 50e jour.
Longueur : 38 cm.
Poids : de 340 g à 500 g.
Longévité : peut atteindre 24 ans.

Aire de reproduction — Aire de reproduction et d'hivernage — Aire d'hivernag

En vert : sédentaire. En marron : visiteur d'hiver. En jaune : visiteur d'été.

Petit pingouin *Alca torda*
Guillemot de Troïl *Uria aalge*

Face à l'océan, la roche noire d'un îlot se dresse vers le cie
Ses parois abruptes sont battues par les flots dans des gerbe
d'écume et de sourds mugissements. Sillonnant le ciel e
tous sens, des nuées bruyantes d'oiseaux blancs vont à l
pêche ou en reviennent : goélands et mouettes tridactyles s
jouent du vent. Sur l'îlot, un macareux au bec multicolor
chargé d'anchois s'engouffre dans un terrier creusé a
milieu d'une pelouse escarpée.

Au cœur de la falaise, sur une étroite corniche, des oiseau
curieusement dressés sur leur postérieur montrent leu
ventre blanc ou leur dos foncé. Petits pingouins et guille
mots de Troïl se côtoient en bon voisinage ; on peu
d'ailleurs les confondre puisque leur silhouette est prati
quement identique. Seul leur bec diffère : celui des pin
gouins tordas est court et aplati latéralement alors que celu
des guillemots est effilé et pointu. Contrairement à l
croyance populaire, les pingouins ont des ailes ; mêm
étroites, elles leur permettent de se déplacer sur de longue
distances, d'un vol rapide aux battements courts. Il fau
d'ailleurs se garder de confondre les pingouins avec le
« manchots » du continent antarctique dont les ailes atro
phiées se sont transformées en ailerons au cours de l'évo
lution, facilitant ainsi leurs évolutions dans l'eau.

La rumeur montant des colonies d'oiseaux de mer s'enten
à des kilomètres à la ronde et pingouins et guillemot
participent activement au vacarme général en lançant leur
croassements rauques. Ces deux espèces d'alcidés vivent l
majeure partie de l'année en haute mer : ils nagent e
bandes, les uns derrière les autres, et s'immergent de temp
en temps pour pêcher un poisson ou des mollusques.

En mars, les « tordas » quittent le large pour s'approcher d
littoral et rejoindre les falaises déjà occupées par les guille
mots. Bientôt, les couples se forment et les parades nuptiale
se succèdent : les pingouins se caressent mutuellement d
bec et certains individus, au paroxysme de l'excitation
dressent la tête et claquent rapidement des mandibules dan
un bruit de castagnettes.

L'œuf unique est déposé à même le roc ; sa forme piriforme
très accentuée chez le guillemot, lui permet de ne pa
basculer lorsque la couveuse se chamaille avec l'une de se
voisines. Au bout d'un mois, de minuscules boules de duve
couleur de suie ou noir pointillé de jaune clair apparaissen
sur les corniches. Nourris activement par les parents ave
une alimentation riche, les petits grossissent à vue d'œil e
c'est à l'âge de deux semaines qu'ils quittent la falaise... san
savoir voler. Encouragés par les cris des adultes, parfoi
poussés énergiquement par leurs parents — guillemots e
particulier — les jeunes se jettent dans le vide en battan
désespérément des ailes, ce qui les aide à se stabiliser a
cours de leur chute. L'épaisseur du duvet et la couche d
graisse accumulée sous la peau amortissent leur impact su
l'eau ; très vite remis de leurs émotions, ils plongent e
nagent pour éviter le bec meurtrier des goélands.

Les pingouins sont plus migrateurs que les guillemots e
peuvent hiverner jusqu'au large du Maroc et de l'Algérie.

Les guillemots adultes sont relativement sédentaires alor
que les jeunes se dispersent sur toutes les côtes d'Europe
du nord de l'Espagne aux côtes norvégiennes.

Ci-contre : petit pingouin. Cette espèce d'alcidé dont l'aire de répartition se limite aux régions arctiques de l'hémisphère Nord vole parfaitement, contrairement aux manchots du continent Antarctique qui sont incapables de se mouvoir dans les airs.

Ci-dessous : guillemot à miroir. Cet alcidé de la taille d'une poule d'eau habite les régions arctiques, la Scandinavie et, plus au sud, le nord des îles Britanniques. Sédentaire, cette espèce n'apparaît à l'ouest de l'Europe que poussée par les tempêtes.

Page de gauche : guillemot de Troïl. L'oiseau du haut appartient à la forme dite « bridée », qui se distingue par le cercle et le sillon blancs de l'œil.

'etit pingouin

;ur le terrain : de la taille 'un canard colvert et d'aspect icolore, le petit pingouin se ient dressé. Le bec court est plati sur les côtés.
'lumage : les deux sexes sont dentiques. En hiver, la gorge et es côtés de la tête deviennent lancs jusque derrière l'œil. .es jeunes ont le bec plus petit ue celui des adultes, tout noir t lisse.
Nourriture : le petit pingouin onsomme surtout des oissons qu'il capture jusqu'à m de profondeur. Il y ajoute es crustacés, des vers et des nollusques.
;ite du nid : ils s'installent à ni-hauteur des parois des rochers, à un endroit crevassé ou dans un amoncellement de blocs ou de galets.
Nid : l'œuf est pondu à même le sol dans une crevasse, dans un trou ou sous un bloc de rocher.
Nichée : 1 œuf allant du blanc au brun clair, tacheté, avec des points et des raies allant du brun-chocolat au brun-noir, est pondu en mai et couvé de 33 à 36 jours par le couple.
1 ponte annuelle.
Nidifuge.
Vole entre le 15e et le 21e jour.
Longueur : 41 cm.
Poids : de 545 g à 920 g.
Longévité : peut atteindre 25 ans.

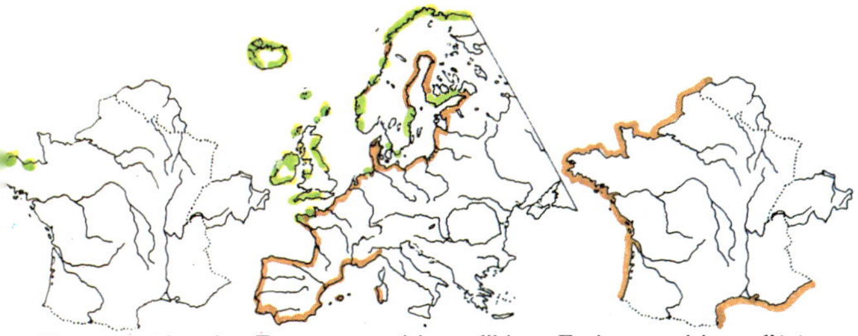

En vert : sédentaire. En marron : visiteur d'hiver. En jaune : visiteur d'été.

;uillemot de Troïl

;ur le terrain : le guillemot le Troïl ressemble à un petit ingouin mais le bec est long et ointu, et non aplati.
'lumage : les deux sexes sont dentiques. En hiver, la gorge et es côtés de la tête deviennent lancs, comme le dessous, xcepté le sillon noir derrière 'œil. Les jeunes sont comme es adultes mais sans raies runes sur les flancs.
Nourriture : le guillemot de Troïl consomme surtout des oissons qu'il pêche jusqu'à 0 m de profondeur.
;ite du nid : ils s'installent en colonies sur les corniches étroites des falaises, en compagnie de pingouins, de mouettes tridactyles.
Nid : l'œuf est posé directement sur la roche.
Nichée : 1 œuf blanchâtre, bleuâtre ou verdâtre, tacheté de vert foncé, de brun ou de noir, est pondu de la fin du mois de mai à la fin du mois de juin et couvé de 34 à 49 jours par le couple. 1 ponte annuelle.
Semi-nidicole. Quitte le nid entre le 14e et le 16e jour.
Longueur : 40 cm.
Poids : de 700 g à 1,100 kg.
Longévité : peut atteindre 32 ans.

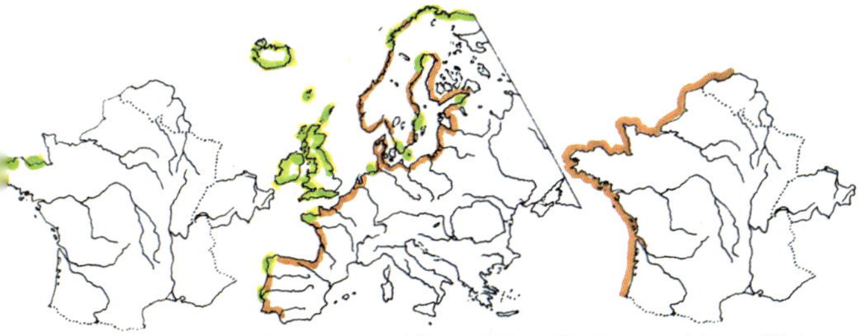

En vert : sédentaire. En marron : visiteur d'hiver. En jaune : visiteur d'été.

Macareux moine

Fratercula arctica

Une tache blanche se dessine sur l'îlot au milieu des pelouses et des rochers : des centaines de fous de Bassan sont chacun occupés à couver leur unique œuf. L'agitation est permanente, les cris pour saluer l'arrivée du partenaire se mêlent aux querelles de voisinage. A proximité des nids, bien qu'ils aient déjà essuyé de violents coups de bec, quelques goélands guettent la moindre inattention de l'un des oiseaux pour se saisir de son œuf.

De curieux grognements répétés à plusieurs reprises montent de la pente engazonnée. Au bout d'un moment, une tête multicolore sort de terre. L'énorme bec du macareux moine, aplati latéralement et coloré de rouge vif et de jaune, lui donne l'allure d'un perroquet, mais ses joues blanches, ses yeux maquillés de noir et ses mimiques font plutôt penser à un clown. Après avoir longuement observé les alentours, l'oiseau plonge dans l'abîme, soutenu par un vol vibré, ses pattes orangées pagayant à l'arrière.

C'est au début du printemps que les macareux retrouvent leurs sites de nidification et, très rapidement, les couples déjà formés entreprennent leurs cérémonies nuptiales : le mâle s'approche lentement de sa compagne puis, côte à côte, les deux partenaires secouent la tête, se frottent le bec et se font des révérences, le cou dressé.

A la fin du mois d'août, les macareux quittent les colonies mais leur dispersion n'intervient qu'en octobre et en novembre. Leurs migrations les conduisent jusqu'aux îles Canaries et aux Açores, ainsi qu'en Méditerranée. Les retours s'échelonnent de mars à avril.

Sur le terrain : le macareux moine ressemble aux pingouins et aux guillemots, mais la forme et les dessins de la tête, ainsi que le bec triangulaire aplati, bariolé de jaune, de gris et de rouge, rendent la distinction aisée.
Plumage : les deux sexes sont identiques. En hiver, le bec est plus petit et moins coloré ; les pattes deviennent ternes. En hiver, les jeunes sont plus sombres que les adultes et leur bec est mince, sans teintes vives.
Nourriture : il consomme surtout des petits poissons, des crustacés, des vers et des petits mollusques marins.

Site du nid : ils s'installent en colonies sur des îlots, des falaises aux pentes escarpées avec des espaces herbeux où ils peuvent creuser un terrier ou déloger un lapin.
Nid : l'œuf est déposé au fond de la cavité, à même le sol.
Nichée : 1 œuf blanc ou grisâtre, légèrement taché de brun ou de violacé, est pondu de la fin du mois d'avril à la f du mois de mai, et couvé de 40 43 jours par le couple. 1 ponte annuelle. Semi-nidicole. Quitte le nid entre le 40e et le 45e jour
Longueur : 30 cm.
Poids : de 300 g à 450 g.
Longévité : peut atteindre 23 ans.

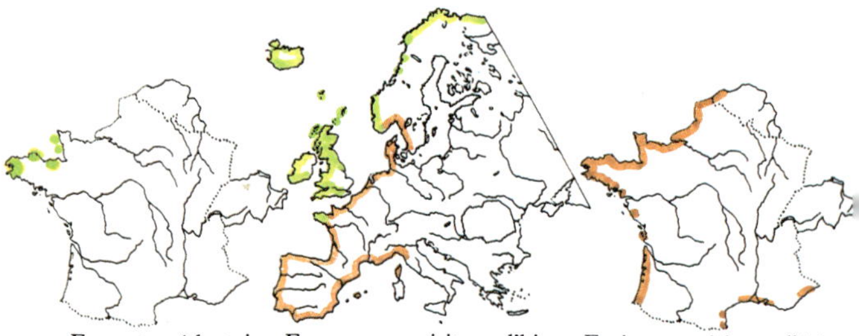

En vert : sédentaire. En marron : visiteur d'hiver. En jaune : visiteur d'été.

Ci-contre :
les stries situées sur le bec de ce macareux moine indique qu'il s'agit d'un individu âgé d'au moins 4 ans. En période internuptiale, le bec perd ses couleurs vives et diminue de volume (mue).

Crave à bec rouge

yrrhocorax pyrrhocorax

u bord de la falaise qui domine l'océan, la pelouse rase, ontinuellement balayée par le vent, se perd dans les im- énétrables massifs d'ajoncs. Sortant de la broussaille paisse, une fauvette pitchou reste une fraction de seconde n haut d'un buisson puis disparaît sous le couvert protec- eur. Non loin de là, un troupeau de moutons pâture onchalamment en compagnie de curieux « corbeaux » au ec rouge. Avançant avec souplesse et légèreté, les craves nfoncent leurs becs fins et incurvés dans la terre humide, 'arrêtant de temps à autre pour soulever une pierre ou pour icorer une crotte à la recherche de quelques larves d'in- ectes. A proximité, un traquet motteux perché sur un petit romontoire surveille les allers et venues de ces oiseaux ouleur d'ébène aux reflets métalliques.

ussi à l'aise sur le sol que dans les airs, les craves exploitent u mieux les courants qui frappent les parois verticales, se aissant porter, les ailes à moitié ouvertes et les pattes endantes. A d'autres moments, ils s'élancent du haut de la alaise dans un piqué vertigineux et rétablissent leur trajec- oire au ras de l'écume avant de s'engouffrer dans la caverne ù ils ont installé leur nid.

ormé pour la vie, le couple reste uni non seulement endant la période de reproduction mais également en hiver, e s'éloignant guère de leurs falaises natales. Espèce me- acée, elle voit ses populations s'amenuiser d'année en nnée à cause des conditions climatiques plus rigoureuses t de la disparition progressive des pratiques pastorales qui ntretenaient naturellement les pelouses du littoral.

Sur le terrain : sorte de corbeau au bec arqué rouge. Cris métalliques caractéristiques.
Plumage : les deux sexes sont identiques. Les jeunes, à la livrée plus terne que celle des adultes, ont le bec jaunâtre et les pattes orangées.
Nourriture : le crave est surtout insectivore. Il ajoute à ce régime des vers, des petits mollusques et des graines.
Site du nid : il s'installe sur une corniche, sous la voûte d'une caverne, dans une cavité à l'abri d'un surplomb. Le nid est souvent inaccessible.
Nid : le couple construit une coupe volumineuse avec des branchettes et des tiges, puis il la tapisse d'une épaisse couche de laine, de poils, de crins.
Nichée : de 3 à 7 œufs brillants, allant du blanc-crème au verdâtre, tachetés et pointillés de brun et de gris, sont pondus entre la fin du mois de mars et la fin du mois de mai, et couvés de 17 à 23 jours par la femelle. 1 ponte annuelle. Nidicole. Quitte le nid entre le 36e et le 40e jour.
Longueur : 38 cm.
Poids : de 290 g à 350 g.
Longévité : peut atteindre 16 ans.

Ci-dessus : grand corbeau. Ce corvidé fréquente les côtes tourmentées où les falaises lui permettent d'installer son nid.

En haut : crave à bec rouge.

En bas, à gauche : pipit spioncelle maritime. Cette espèce fréquente les côtes et les îles rocheuses. En hiver, les effectifs des populations indigènes de l'ouest de l'Europe sont augmentés par les espèces venues du nord.

En vert : sédentaire. En marron : visiteur d'hiver. En jaune : visiteur d'été.

LES OISEAUX DU LITTORAL MEDITERRANEEN

Balayé par la tramontane ou le mistral, le littoral méditerranéen ne présente pas la même diversité de milieux que celui de l'océan car le caractère du climat est différent et les marées sont absentes. Interfaces entre les écosystèmes marins et continentaux, les étangs et les lagunes dont les eaux " stagnantes " ont un taux de salinité variable suivant les saisons, se succèdent le long des rivages, séparés de la mer par d'étroits cordons littoraux. Reliés à la Méditerranée par de courts chenaux souvent à sec l'été, ces plans d'eau sont un piège pour de nombreux poissons et invertébrés aquatiques, et une aubaine pour les oiseaux.

Au printemps, les îlots des lagunes attirent des espèces originales comme les flamants roses, les tadornes, les sternes ou les échasses, qui s'y reproduisent. Au cours de l'été et en automne, les étiages découvrent peu à peu d'immenses vasières que fréquentent les échassiers migrateurs qui sondent de leur long bec les boues riches en animalcules. Le soir, les hirondelles, les bergeronnettes et les rousserolles envahissent les roselières, ultime étape avant leur longue traversée marine.

L'hiver, le niveau des eaux augmente, la salinité baisse, et ce sont les canards arrivés du Nord qui prennent alors possession des lieux jusqu'au printemps.

Ci-contre : avocette

LES MILIEUX DU LITTORAL MÉDITERRANÉEN

Le littoral méditerranéen est constitué de deux grandes entités écologiques dont les faciès évoluent d'ouest en est.

● **Les plages et les dunes**

Souvent formées de sables fins, les plages rectilignes s'étendent sur des centaines de kilomètres, interrompues régulièrement par des fleuves ou des rivières qui se jettent dans la mer, sans oublier les graus qui assurent la communication entre les lagunes et la Méditerranée. Altérées par l'activité touristique et les pollutions, les plages sont pauvres en oiseaux nicheurs ; seuls les gravelots à collier interrompu ou les sternes naines se risquent à nicher dans ce type de milieu.
Dans des régions où les vents marins et continentaux balaient une grande partie de l'année les rivages, des dunes se forment en un système complexe, peu à peu colonisé et fixé par une végétation pionnière. Les cordons dunaires accueillent, en fonction de l'importance de l'implantation des espèces floristiques, des alouettes calandrelles, des bergeronnettes printanières, des cisticoles, des pipits rousselines. A un stade plus avancé de colonisation végétale, on trouve les mêmes oiseaux que dans les milieux buissonnants ou boisés : fauvette mélanocéphale, rossignol, pie...

● **Les lagunes et les sansouires**

Rarement profondes, les lagunes n'atteignent guère plus de 2 mètres en moyenne à l'époque des hautes eaux ; en période d'étiage estival, de grandes surfaces de vases sont découvertes, faisant le bonheur des petits échassiers migrateurs. Reliées à la mer par des chenaux, les lagunes se caractérisent en premier lieu par la variabilité des teneurs en sel de leurs eaux. Ce phénomène conditionne non seulement la structure floristique, mais aussi celle de la faune. La vie y est souvent très développée mais, paradoxalement, on rencontre peu d'espèces car seuls des organismes très adaptés aux grandes variations des paramètres physico-chimiques de l'eau peuvent s'installer dans ces milieux. Les oiseaux sont peu nombreux à se reproduire sur ces plans d'eau car leur faible productivité et la forte salinité constituent des obstacles pour beaucoup d'entre eux. Ce sont surtout les flamants roses, certains hérons, des sternes, des goélands et divers échassiers qui fréquentent les lagunes.
Dans les zones plus ou moins exondées du bord des lagunes ou des îlots, se développe une végétation formée de salicornes qui se répartissent sur le sol en fonction du gradient de salinité des terrains.
Les sansouires accueillent localement des fauvettes à lunettes, des bergeronnettes printanières, des alouettes calandrelles et des champs, des gravelots à collier interrompu. En hiver, lorsque ces formations végétales sont inondées, elles reçoivent une foule de canards et de petits échassiers.

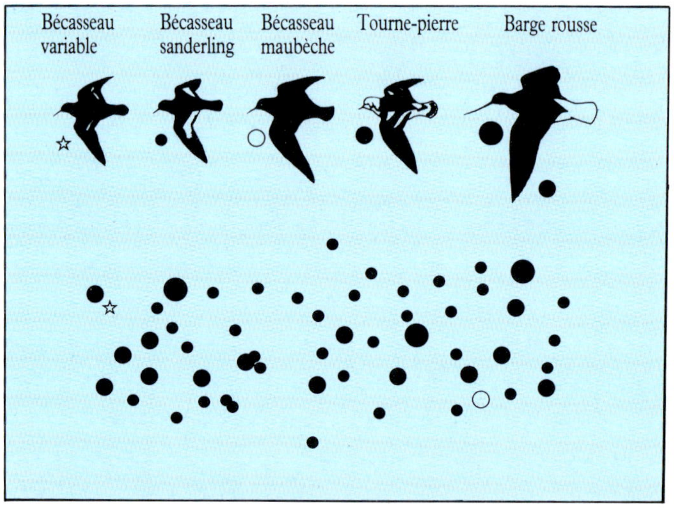

Ci-contre : envol de petits échassiers ; cette troupe comprend cinq espèces différentes.

Chaque point du schéma ci-dessus représente un oiseau de la photo ; les symboles permettent leur identification.

1

2

3

4

1. Arrière-plage à figuiers de Barbarie.
2. Littoral méditerranéen.
3. Lagune.
4. Sansouire en automne.

RÉPARTITION DES PETITS ÉCHASSIERS SUR UNE VASIÈRE

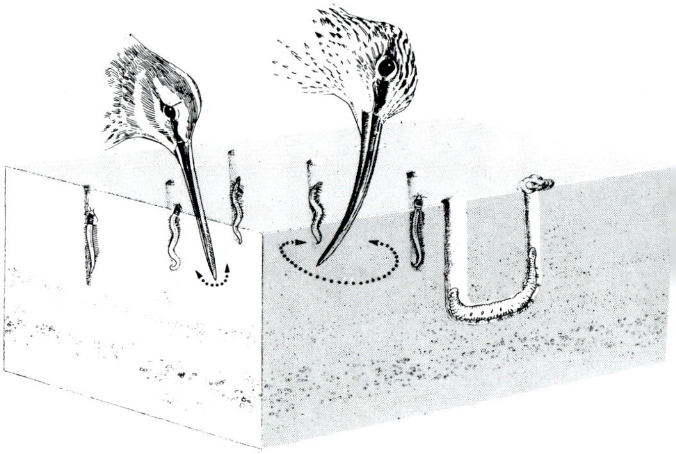

En haut, à droite : le bec incurvé des courlis leur permet de sonder, sans fatigue supplémentaire, une plus grande partie de vasière qu'un bécasseau ou un chevalier dont le bec est droit.

En bas : chevalier sylvain. Cette espèce, qui niche dans le nord de l'Europe et en Écosse, traverse l'ouest du continent du mois de juillet à la mi-septembre pour rejoindre l'Afrique, des régions tropicales au Cap. Les retours ont lieu d'avril au début du mois de juin.

Les petits échassiers, appelés aussi limicoles, qui fréquentent les vasières se répartissent sur ces surfaces plus ou moins inondées suivant leurs aptitudes physiques et leur préférences alimentaires ; celles-ci sont d'ailleurs liées à de nombreuses adaptations : le bec permet de sonder, de trier et de saisir de petits animaux enfouis dans les boues ou en suspension dans l'eau — vers, larves d'insectes, mollusques, crustacés, minuscules poissons ; les pattes déterminent la profondeur maximale pouvant être prospectée par une espèce.

Sur une même lagune, plusieurs espèces d'échassiers peuvent se côtoyer sans qu'il y ait pour autant une compétition alimentaire sensible qui entraînerait des manifestations agressives importantes. En fait, chaque limicole est partiellement ou totalement « isolé écologiquement » du voisin par une série de particularités propres à son espèce. Si l'on observe attentivement un rassemblement d'échassiers sur une lagune, on constate très vite que les espèces ne se répartissent pas au hasard, mais en une succession de ceintures déterminées à la fois par la hauteur des pattes des oiseaux et par leur affinité pour un milieu plus ou moins humide. Certains oiseaux, comme les gravelots, préfèrent les zones exondées et relativement sèches car leur bec fin capture la plupart du temps des proies en surface du sol ; en revanche, les chevaliers guignettes et plusieurs bécasseaux prospectent la zone de battement de la nappe d'eau car leur bec plus long leur permet de fouiller cette partie de vasière ; les bécassines, dont le bec démesuré constitue un outil indispensable pour sonder les vases en profondeur, possèdent des pattes plus grandes qui leur permettent de patauger dans une eau plus profonde ; l'échasse, quant à elle, est perchée sur d'immenses pattes rouge vif, son bec fin et pointu piquant des proies à la surface de l'élément liquide. De taille plus forte, les courlis au curieux bec arqué se déplacent indifféremment dans des secteurs peu inondés ou relativement profonds. La forme particulière de leur bec permet aux courlis, quand ils l'enfoncent dans le substrat mou, d'effectuer une approche latérale des proies sans déplacer son axe initial (voir le dessin ci-dessus). Si des vibrations émises par un ver ou par un crustacé sont détectées par les corpuscules tactiles situés à l'extrémité des mandibules, l'oiseau imprime une rotation au bec qui décrit alors un arc de cercle dans la vase. Cette technique est particulièrement efficace pour capturer des vers (arénicoles, néreis) et des crustacés vivant dans des terriers verticaux.

Les avocettes procèdent de la même façon mais, au lieu d'introduire leurs fines mandibules retroussées à l'intérieur de sédiments consistants, elles les font aller et venir dans l'eau ou dans la vase très liquide.

Au cours de l'évolution, les espèces ont donc acquis des caractéristiques morphologiques et comportementales nécessaires pour se nourrir dans les vasières. Certaines ont des régimes totalement ou partiellement différents (échasse, bécassine), alors que pour d'autres, qui consomment la même nourriture, la ségrégation s'opère sur le plan anatomique (longueur du bec et des pattes). Ainsi, au cours des millénaires, la nature a réussi après de multiples tâtonnements à modeler un grand nombre d'espèces susceptibles d'exploiter au mieux toutes les ressources alimentaires disponibles d'un milieu donné.

1

2

3

4

Isolement écologique de quatre limicoles

1. *La bécassine des marais a un long bec qui lui permet de capturer des invertébrés vivant profondément dans la boue.*
2. *Le chevalier sylvain cherche sa nourriture au niveau de l'interface eau-terre.*
3. *Le petit gravelot inspecte les vasières sèches.*
4. *L'échasse blanche possède des pattes démesurées qui lui facilitent la marche dans une eau relativement profonde.*

Héron crabier

Ardeola ralloides

Les grandes étendues plates du delta dont les milieux humides se succèdent en un véritable chapelet se perdent à l'horizon dans le bleu de la Méditerranée. De nombreux cours d'eau sillonnent ces terres limoneuses reliant marais et étangs, véritables paradis pour les oiseaux aquatiques. En bordure de l'une de ces rivières, une foulque s'éclipse rapidement dans la forêt des tiges vertes de roseaux, tandis qu'un héron crabier somnole, perché sur un arbre mort, bien dissimulé par le feuillage d'un buisson de saules.

Menant une vie crépusculaire, cet oiseau aime à chasser le soir, agrippé au-dessus de l'eau à une touffe de grands joncs ou marchant sur les larges feuilles des nénuphars d'où il déloge des grenouilles et des larves d'insectes aquatiques. Contrairement à ce que laisse croire son nom, cette espèce consomme très peu de crabes : son régime alimentaire est surtout composé de batraciens et de petits invertébrés.

En période de nidification, le héron crabier porte une belle livrée de noces teintée d'ocre et une huppe aux longues plumes claires bordées de noir qui se dresse lors des cérémonies nuptiales. Au moment des parades, le mâle gonfle les fines plumes de son dos et de son cou tout en abaissant son bec bleuâtre. Peu loquaces le jour, les hérons crabiers lancent quelques cris à la tombée de la nuit. Ils sont plus bavards aux abords du nid et leurs longues roulades sourdes se perdent dans la végétation palustre.

Grands migrateurs nocturnes, les hérons crabiers quittent les sites de reproduction d'août à octobre, quelques rares individus pouvant hiverner en Europe. Les retours vers les colonies s'échelonnent de la fin du mois d'avril à la fin du mois de mai.

Sur le terrain : petit héron blanc au cou trapu, au corps brun chamoisé et aux ailes blanches. Pendant les noces, la tête s'orne d'une huppe désordonnée de plumes blanc bordé de noir.
Plumage : les deux sexes sont identiques. Les jeunes, sans huppe, ont une livrée très rayée et des ailes d'un blanc sale ; leur bec est jaune avec une pointe noire et non pas bleu verdâtre comme celui des adultes.
Nourriture : insectivore, il consomme des libellules, des notonectes, des petites araignées, des petits poissons. Il ne mange pas de crabe.
Site du nid : les hérons crabiers s'installent en colonies dans un fourré dense de saules ou de vieux arbres situé près de l'eau, à une hauteur variant entre 2 m et 5 m.
Nid : avec des branches, des brindilles ou des roseaux, la femelle construit une plate-forme rudimentaire sans revêtement intérieur. Elle utilise parfois un ancien nid.
Nichée : de 4 à 7 œufs lisses, mats, bleu verdâtre, sont pondus entre la mi-mai et la fin du mois de juin, et couvés de 22 à 24 jours par la femelle.
1 ponte annuelle.
Nidicole.
Quitte le nid entre le 30e et le 35e jour.
Longueur : 44 cm.
Poids : de 230 g à 370 g.
Longévité : inconnue.

Aire de reproduction — Aire de reproduction et d'hivernage — Aire d'hivernage

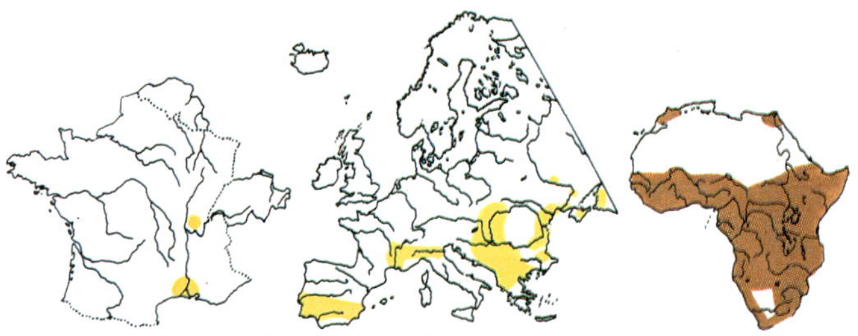

En vert : sédentaire. En marron : visiteur d'hiver. En jaune : visiteur d'été.

Ci-dessous : héron crabier en plumage nuptial.

Aigrette garzette

Egretta garzetta

Une mouette rieuse chemine dans l'eau peu profonde en se dandinant, piétine sur place et pique du bec les particules comestibles remontées à la surface, puis rejoint nonchalamment ses congénères qui, posés sur la vase craquelée et desséchée, l'accueillent par de bruyantes mimiques. A proximité du groupe, plusieurs petits gravelots semblent faire la course au bord de l'eau et, plus loin, un petit héron blanc arrive du large au ras des flots. Il freine sa progression grâce à des battements d'ailes rapides puis il abaisse délicatement ses fines pattes noires qui semblent désarticulées lorsqu'elles se posent dans l'eau.

Éclatante sous le soleil, l'aigrette garzette marche maintenant avec une grande élégance le long du rivage, chaque pas suivi d'un mouvement reptilien du cou. Soudain, elle se fige, le corps à l'horizontale ; le seul mouvement perceptible est celui de son regard jaune qui suit les évolutions de petites anguilles. Le cou tendu projette violemment le bec noir en avant et, dans le même instant, l'oiseau entrouvre ses ailes pour ne pas perdre l'équilibre. Grégaires, les aigrettes pêchent le plus souvent en groupe, mais chaque individu sait garder ses distances ; de courtes envolées et des poursuites ponctuées de cris rauques traduisent des « prises de bec ».

Grandes migratrices diurnes, les aigrettes garzettes quittent les colonies dès la fin de juillet pour errer le long du littoral. Elle quittent l'Europe d'août à novembre et rejoignent les plans d'eau du Sahel. Certaines populations hivernent autour du bassin méditerranéen. Les retours s'échelonnent du mois de février à la fin du mois d'avril.

Sur le terrain : héron au plumage blanc dont le cou grêle et le bec noir en forme de poignard lui donnent une silhouette élancée.
Plumage : les deux sexes sont identiques. En hiver, les adultes perdent les plumes effilées de la nuque, du haut de la poitrine et du dos. Les jeunes ont le plumage et le bec teintés de brun.
Nourriture : l'aigrette garzette consomme des petits poissons, des grenouilles et des tritons, des insectes et leurs larves, des crustacés. Elle complète cette alimentation par des proies capturées en terrain sec telles que grillons et sauterelles.
Site du nid : elle s'installe, souvent en compagnies d'autres hérons, dans un bosquet d'arbres près d'un marais ou d'un cours d'eau.
Nid : la femelle construit avec des roseaux une plate-forme légère à claire-voie, sans garniture interne, à une hauteur variant entre 2 m et 15 m.
Nichée : de 3 à 8 œufs lisses, mats, bleu-vert, sont pondus entre la mi-mars et le début de juillet, et couvés 21 ou 22 jours par le couple. 1 ponte annuelle. Nidicole. Quitte le nid entre le 40e et le 45e jour.
Longueur : de 56 cm à 67 cm.
Poids : de 450 g à 615 g.
Longévité : peut atteindre 23 ans.

Aire de reproduction — Aire de reproduction et d'hivernage — Aire d'hivernage

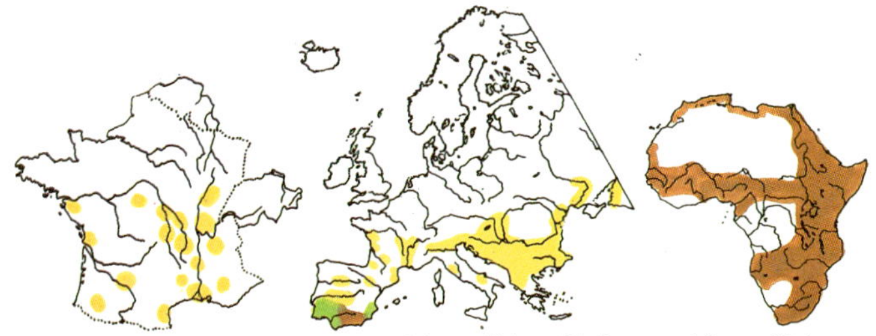

En vert : sédentaire. En marron : visiteur d'hiver. En jaune : visiteur d'été.

Ci-dessus : aigrette garzette. Les longues plumes du dos, du cou et de la nuque caractérisent le plumage nuptial de ce héron blanc.

Ci-contre : aigrette garzette en plumage internuptial.

Héron pourpré

Ardea purpurea

A l'abri du mistral, dans l'anse d'une lagune, deux aigrettes se disputent une portion de vasière avec force cris rauques et mouvements d'ailes. Excédée, l'une d'elles s'envole par d'amples battements, le cou rentré dans les épaules, vers un groupe de mouettes.

A quelques pas de là, telle une branche morte, un héron pourpré chasse à l'affût, le cou allongé à l'oblique, attendant patiemment le passage d'une proie. Beaucoup plus discret que son proche parent le héron cendré, le « pourpré » à perpétuellement besoin de se sentir protégé par le couvert végétal dans lequel il évolue avec aisance. Avec ses longs doigts souples dont l'élasticité lui permet d'enserrer les roseaux les plus flexibles, il progresse sur les plantes flottantes et sur la vase sans trop s'enfoncer.

Dépendant de la phragmitaie, le héron pourpré y passe la plupart de son temps. L'eau foisonnante de vie lui offre une nourriture abondante et la végétation touffue lui assure des sites de nidification discrets. Au printemps, il dépose ses œufs dans une plate-forme sur pilotis construite avec des tiges cassées et ployées.

Grand migrateur nocturne, ce héron quitte l'Europe, isolément ou en groupe, d'août à octobre, pour rejoindre les marais et les rizières d'Afrique tropicale ou équatoriale. On pense que des individus hivernent autour du bassin méditerranéen. Les retours s'échelonnent de la mi-mars à mai.

Sur le terrain : plus petit que le héron cendré et plus coloré. En vol, ses ailes paraissent plus pointues et ses pattes plus longues.
Plumage : les deux sexes sont identiques. Les jeunes ont un aspect moins contrasté que les adultes et n'ont pas de marques noires sur la tête et le cou.
Nourriture : le héron pourpré consomme des poissons, des insectes et leurs larves, des grenouilles, des tritons. Il complète cette alimentation par des couleuvres, de jeunes oiseaux...
Site du nid : ils s'installent en colonies dans les grandes roselières inondées des marais, plus rarement dans un arbre.
Nid : le couple construit une plate-forme lâche avec des roseaux secs et des typhas.
Nichée : de 4 à 8 œufs, lisses, mats, bleu-vert clair, sont pondus entre le début d'avril et le début de juillet, et couvés 25 ou 26 jours par le couple.
1 ponte annuelle.
Nidicole.
Quitte le nid entre le 45e et le 50e jour.
Longueur : 78 cm.
Poids : de 600 g à 1,450 kg.
Longévité : peut atteindre 26 ans.

Aire de reproduction — Aire de reproduction et d'hivernage — Aire d'hivernage

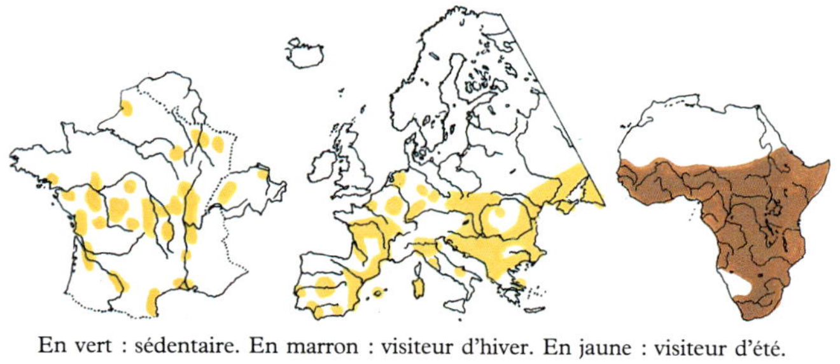

En vert : sédentaire. En marron : visiteur d'hiver. En jaune : visiteur d'été.

Héron garde-bœufs

Bubulcus ibis

Dans un pré marécageux balayé par le mistral, des chevaux à la robe grise pâturent paisiblement ; quelques poulains au curieux pelage noir, la crinière au vent, ne quittent pas leur mère d'un sabot. Dans le ciel, des silhouettes dégingandées de flamants roses se dirigent bruyamment vers les salines pendant qu'une bouscarle s'esclaffe dans une roubine.

De petits hérons blancs se faufilent entre les jambes des grands herbivores, piquant de-ci, de-là quelques minuscules proies dérangées par les sabots. Si les chevaux s'éloignent d'un bon pas, les « garde-bœufs » accélèrent leur course pour rester au contact et continuer leur repas.

En Europe, ces hérons aiment la compagnie des troupeaux de vaches, de bœufs, plus rarement celle des moutons ; dans les savanes africaines, ils côtoient de plus grands mammifères, des éléphants aux rhinocéros en passant par les zèbres. Lorsque les hérons sont rassasiés d'insectes trouvés dans le sol, ils vont digérer sur l'épine dorsale d'un pachyderme.

L'installation du héron garde-bœufs dans le sud de la France date de 1957 et, aujourd'hui, ses populations se renforcent malgré des hivers rigoureux qui lui sont particulièrement néfastes.

Les hérons garde-bœufs sont en principe sédentaires, mais les déplacements erratiques des jeunes peuvent les amener à traverser les océans, ce qui permettrait d'expliquer en partie la colonisation de nouveaux territoires.

Sur le terrain : petit héron blanc de la taille d'un pigeon. Se distingue du « crabier » par sa courte huppe, par son bec jaune-orangé et non bleuâtre et par son menton bombé.
Plumage : les deux sexes sont identiques.
En automne et en hiver, la huppe ternit, les plumes filiformes du dos disparaissent. Les jeunes sont tout blancs et non teintés de roux comme les adultes, avec le bec gris jaunâtre.
Nourriture : insectivore, le héron garde-bœufs consomme surtout des sauterelles mais également des insectes coléoptères, des papillons. Il y ajoute des grenouilles, des lézards et, à l'occasion, des petits mammifères.
Site du nid : ils s'installent en colonies sur les arbres, les buissons ou dans une roselière, à une hauteur variant entre 2 m et 8 m.
Nid : le couple construit une structure de branchettes, de 20 cm à 30 cm de diamètre.
Nichée : de 2 à 6 œufs allant du bleu turquoise au vert pâle sont pondus de la mi-avril à juin et couvés de 21 à 24 jours par le couple. 1 ou 2 pontes annuelles. Nidicole. Quitte le nid entre le 40e et le 50e jour.
Longueur : 50 cm.
Poids : de 300 g à 475 g.
Longévité : peut atteindre 14 ans.

Aire de reproduction — Aire de reproduction et d'hivernage — Aire d'hivernage

En vert : sédentaire. En marron : visiteur d'hiver. En jaune : visiteur d'été.

Ci-dessus : ce héron pourpré vient de harponner une carpe qu'il va avaler sans problème malgré la taille imposante du poisson.

Ci-contre : héron garde-bœufs perché sur le dos d'un grand mammifère.

Flamant rose

Phœnicopterus ruber

En haut, à droite : vol de flamants roses.

Au centre : flamants roses. Les oiseaux au plumage teinté de brun sont immatures.

En bas : flamants roses immatures se nourrissant à l'abri de la tramontane. L'oiseau central a été marqué par les ornithologues de Camargue et sa présence sur une lagune du Roussillon confirme l'existence de mouvements réguliers entre les deux régions.

Une barque de pêche avance lentement sur les eaux calmes de la lagune ; se rapprochant du rivage qui étale ses vases odorantes, l'embarcation fait fuir plusieurs échasses dans un concert de cris tandis qu'un héron pourpré s'éclipse dans l'épaisseur d'une roselière.

Loin du rivage, dans une anse abritée de la tramontane, une ligne blanche teintée de rose ondule sous l'effet des brumes de chaleur et se détache du bleu profond de l'eau. De plus près, la silhouette caractéristique d'une cinquantaine d'oiseaux ne permet aucun doute sur l'identité de ces beaux échassiers rose taché de sang : la tête portée par un long cou mince et flexible, le bec épais, busqué dans sa partie supérieure et le corps soutenu par de frêles pattes rouges permettent de reconnaître à coup sûr le flamant rose.

Avançant lentement dans les eaux peu profondes, les flamants immergent la tête, balayant le fond avec leur bec en de réguliers mouvements d'allées et venues. Drague et tamis à la fois, le bec de cette espèce est un véritable chef-d'œuvre d'adaptation : sa structure sophistiquée lui permet en effet de séparer les particules comestibles des boues saumâtres.

A la nuit tombante, la troupe s'élève et quitte la lagune en de longues files ondoyantes, poussant des coups de trompette rauques et nasaux dont les séries cancanantes rappellent les intonations de certaines oies.

Sédentaire ou migrateur nocturne partiel, le flamant rose de Camargue vagabonde le long des rivages de la Méditerranée et rejoint parfois les côtes sénégalaises ou mauritaniennes. Les retours sur les sites de nidification s'échelonnent de février à avril. Les conditions climatiques rigoureuses déciment beaucoup des oiseaux qui hivernent en Europe.

Sur le terrain : grand échassier rose et noir, au bec épais, « brisé » dans sa partie supérieure. En vol, silhouette et couleurs typiques : cou et pattes tendus, ailes rouge et noir.
Plumage : les deux sexes sont identiques.
Les jeunes sont gris-brun, avec le dos et le croupion tachetés.
Nourriture : le flamant rose consomme surtout du plancton auxquel il ajoute des vers, des petits crustacés, des larves d'insectes, des mollusques et des graines de plantes aquatiques.
Site du nid : ils s'installent en colonies, sur la plage d'un îlot, d'un marais salant, d'une lagune.
Nid : avec de la boue, des débris végétaux, des plumes et des coquillages, la femelle construit un monticule d'un diamètre de 50 cm à 80 cm et d'une hauteur de 30 cm à 40 cm.
Nichée : 1 œuf blanc, pondu d'avril à juillet, est couvé de 27 à 31 jours par le couple. 1 ponte annuelle. Semi-nidicole. Vole entre le 75ᵉ et le 85ᵉ jour.
Longueur : de 1,25 m à 1,50 m.
Poids : mâle, de 3,100 kg à 4,100 kg ; femelle, de 2,100 kg à 3,300 kg.
Longévité : peut atteindre 31 ans.

Aire de reproduction — Aire de reproduction et d'hivernage — Aire d'hivernage

En vert : sédentaire. En marron : visiteur d'hiver. En jaune : visiteur d'été.

Nette rousse

Netta rufina

L'eau libre peu profonde de l'étang saumâtre retient quelques sarcelles d'hiver qui filtrent la vase avec leur bec pour trouver des graines et des petits invertébrés. Au loin, une bande de mésanges à moustaches rejoint le couvert d'une roselière avec force cris aigus et rebondissants.

En lisière de la végétation aquatique, une nette rousse mâle, au plumage resplendissant de roux, de noir et de crème, vient de faire surface, le corps perlé de milliers de gouttelettes d'eau et les mandibules rouge vif chargées de myriophylles dégoulinantes. Essentiellement herbivore, la « brante » plonge plusieurs secondes pour arracher du fond les végétaux dont elle est friande ; ou bien, dans un mouvement de bascule vers l'avant, elle immerge seulement le haut du corps, ne laissant à la surface que la pointe noire de son arrière-train et maintenant son équilibre par de vigoureux battements de pattes.

Au printemps, il n'est pas rare d'observer une femelle harcelée par plusieurs mâles qui la poursuivent parfois en s'élevant très haut. Ce phénomène est provoqué, comme chez les sarcelles d'été, par le déséquilibre de la répartition des sexes qui est nettement en faveur des mâles.

Migratrices nocturnes partielles, les nettes rousses quittent leur site de reproduction d'août à novembre pour rejoindre, probablement, les plans d'eau du Sud-Ouest asiatique. De petites troupes hivernent cependant dans le sud de l'Europe et en Afrique du Nord. Les retours s'échelonnent de mars à mai.

Sur le terrain : canard plongeur très coloré à la tête ronde et rousse, au bec rouge, à la poitrine noire et au miroir alaire blanc.
Plumage : la femelle est plus terne que le mâle, avec le dessus brun roussâtre foncé et le dessous, la gorge et les joues plus clairs. Les jeunes ressemblent aux femelles mais ils n'ont pas de huppe.
Nourriture : la nette rousse est surtout végétarienne. Elle consomme d'énormes quantités d'algues, de plantes aquatiques flottantes et y ajoute à l'occasion des mollusques, des larves, des insectes, des têtards.
Site du nid : elle s'installe dans les roselières, les buissons, les massifs de laîches ou de salicornes, en général sous une touffe de végétation.
Nid : la femelle pond à même le sol ou construit avec des racines, des tiges et des feuilles, un cône dont le sommet est constitué par une cuvette qu'elle garnit de matériaux fins.
Nichée : de 6 à 10 œufs jaune-crème, pondus entre la mi-avril et le début de juin, sont couvés de 26 à 28 jours par la femelle. 1 ponte annuelle. Nidifuge. Vole entre le 45e et le 50e jour.
Longueur : de 45 cm à 54 cm.
Poids : mâle, de 1 kg à 1,200 kg ; femelle : 900 g.
Longévité : peut atteindre 7 ans.

En vert : sédentaire. En marron : visiteur d'hiver. En jaune : visiteur d'été.

Ci-dessus : nette rousse. Le mâle est à droite, la femelle à gauche.

Au centre : troupe hivernante de fuligules milouins et de fuligules morillons. Ces canards plongeurs arrivent sur le littoral méditerranéen en octobre et en novembre, et en repartent de février à avril. Les « milouins » mâles ont la tête rousse alors que les femelles sont beiges ; les « morillons » mâles sont noir bleuté dessus et blanc dessous, tandis que les femelles sont brun-chocolat.

En bas : canard chipeau. Le mâle précède la femelle. Cette espèce habite les étangs et les marais d'Europe occidentale et centrale. Migratrice partielle, elle quitte les sites de reproduction de la fin du mois d'août à décembre pour rejoindre le bassin méditerranéen, parfois même le sud du Sahara. Les retours ont lieu de la fin de janvier à la mi-avril.

Busard des roseaux

Circus æruginosus

Une silhouette sombre et élancée, aux longues ailes coudées, louvoie en effleurant les panaches des plus hautes tiges de roseaux. Après de multiples conversions, le busard des roseaux se laisse tomber dans la végétation, serres pendantes et ouvertes, et réapparaît à force de coups d'ailes quelques instants plus tard. Il avance maintenant dans un silence à peine troublé par les cris apeurés des canards et des poules d'eau.

Vers la mi-mars, ce rapace nonchalant mais adroit arrive en Europe et se cantonne bien vite dans une grande phragmitaie bordant un lac ou un étang. Très rapidement, les jeux nuptiaux vont se dérouler dans les airs en d'incroyables acrobaties : piqués et chandelles se succèdent, ponctués de cris rauques et plaintifs.

Pendant l'incubation, le calme revient. L'activité du mâle ne reprendra qu'à la naissance des poussins ; chassant alors inlassablement, il dépose les proies sur le nid ou à proximité. La femelle va parfois à sa rencontre, se retourne sur le dos en plein vol et projette les serres vers une couleuvre ou un petit mammifère lâché par son partenaire.

Grand migrateur diurne, le busard harpaye commence ses mouvements migratoires vers le 15 août et les poursuit jusqu'en octobre pour rejoindre ses quartiers d'hiver situés au sud du Sahara. Dans le sud de l'Europe, certaines populations hivernent autour du bassin méditerranéen.

Ci-dessus : busard des roseaux immature.

Ci-contre : busard des roseaux femelle en compagnie de ses jeunes.

Sur le terrain : il ressemble à un gros milan noir qui serait coloré, avec une silhouette massive. Contrairement aux autres busards, il n'a pas de blanc sur le croupion.
Plumage : la femelle a la tête blanc-crème avec une large raie sombre de part et d'autre de l'œil, et les rémiges brun noirâtre. Les jeunes sont comme la femelle, avec une petite calotte (parfois absente). Plumage adulte vers 4 ans.
Nourriture : le busard des roseaux a un régime éclectique. Il consomme des insectes, des batraciens, des oiseaux, des mammifères auxquels il ajoute des œufs et des poussins, des poissons.
Site du nid : il s'installe dans les roselières des lacs, des étangs et des marais, ou dans les formations denses de joncs.
Nid : l'aire repose sur un support de tiges ; elle forme un amas cylindrique soigné de roseaux et de joncs secs, mêlés de branches mortes d'aulne ou de saule. L'intérieur est garni d'herbes et de feuilles sèches.
Nichée : de 3 à 6 œufs d'un blanc verdâtre uniforme, marqué de jaunâtre, sont pondus de la mi-avril à la mi-juin, et couvés de 32 à 36 jours par la femelle. 1 ponte annuelle. Semi-nidicole. Quitte le nid entre le 34e et le 38e jour.
Longueur : de 49 cm à 56 cm.
Poids : mâle, de 480 g à 613 g ; femelle, de 620 g à 1,100 kg.
Longévité : peut atteindre 17 ans.

En vert : sédentaire. En marron : visiteur d'hiver. En jaune : visiteur d'été.

Échasse blanche

Himantopus himantopus

Sur la rive d'un étang aux eaux vaseuses peu profondes, deux petits gravelots trottinent rapidement sur la berge, tandis qu'une aigrette immaculée traverse l'étendue liquide, frôlant la surface du bout de ses ailes à chaque battement.

De l'eau jusqu'au ventre, un bel échassier au manteau sombre et au dessous blanc avance à pas mesurés ; le corps à l'horizontale, l'échasse soulève délicatement ses immenses pattes frêles dont la couleur rouge vif resplendit au soleil. Se rapprochant d'un congénère, l'oiseau émet plusieurs cris de contact puis décolle d'un vol léger vers la colonie installée parmi les salicornes.

Très grégaire, l'échasse se reproduit, migre, hiverne et se nourrit en groupe. Pour cette dernière activité, les oiseaux gardent toutefois leurs distances, évoluant sur des rivages dégagés qui leur permettent de voir venir de loin le danger. L'échasse blanche cherche ses proies dans la végétation herbacée ou dans la vase ; le corps incliné, elle pique un insecte ou sonde les boues en quête d'animalcules.

Grande migratrice nocturne, l'échasse blanche quitte l'Europe du milieu du mois d'août au mois d'octobre, hivernant parfois autour du bassin méditerranéen. Les retours s'échelonnent de mars à mai. Peu fidèles aux sites de nidification, beaucoup d'oiseaux nichent, les années favorables, dans les dépressions inondées du Maghreb ; mais, en période de sécheresse, la plupart des effectifs remontent vers le nord. Cependant, le développement de la culture du riz dans le sud de l'Europe retient un plus grand nombre de couples nicheurs qu'il y a quelques années.

Sur le terrain : échassier bicolore de la taille d'une tourterelle, aux pattes rouge vif, démesurées, et au bec noir.
Plumage : la femelle a le manteau noir, sans reflets, et la tête blanche. En automne et en hiver, les deux sexes ont la calotte et la nuque grises, les pattes roses. Les jeunes ont la calotte et la nuque brun-noir, le manteau brun-noir, les pattes rougeâtres.
Nourriture : elle consomme surtout des insectes, des larves de diptères, de trichoptères, de coléoptères, et des araignées. Elle ajoute à ce régime des crustacés et des mollusques.
Site du nid : elle s'installe souvent parmi les colonies de vaneaux ou d'avocettes, sur les plages dégagées des rives des lacs ou des lagunes.
Nid : le couple construit un édifice conique, souvent baigné par l'eau, avec des tiges de roseaux, des ramilles, de la terre, des plumes, des cailloux, et il le garnit d'éléments fins.
Nichée : 3 ou 4 œufs allant du jaunâtre au brun-olive pâle, tachetés de brun-noir, sont pondus de la mi-avril à la mi-juin et couvés de 22 à 24 jours par le couple. 1 ponte annuelle. Nidifuge. Vole entre le 28e et le 32e jour.
Longueur : 37 cm.
Poids : 180 g.
Longévité : peut atteindre 12 ans.

Aire de reproduction — Aire de reproduction et d'hivernage — Aire d'hivernage

En vert : sédentaire. En marron : visiteur d'hiver. En jaune : visiteur d'été.

Ci-dessus : échasse blanche.

Ci-contre : bécasseau cocorli en plumage internuptial. Cette espèce qui niche au nord de la Sibérie traverse l'ouest de l'Europe en juillet et en août, puis rejoint l'Afrique. Les retours ont lieu en mai et en juin.

Ci-contre : chevalier aboyeur. Cette espèce niche en Scandinavie et en Écosse ; elle traverse l'Europe de l'Ouest de juillet à la mi-septembre pour hiverner du sud du Sahara à l'Afrique australe. De petites populations restent cependant en Europe. Les retours ont lieu de la mi-mars à mai.

En bas, à gauche : bécassine des marais en position d'alerte, prête à décoller. Cette espèce arrive sur les lagunes de la fin du mois de juillet à octobre ; les premiers froids poussent cet échassier vers le sud et augmentent alors les effectifs du Midi. Les retours ont lieu du mois de février à la mi-mars.

En bas, à droite : chevalier sylvain.

ɅVocette

ecurvirostra avosetta

.e mistral pousse une troupe de flamants roses vers le bord e la lagune dont les eaux grises viennent frapper les alicornes. Imperturbables, les oiseaux continuent à fouiller :s vases odorantes. Près de la rive, un groupe d'échassiers icolores cherchent leur nourriture : les uns nagent dans les lots agités et plongent comme des canards, ne laissant plus pparaître à la surface que leur queue ; d'autres, les pieds ans l'eau, le corps incliné vers l'avant, balancent leur bec ntrouvert de gauche à droite dans la boue liquide.

3ariolée de blanc et de noir, l'avocette a la particularité de osséder un bec fin, très souple et légèrement retroussé à extrémité, ce qui lui permet d'agiter les vases liquides et de e saisir des proies alors mises au jour. Extrêmement sensi-les, les mandibules détectent les plus petites larves d'in-ectes aquatiques et de minuscules crustacés.

:n mars, les avocettes regagnent leur site de nidification et ommencent leurs parades collectives : en cercle, la tête aissée et dirigée vers le centre de l'arène, le bec tenu au ras lu sol ou de l'eau, les oiseaux piétinent sur place puis les ouples s'affrontent dans des combats simulés.

Migratrice partielle ou au long cours, l'avocette quitte le nord de l'Europe d'octobre à novembre afin de rejoindre ses quartiers d'hivernage situés sur le littoral océanique de la France, de la péninsule Ibérique et de l'Afrique de l'Ouest. D'autres individus plus ou moins sédentaires hivernent dans e bassin méditerranéen. Les retours s'échelonnent de la fin lu mois de mars au mois de mai.

Sur le terrain : échassier bicolore de la taille d'un pigeon, avec le bec retroussé à son extrémité.
Plumage : les deux sexes sont identiques. Le mâle a l'iris rouge, la femelle brun noisette. Les jeunes ont le même plumage que celui des adultes en hiver : il sont teintés de gris jaunâtre dessus et ont la calotte brunâtre.
Nourriture : l'avocette consomme surtout des petits crustacés, des larves d'insectes aquatiques, des vers et, plus rarement, des mollusques, des graines et des petits poissons.
Site du nid : les avocettes s'installent en colonies variant de quelques couples à plus de 200 individus ; elles occupent des îlots recouverts de salicornes, dans des lagunes ou des salines.
Nid : les œufs sont déposés au creux d'une cuvette moulée dans le sable ou dans la terre ; les deux partenaires la garnissent ou non de cailloux, de coquillages, de crottes, de plumes.
Nichée : de 2 à 5 œufs, plus gros et plus roux que ceux de l'échasse, sont pondus du début d'avril à la mi-juin et couvés 24 ou 25 jours par le couple. 1 ponte annuelle. Nidifuge. Vole entre le 32e et le 37e jour.
Longueur : 42 cm.
Poids : de 220 g à 440 g.
Longévité : peut atteindre 25 ans.

Aire de reproduction — Aire de reproduction et d'hivernage — Aire d'hivernage

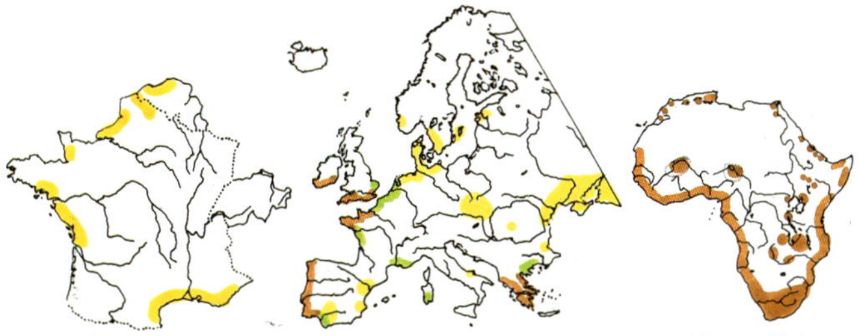

En vert : sédentaire. En marron : visiteur d'hiver. En jaune : visiteur d'été.

Mésange à moustaches

Panurus biarmicus

Immobile sur le bord d'un ancien bassin de pisciculture, u héron pourpré guette un muge imprudent tandis qu'un lusciniole anime un massif de typhas de sa voix de rossigno

Émergeant d'une forêt de tiges vertes, une mésange à l grande queue colorée de roux et de gris exhibe une paire d longues « moustaches » noires. S'élançant dans une trouée elle rythme son vol onduleux de cris aux sonorités vibrante Rejointe bien vite par des congénères, elle escalade un hampe de roseau et pique un insecte ; une autre, accroché entre deux tiges, essaie de maintenir son équilibre en faisan le grand écart tandis qu'une troisième sautille sur le sol, l queue relevée comme une bergeronnette. Bientôt, la petit troupe de mésanges à moustaches se rassemble puis s'éloi gne en volant au ras des plumets des phragmites, et disparaî dans le couvert.

En hiver, l'espèce parcourt les marais en bandes de 10 50 individus, se nourrissant surtout de petites graines d plantes aquatiques. Granivore pendant la mauvaise saison la mésange à moustaches devient insectivore au printemps Ce changement du régime alimentaire suivant la saisor implique une modification du tube digestif et notammen du gésier qui se transforme sous l'influence d'hormones.

Surtout sédentaire, cette mésange effectue parfois de mouvements d'invasion, laissant des individus nicheurs dan certaines régions.

Sur le terrain : grande mésange colorée dont la longue queue est étagée.
Plumage : la femelle, moins colorée que le mâle (bec et plumage) n'arbore pas les deux « moustaches » du mâle ; elle a deux raies sombres sur le crâne. Les jeunes ressemblent à la femelle mais ont un aspect plus jaunâtre.
Nourriture : principalement insectivore à la belle saison (larves et insectes aquatiques), la mésange à moustaches devient granivore en hiver (graines de roseaux, massettes...). La nourriture est prélevée à la surface de l'eau, sur les limons ou sur les végétaux.
Site du nid : elle s'installe au cœur d'une roselière, sur des roseaux cassés ou sur des touffes de laîches.
Nid : le couple construit une coupe profonde, de forme globuleuse, qu'il garnit de panicules de vieux roseaux mêlées à des plumes et à des duvets végétaux. L'extérieur, très lâche, est fait de feuilles de typhas, de scirpes, de roseaux.
Nichée : 5 ou 6 œufs allant du blanc au blanc-crème, parsemés de traits fins et de taches brun-noir, sont pondus de la mi-avril à la fin du mois de mai et couvés de 11 à 13 jours par le couple. 1 ou 2 pontes annuelles. Nidicole. Quitte le nid entre le 12e et le 15e jour.
Longueur : 16 cm.
Poids : de 14 g à 15 g.
Longévité : inconnue.

Aire de reproduction | Aire de reproduction et d'hivernage | Aire d'hivernage

En vert : sédentaire. En marron : visiteur d'hiver. En jaune : visiteur d'été.

Ci-dessus et ci-contre : mésange à moustaches mâle.

En bas, à gauche : mésange à moustaches femelle.

Page de gauche : lusciniole à moustaches. Cet oiseau perché sur une tige de typha lance son chant de rossignol. Cette fauvette aquatique fréquente les lisières des roselières inondées où se mêlent les massettes, les carex et les scirpes, et elle ne les quitte pas en hiver. La lusciniole se reproduit en avril et en mai ; le nid, construit un mois plus tôt, est souvent installé à faible hauteur dans la végétation palustre.

LES OISEAUX DES MILIEUX TERRESTRES MEDITERRANEENS

Ecrasés de soleil l'été, d'une température douce l'hiver, les maquis et les garrigues regroupent des associations végétales herbacées et arbustives très adaptées à ce type de climat. Ces milieux, vestiges des vastes forêts qui ne subsistent qu'en de rares îlots, se développent surtout dans les sites vallonnés. Dans ces régions arides, le couvert arborescent n'est plus représenté que par les ripisilves qui bordent les cours d'eau où les peupliers, les saules et les lauriers fournissent des habitats aux mésanges rémiz et aux bouscarles.

Au flanc des côteaux et dans le fond des vallées, d'immenses superficies sont occupées par les vignes, mais peu d'oiseaux fréquentent ce type d'habitat (cochevis, bruants).

Les milieux semi-désertiques sont particulièrement favorables aux invertébrés — insectes ou araignées —, mais ils conviennent aussi à quelques vertébrés : spécialisation alimentaire et adaptations leur permettent alors de subsister dans des écosystèmes dont la température est élevée et où la nourriture n'est pas toujours abondante.

Ainsi, le circaète, cet aigle mangeur de serpents, peut vivre dans des milieux pauvres en oiseaux et en petits mammifères, alors que l'aigle de Bonelli s'est spécialisé dans la capture des perdrix et surtout dans celle des lapins ; mais la raréfaction de ces derniers, liée à la myxomatose, contribue à la diminution des effectifs de ce grand rapace. En fait, dans les maquis et les garrigues, la ressource alimentaire la plus importante est constituée par les insectes, partout abondants, et qui sont recherchés par les guêpiers, les rolliers...

En automne, ces milieux se vident peu à peu de leurs habitants : les insectes se raréfiant et les reptiles tombant en léthargie, beaucoup d'espèces d'oiseaux sont alors contraintes de quitter l'Europe pour des cieux plus cléments ou bien de changer de stratégie alimentaire. Ainsi, plusieurs fauvettes restent sur les sites de nidification car elles adoptent un régime en grande partie constitué de baies ; mais elles comptent également sur la douceur de l'hiver pour survivre jusqu'au printemps.

Ci-contre : guêpier d'Europe

LES MILIEUX TERRESTRES MÉDITERRANÉENS

En haut, à droite : merle bleu mâle. Cette espèce, sédentaire dans le sud de l'Europe, habite les falaises ou les gorges accidentées, ainsi que les ruines. Nichant à l'abri dans une cavité de la roche, la femelle dépose de quatre à six œufs dans un assemblage grossier de tiges d'herbes sèches et de radicelles qui lui sert de nid.

Au centre : courtillière. Comme beaucoup d'insectes terrestres des régions sèches, cet orthoptère constitue une proie pour le merle bleu, la huppe et même le hibou petit-duc.

En bas : le cochevis de Thekla est une alouette dont l'aire de répartition se limite à la péninsule Ibérique et à de rares localités du Roussillon. Son biotope de prédilection est formé de zones arides dont la végétation de genévriers et de chênes est peu élevée. Sa ressemblance avec le cochevis huppé est remarquable et seule sa voix, plus mélodieuse, permet une identification infaillible lorsque les deux espèces cohabitent.

Page précédente : guêpier d'Europe.

La forêt originelle de chênes lièges, de chênes-verts, d'oliviers, de cèdres et de pins qui recouvrait autrefois la plus grande partie du bassin méditerranéen a été progressivement détruite au cours des siècles. Les défrichements inconsidérés des massifs, les incendies volontaires, le pacage d'un trop grand nombre d'animaux, notamment des chèvres, ont eu raison des sylves du Midi qui ont cédé la place à l'urbanisation, à l'agriculture (cultures maraîchères, vignobles) et à des terres dégradées.

Sur ces sols naturellement pauvres, dans des régions où le climat est caractérisé par de longues périodes de sécheresse et des précipitations irrégulières et peu abondantes, les déboisements ont entraîné une véritable désertification de l'environnement qui, à l'heure actuelle, est probablement irréversible. En effet, une fois les arbres disparus, les agents de l'érosion (vent, eaux de ruissellement) lessivent les sols et mettent à nu la roche mère, substrat où bien peu de plantes peuvent se développer. Ce phénomène est d'ailleurs accéléré par des pratiques culturales inadéquates qui épuisent les sols. Témoignages d'une lente altération, les maquis s'implantent sur des sols siliceux, alors que les garrigues poussent sur des terrains calcaires.

• Les maquis

Souvent impénétrables, les maquis sont principalement formés de buissons épineux et d'arbustes comme les myrtes, les genévriers, les pistachiers, les cistes, les bruyères, les lentisques, les arbousiers et les pins d'Alep. L'ensemble de cette végétation dépasse rarement 2,50 mètres ou 3 mètres de haut. Les maquis sont une forme dégradée de la forêt primitive où l'on retrouve d'ailleurs les mêmes espèces botaniques, mais en plus faible quantité et de taille plus réduite. Les oiseaux caractéristiques de ce biotope sont les fauvettes passerinettes, les rossignols, les mésanges bleues, charbonnières et à longue queue.

• Les garrigues

Souvent plus basses, puisque poussant sur des sols encore plus pauvres que les maquis, la végétation des garrigues est moins dense. Elle est composée de plantes aromatiques comme les lavandes, le romarin ou le thym, de bruyères, de chênes kermès, ainsi que de plusieurs espèces à bulbes de type asphodèle. Les oiseaux caractéristiques de ces biotopes sont les fauvettes mélanocéphale et orphée, les traquets oreillards, les merles de roche.

• Les forêts riveraines ou ripisilves

Le long des cours d'eau, même au cœur des régions arides, se développent des formations boisées fréquemment inondées par les crues printanières. Les essences à feuillage caduque sont représentées par les saules, les peupliers, les ormes, les aulnes et les chênes pubescents. Les sous-bois sont formés de buissons épineux d'aubépines et de cornouillers. Les rossignols, les mésanges rémiz, les hypolaïs polyglottes et les bouscarles s'installent dans cette végétation.

• Les cultures

Les principales activités agricoles du Midi sont le vignoble et les cultures maraîchères, puis l'exploitation des oliveraies, du riz et des fleurs coupées. Les vignes sont peu favorables à la gent ailée car fortement traitées, mais, dans le fond des vallées arides, en se rapprochant des habitations, on peut rencontrer des bruants ortolans, des bruants zizis, des bruants fous et des bruants proyers, des cochevis, des traquets oreillards, des chardonnerets, des linottes et des serins cinis.

• Les jardins et les parcs

Issus d'une double inspiration historique — la renaissance italienne et la civilisation hispano-mauresque —, les jardins et les parcs de la Côte d'Azur, plus encore que ceux du pays d'Oc, dévoilent leur merveilleuse exubérance exotique. Leur intérêt écologique n'est pas toujours évident, mais certains d'entre eux abritent des fauvettes mélanocéphales et des gobe-mouches gris.

1

2

3

4

1. Maquis.
2. Ripisilve.
3. Garrigue et cultures.
4. Forêt relique d'oliviers.

LA RÉPARTITION DES FAUVETTES MÉDITERRANÉENNES

Ci-dessous : variation saisonnière de quatre grandes catégories de proies consommées par la fauvette mélanocéphale. En juin, en juillet et en août, ce sont les insectes coléoptères et divers arthropodes (excepté les fourmis) qui sont consommés ; en septembre, en octobre et en novembre, les différentes composantes du régime de l'espèce sont assez équilibrées : matières végétales, insectes coléoptères, divers arthropodes, fourmis. L'hiver, en décembre, en janvier et en février, ce sont les matières végétales qui dominent, suivies des insectes coléoptères et de divers arthropodes ; c'est aussi l'époque où les gastéropodes sont les mieux représentés.

En période de reproduction, les cinq espèces de fauvettes dites « méditerranéennes » se répartissent dans les maquis et les garrigues en fonction de leurs exigences biologiques propres, chacune ayant une préférence pour un type de formation végétale. Ce phénomène écologique permet aux oiseaux, dont les régimes alimentaires sont assez proches, d'utiliser au mieux l'hétérogénéité de la végétation, tout en étant séparés écologiquement. Cependant, dans certaines régions où plusieurs espèces peuvent cohabiter, une seule sera dominante : celle qui est le mieux adaptée au biotope fréquenté (régime alimentaire, mœurs).

● **La fauvette à lunettes** s'installe de préférence dans la végétation basse (50 cm au plus) de chênes kermès, d'ajoncs et de cistes des étendues incultes et ouvertes du littoral, ainsi que dans les massifs de salicornes au bord des étangs et des lagunes.

● **La fauvette pitchou** aime les terrains arides où les landes à genêts, à ajoncs, à bruyères, à buis ou à romarins, ne dépassant pas 1 mètre de haut. Dans beaucoup d'endroits, elle occupe les étendues de chênes kermès. La « pitchou » n'est pas inféodée aux milieux méditerranéens puisqu'elle se reproduit aussi dans l'ouest et le centre de la France (Bretagne, Vendée, Ile-de-France), ainsi que dans les îles Britanniques (Angleterre). Sédentaire, elle supporte mal les climats contrastés, préférant les régions dont les hivers doux lui permettent de trouver des insectes ou des araignées, proies indispensables à sa survie.

● **La fauvette mélanocéphale** est une espèce caractéristique des systèmes biologiques méditerranéens où elle peut habiter une gamme étendue de biotopes, des associations végétales basses aux fourrés denses des maquis, jusqu'à une hauteur de 2 m. Ses préférences vont toutefois aux étendues de boisements clairs dont les sous-bois sont impénétrables, aux gros buissons, aux massifs de chênes verts. Elle s'installe aussi dans les jardins des villes, lorsqu'elle y trouve suffisamment de fourrés épineux. Sédentaire comme la fauvette pitchou, la « mélanocéphale » supporte difficilement le froid et la neige, intempéries qui déciment ses populations. En hiver, ces deux fauvettes peuvent rester en Europe car elles ajoutent à leur régime alimentaire, essentiellement insectivore à la belle saison, des composantes végétales comme les baies (voir le graphique ci-dessous, à gauche).

● **La fauvette orphée** fréquente la végétation arbustive et arborescente, entre 5 m et 10 m de hauteur, dont la structure hétérogène est toujours ouverte. Elle habite donc les buissons élevés et denses où les chênes-lièges sont dispersés ou regroupés en boqueteaux, toujours situés dans des sites chauds et secs. Dans le nord de son aire de répartition (vallée du Rhône), l'« orphée » occupe les grosses haies ou les landes buissonnantes de pentes bien exposées.

● **La fauvette passerinette** est répandue dans les massifs denses de chênes verts, de chênes kermès et pubescents, milieux fermés par excellence, ainsi que dans les maquis à bruyères ou à cistes qui ne dépassent pas 6 m.

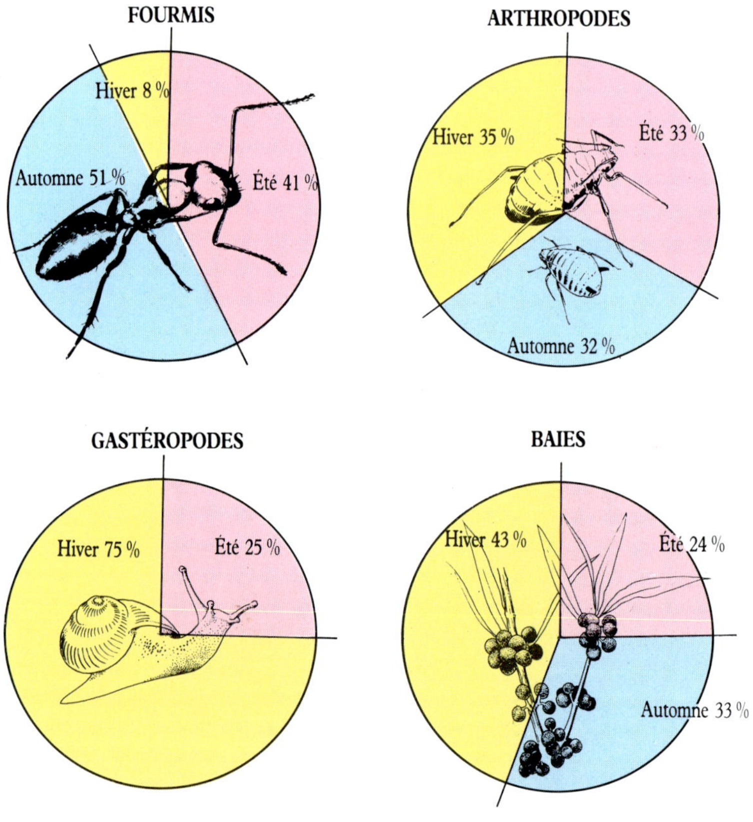

VARIATION SAISONNIÈRE DE QUATRE GRANDES CATÉGORIES DE PROIES CONSOMMÉES PAR LA FAUVETTE MÉLANOCÉPHALE

QUELQUES PARTICULARITÉS DES CINQ ESPÈCES DE FAUVETTES MÉDITERRANÉENNES, DÉTERMINANT EN PARTIE LEUR ISOLEMENT ÉCOLOGIQUE.

Espèces	Hauteur maximale de la végétation (en mètres)	Hauteur des nids (en mètres)	Statut	MIGRATION Départ	MIGRATION Arrivée	Date moyenne de ponte du premier œuf
Fauvette à lunettes	0,50	0,30-0,40	migratrice	?	mi-mars	2 avril
Fauvette pitchou	1	0,15-0,90	sédentaire			1er avril
Fauvette mélano-céphale	2	0,60-1,80	sédentaire			20 mars
Fauvette passerinette	6	0,15-0,90	migratrice	sept.-oct.	mars-avril	5 avril
Fauvette orphée	10	1,00-3,50	migratrice	août-sept.	avril-mai	1er mai

1

2

3

4

5

Isolement écologique de cinq espèces de fauvettes

1. Fauvette à lunettes mâle.
2. Fauvette pitchou mâle.
3. Fauvette mélanocéphale femelle.
4. Fauvette orphée mâle.
5. Fauvette passerinette mâle.

Percnoptère d'Égypte

Neophron percnopterus

Chauffées à blanc par le soleil de midi, les parois de calcaire tombent à pic dans le fond d'un étroit défilé ou une rivière coule entre les roches et les épineux. Au bord du précipice, un merle bleu lance son sifflet mélodieux que l'écho répercute. Un peu plus haut, dans le ciel, les vibrations de l'air sont telles que les silhouettes de quatre vautours fauves se brouillent dans l'azur comme un mirage. Tournoyant lentement, les « griffons » survolent leur colonie mais, bientôt, ils croisent régulièrement les orbes plus rapides d'un petit vautour noir et blanc.

Oiseau sacré des Égyptiens, le percnoptère a longtemps fréquenté les villes du bassin méditerranéen, participant efficacement à la voirie des agglomérations. Consommateur d'excréments et de cadavres, nourriture qui lui donne une odeur nauséabonde, cet oiseau s'est aujourd'hui retiré dans des régions où on ne le persécute pas.

Étonnant rapace à la face jaune dénudée et à l'arrière-crâne orné de plumes hirsutes qui lui donnent l'air d'un chef indien, le percnoptère est l'un des rares oiseaux à pouvoir se servir d'un outil. Certains individus sont en effet capables de casser des œufs en prenant dans le bec un caillou qu'il projette violemment sur la coquille afin de pouvoir en extraire le contenu.

Grand migrateur diurne, le percnoptère d'Égypte quitte l'Europe de la fin du mois d'août au mois d'octobre et revient de la fin du mois de février à la fin du mois de mars.

Ci-dessous : accouplement de percnoptères d'Égypte sous le regard d'un grand corbeau.

Sur le terrain : petit vautour blanc et noir. De loin, en vol, il peut être confondu avec une cigogne. Huppe hirsute et cou emplumé.
Plumage : les deux sexes sont identiques. Les jeunes ont la peau nue de la face et du menton gris pâle et l'ensemble du plumage foncé. La livrée adulte est acquise vers 4 ans.
Nourriture : charognard, le percnoptère d'Égypte consomme des bêtes noyées, des animaux écrasés, des excréments humains et des crottes de moutons. Il ajoute à ce régime des crustacés, des mollusques, des insectes, des tortues ; il pille parfois des nids d'oiseaux.
Site du nid : il s'installe dans les défilés rocheux, les gorges, au cœur d'une falaise riche en corniches, en fissures et en cavités.
Nid : le couple construit une plate-forme avec des branches sèches, des crottins, des papiers et des ossements, puis il la garnit de laine et de poils.
Nichée : 2 œufs blanc sale sont pondus en mars ou en avril, et couvés de 40 à 44 jours par le couple.
1 ponte annuelle.
Semi-nidicole.
Quitte le nid entre le 70e et le 80e jour.
Longueur : de 59 cm à 70 cm.
Poids : de 1,600 kg à 2,400 kg.
Longévité : inconnue.

Aire de reproduction — Aire de reproduction et d'hivernage — Aire d'hivernage

En vert : sédentaire. En marron : visiteur d'hiver. En jaune : visiteur d'été.

Aigle de Bonelli

Hieraaetus fasciatus

Dans l'arrière-pays accidenté du Roussillon, les collines et les basses montagnes arides sont écrasées par le soleil. Au creux d'un vallon, un cours d'eau aux rives verdoyantes serpente parmi les vignes et apporte un peu de fraîcheur dans cet environnement presque désertique. Au cœur d'un escarpement qui domine la garrigue, quelques hirondelles de rocher tournoient aux abords de leur colonie, frôlant la roche et opérant des conversions spectaculaires.

Au sommet de la paroi, l'ombre d'un aigle de Bonelli glisse le long d'une crête, disparaît quelques instants derrière un bloc puis plonge à grande vitesse vers l'autre versant, les ailes repliées, en une descente vertigineuse. Espérant échapper au rapace, une perdrix rouge décolle bruyamment, mais déjà l'aigle projette ses serres en avant et, dans une culbute, saisit sa victime.

Magnifiques voiliers, ces aigles sont encore plus remarquables lorsqu'ils réalisent leurs parades aériennes en duo : haut dans le ciel, les deux partenaires plongent tour à tour dans le vide, ailes collées contre le corps, puis, arrivés à quelques mètres du sol, profitant de leur élan ils remontent sans un battement et planent, dessinant de larges courbes dans l'azur.

Grand prédateur, l'aigle de Bonelli est devenu rare dans le sud de l'Europe, principalement en raison de la diminution de ses proies favorites comme le lapin de garenne, décimé par la myxomatose, ou la perdrix rouge, chassée à outrance et victime des pollutions génétiques après l'introduction de la perdrix choukar.

L'espèce est apparemment sédentaire. La première année, les jeunes se dispersent mais toujours à faible distance.

Sur le terrain : aigle de taille moyenne, très contrasté, blanc dessous et sombre dessus. En vol, un « dossard » blanchâtre sur la nuque et en haut du dos est parfois visible.
Plumage : les deux sexes sont identiques. Les jeunes ont le dessus brun sombre uni et le dessous roux fauve. La livrée adulte est acquise vers 4 ans ou 5 ans.
Nourriture : l'aigle de Bonelli consomme surtout des lapins de garenne et des perdrix rouges auxquels il ajoute des lézards, des rats, des chats, des pigeons, des choucas.
Site du nid : il s'installe dans le tiers supérieur d'une paroi, sur une corniche abritée par un surplomb ou dans une petite grotte.
Nid : le couple entasse des branchages qu'il garnit de rameaux verts de buis, de pin ou de chêne vert.
Nichée : 2 œufs ovales, blanc sale avec de légères taches allant du brun au jaunâtre, sont pondus de la mi-février à mars et couvés de 39 à 41 jours par la femelle. 1 ponte annuelle. Semi-nidicole. Quitte le nid entre le 60e et le 65e jour.
Longueur : de 65 cm à 73 cm.
Poids : mâle, 1,600 kg ; femelle, 2 kg.
Longévité : inconnue.

Ci-dessus : l'aigle de Bonelli niche dans plusieurs localités méridionales au flanc de falaises littorales. La gamme des proies composant le régime alimentaire de l'espèce s'enrichit alors d'animaux liés aux écosystèmes côtiers : l'aigle a capturé ici un goéland leucophée.

En bas, à gauche : jeune faucon pèlerin de la race « brookei ».

En vert : sédentaire. En marron : visiteur d'hiver. En jaune : visiteur d'été.

Perdrix rouge

Alectoris rufa

La lumière blafarde de l'aube éclaire les vallonnements escarpés couverts de buissons et d'herbes rases parcourus par un vent léger, déjà chaud, qui diffuse les parfums subtils des cistes et des lavandes. Dans les éboulis d'une ruine, posté près de l'entrée de son nid, un hibou petit-duc, fatigué par une nuit de chasse, s'apprête à rejoindre son abri diurne. Dans les chênes kermès, l'irritation zézayante et douce d'une fauvette passerinette est couverte par une voix étrange, soufflement sonore rappelant le bruit d'une locomotive à vapeur.

Le corps dressé et la tête complètement ébouriffée, une perdrix rouge chante, à peine dissimulée sur un monticule de pierrailles. Haut dans le ciel, un aigle de Bonelli patrouille au-dessus de son territoire ; inquiète, la perdrix lance un cri aigu et guttural, remue nerveusement la queue puis décolle. Bientôt, une compagne la rejoint et les deux oiseaux rasent le maquis, les ailes arquées et vibrantes, puis déboulent dans la maigre végétation pour aller se réfugier en piétant sous le couvert protecteur d'un buisson épineux.

C'est en février que les compagnies de perdrix rouges éclatent, chaque couple s'appropriant un territoire. Les mâles deviennent alors très agressifs et ne supportent plus la présence d'un congénère. A cette époque, les parades sont fréquentes : le mâle tourne autour de sa partenaire, exhibe ses flancs zébrés de roux et, grâce à un mouvement du cou vers l'arrière, met bien en évidence la bavette blanche cernée de noir de sa tête. L'espèce est sédentaire.

Sur le terrain : elle ressemble à la perdrix grise, mais la bavette blanc cerné de noir, les barres des flancs ainsi que le bec et les pattes rouges empêchent toute confusion.
Plumage : les deux sexes sont identiques. Les jeunes ont la bavette blanchâtre sans cerne noir, les flancs ocre et sans barres, le bec brun et les pattes roses.
Nourriture : la perdrix rouge est végétarienne. Elle consomme surtout des fragments d'herbe et des graines auxquels elle ajoute, en petite quantité, des araignées et des insectes.
Site du nid : elle s'installe sur le sol, à couvert, sous un buisson, dans la végétation herbacée, dans un champ de céréales.
Nid : le mâle gratte dans le sol une dépression qu'il garnit d'une litière d'herbes et de feuilles.
Nichée : de 7 à 20 œufs blanc jaunâtre ou roussâtre, avec des taches rougeâtres et grises, sont pondus d'avril à juin et couvés de 23 à 26 jours par la femelle. 1 ponte annuelle. Nidifuge. Vole entre le 15e et le 17e jour.
Longueur : de 33 cm à 38 cm.
Poids : mâle, 490 g ; femelle : 395 g.
Longévité : peut atteindre 6 ans.

Aire de reproduction — Aire de reproduction et d'hivernage — Aire d'hivernage

En vert : sédentaire. En marron : visiteur d'hiver. En jaune : visiteur d'été.

Œdicnème criard

Burhinus œdicnemus

Au cœur de la nuit, la plaine silencieuse dissimule dans l'obscurité ses étendues sèches de terre, de cailloux et de végétation clairsemée. Les fleurs de thym exhalent leurs senteurs dans la douce tiédeur nocturne et le silence n'est troublé que par le sifflet musical d'un hibou petit-duc et par la roulade vigoureuse d'un rossignol.
La lune vient d'apparaître et des cris rauques et traînants se font immédiatement entendre ; les œdicnèmes vont ainsi se répondre et s'interpeller jusqu'aux premières lueurs du jour. Dès que la lumière du soleil éclaire les étendues dénudées de la campagne, les « courlis de terre » se taisent et réduisent leurs activités. Alors immobiles, ces oiseaux aux mœurs crépusculaires et nocturnes, dont le plumage couleur de terre se fond à merveille dans le paysage, surveillent les alentours de leurs grands yeux jaunes.

Farouche, l'œdicnème se déplace peu en volant et préfère rester plaqué contre le sol, sûr de son camouflage ; si le danger se précise, il s'enfuit en marchant, la tête rentrée dans le corps.
Au crépuscule, la défense des territoires entraîne des rixes entre mâles : bec ouvert, ils se jettent l'un contre l'autre dans un bond spectaculaire et se poursuivent à terre.

Les œdicnèmes sont sédentaires dans le sud de l'Europe, mais ceux du nord de l'Europe effectuent leur migration nocturne de la fin du mois d'août au mois de novembre et vont rejoindre l'Afrique du Nord ou de l'Ouest. Les retours s'échelonnent de mars à avril.

Sur le terrain : échassier terrestre de la taille d'un pigeon, au plumage cryptique ; ses grands yeux, son bec et ses pattes sont jaunes.
Plumage : les deux sexes sont identiques. Les jeunes sont comme les adultes mais leurs barres alaires ne se distinguent pas.
Nourriture : l'œdicnème criard consomme surtout des insectes coléoptères comme les bousiers, des fourmis, des punaises, des chenilles... Il complète ce régime avec des araignées, des limaces, des escargots, des lombrics, des petits serpents, des batraciens, parfois des poussins et des œufs.
Site du nid : il s'installe à découvert sur le sol, sur un terrain caillouteux sec au milieu des friches ou des cultures. Il aménage parfois une empreinte de pied de vache.
Nid : le couple gratte et moule dans le sable ou dans la terre une dépression qui est garnie de petits cailloux, de débris végétaux, de crottes de lapin...
Nichée : 1 ou 2 œufs ovales et mats, gris jaunâtre, verdâtres ou brun pâle, avec des taches ou des virgules et des filaments brun foncé, sont pondus du début d'avril au milieu du mois d'août, et couvés de 24 à 26 jours par le couple. 1 ou 2 pontes annuelles. Nidifuge. Vole entre le 40e et le 44e jour.
Longueur : 39 cm.
Poids : 460 g.
Longévité : peut atteindre 16 ans.

Aire de reproduction — Aire de reproduction et d'hivernage — Aire d'hivernage

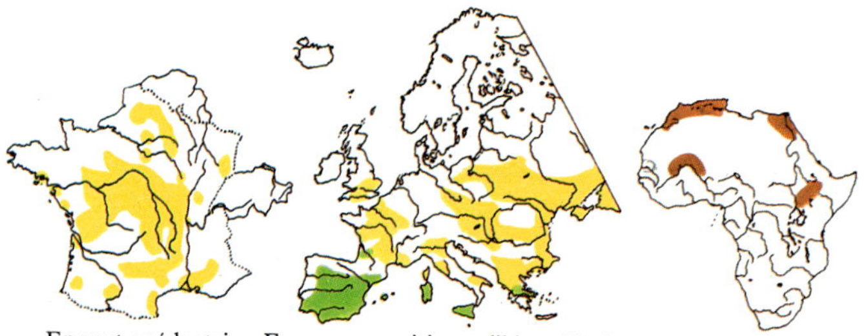

En vert : sédentaire. En marron : visiteur d'hiver. En jaune : visiteur d'été.

Ci-dessus : œdicnème criard rejoignant son nid.

Ci-contre : perdrix rouge.

Hibou petit-duc

Otus scops

Accroché au flanc d'une colline brûlée par les rayons d soleil, un petit village provençal s'estompe peu à peu dan la nuit tombante. Quelques hirondelles de fenêtre regagnen leur colonie dans un concert de cris brefs et rudes, avant d réntrer dans leurs nids de boue séchée. Sur la petite plac entourée de vieux platanes torturés par les ans, autour de lampadaires allumés, quelques chauves-souris chassent déj des insectes de leur vol zigzagant.

Bientôt, une voix douce et monotone monte lentement de grands arbres, et cette note musicale et mélancolique, ré pétée à intervalles réguliers, est reprise au loin comme dan un écho. Minuscule hibou, le « petit-duc » chante dès so retour d'Afrique, du crépuscule à l'aurore, plus rarement e pleine journée.

Grand chasseur d'insectes, ce petit rapace s'attaque au sauterelles vertes et aux gros papillons de nuit dont il arrach les ailes avant de les consommer. Le jour, l'oiseau reste fig contre un tronc, ses yeux jaunes mi-clos et ses aigrettes s dressant à la moindre émotion.

Grand migrateur nocturne, le hibou petit-duc quitte l'Eu rope pour l'Afrique du mois d'août à la mi-octobre. Quel ques individus hivernent autour de la Méditerranée, dans l sud de l'Espagne et de l'Italie ou en Grèce. Les retour s'échelonnent de la mi-avril à la mi-mai, parfois plus tôt.

Ci-dessus : hibou petit-duc.

Ci-contre : martinet pâle. Cette espèce, qui ressemble à s'y méprendre au martinet noir, s'en distingue par une livrée plus grise et par un dessous des ailes très pâle. Oiseau des falaises côtières, il s'installe souvent dans les anfractuosités des constructions humaines. Grand migrateur, il quitte le Midi de la mi-septembre à octobre pour rejoindre le centre et l'est de l'Afrique. Les retours ont lieu à la fin du mois de mars et au début d'avril.

Sur le terrain : c'est le plus petit des hiboux. Les teintes d'écorce de son plumage le font passer inaperçu. Son chant ressemble à celui du crapaud accoucheur.
Plumage : les deux sexes sont identiques. Les jeunes sont plus roux que les adultes et leurs yeux sont moins colorés : jaune verdâtre au lieu de jaune-orangé.
Nourriture : le hibou petit-duc est insectivore ; grand chasseur d'insectes, il capture indifféremment des papillons, des carabes et des sauterelles auxquels il ajoute des petits oiseaux et des micromammifères.
Site du nid : il s'installe dans une cavité d'arbre (saule taillé en têtard) ou de muraille, ou utilise un ancien nid de pie.
Nid : il ne construit pas de nid.
Nichée : de 4 à 6 œufs blancs sont pondus entre la mi-mai et le début du mois d'août, et couvés 24 à 25 jours par la femelle. 1 ponte annuelle. Nidicole. Quitte le nid entre le 20e et le 25e jour.
Longueur : 19 cm.
Poids : 100 g.
Longévité : peut atteindre 6 ans.

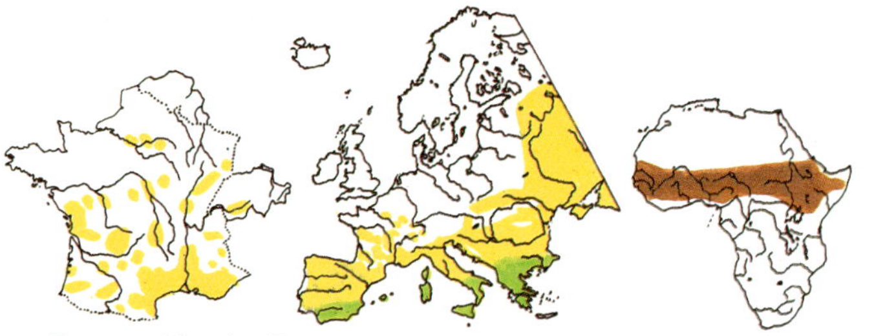

En vert : sédentaire. En marron : visiteur d'hiver. En jaune : visiteur d'été.

Guêpier d'Europe

Merops apiaster

Au détour d'un méandre de la rivière, une petite falaise sablonneuse se dresse sur la berge. Entre les radicelles chevelues qui pendent de la paroi friable, plusieurs trous plus ou moins espacés les uns des autres témoignent de la présence d'une colonie de « chasseurs d'Afrique ». Sortant de l'une des cavités, un magnifique oiseau multicolore s'élève dans le ciel et va rejoindre ses congénères sur une branche d'arbre mort.

Posés sur leurs minuscules pattes qui disparaissent sous les plumes turquoise du ventre, les guêpiers montrent une silhouette élancée de grosse hirondelle. A l'affût, prêts à s'envoler pour se saisir d'une libellule ou d'un papillon malmené par le vent, ils font retentir leurs cris roulés et liquides.

Déjà apparié à son arrivée en Europe, chaque couple creuse sa cavité à proximité d'un perchoir, indispensable pour défendre les abords du nid contre les membres de la colonie et pour effectuer les cérémonies nuptiales. Au moment des noces, les deux partenaires, perchés côte à côte, prennent tour à tour une posture verticale puis tournent de temps en temps sur eux-mêmes en battant d'une aile, les plumes du dos hérissées. Au summum de l'excitation, le mâle se rapproche de sa compagne par des trottinements latéraux et lui offre une petite proie qui sert de prélude à l'accouplement.

Grand migrateur diurne, le guêpier quitte l'Europe d'août à octobre pour rejoindre l'ouest de l'Afrique. Les retours s'échelonnent à la fin d'avril et en mai, quelques oiseaux pouvant être signalés un peu plus tôt.

Sur le terrain : oiseau multicolore, de la taille d'un merle et à l'allure d'une grande hirondelle au long bec.
Plumage : la femelle a le dessus plus verdâtre que celui du mâle mais la distinction est difficile. Les jeunes sont comme les adultes mais avec le dessus vert, les rectrices médianes plus courtes et les yeux bruns au lieu de rouges.
Nourriture : insectivore, il consomme des guêpes, des abeilles, des bourdons, des frelons, des papillons, des libellules. Il est insensible aux piqûres d'insectes.
Site du nid : ils s'installent en colonies au voisinage d'un cours d'eau, dans les falaises sablonneuses ou argileuses des rivières, dans les sablières, dans les talus le long des routes.
Nid : le couple creuse un terrier large de 5 cm à 8 cm et profond de 70 cm à 2,50 m. Les œufs sont déposés sur les déjections des oiseaux.
Nichée : de 4 à 7 œufs, blanc brillant, sont pondus de la mi-mai au début du mois de juin, et couvés de 19 à 22 jours par le couple.
1 ponte annuelle.
Nidicole. Quitte le nid entre le 20e et le 25e jour.
Longueur : 27 cm.
Poids : 55 g.
Longévité : inconnue.

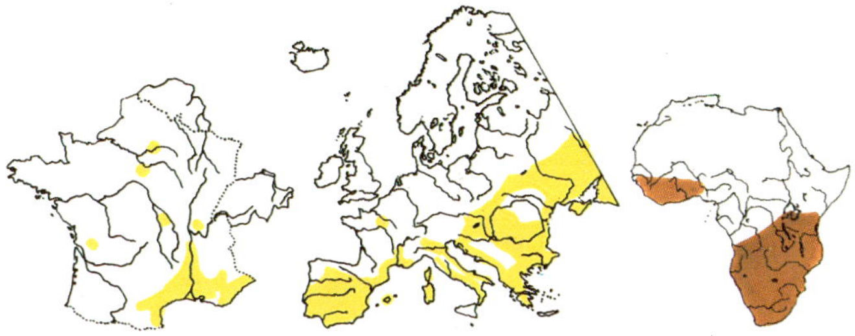

En vert : sédentaire. En marron : visiteur d'hiver. En jaune : visiteur d'été.

Ci-contre : guêpier d'Europe mâle. La femelle, sensiblement plus terne, ne possède pas d'aussi longues rectrices médianes à la queue.

Coucou-geai

Clamator glandarius

Au-dessus du cordon dunaire, une minuscule alouette calandrelle monte dans le ciel, répétant sa phrase claire, puis tombe comme une pierre et disparaît au ras du sable. Non loin de là, une pie capture quelques insectes dans les friches et s'envole en direction d'un bois de grands pins parasols. Le mâle ravitaille alors la femelle qui couve ses œufs et, sans le savoir, ceux du coucou-geai.
Principale « victime » de cette espèce parasite, la pie s'occupe consciencieusement de l'incubation puis de l'élevage de sa nichée adoptive. A l'instar du coucou gris, la femelle du coucou-geai a pour habitude de déposer furtivement dans le nid de la pie un ou deux œufs dont la ressemblance avec ceux du corvidé est étonnante. Afin d'assurer la réussite de son entreprise, elle élimine partiellement la ponte de son hôte.

Les poussins du coucou-geai, contrairement à ceux du coucou gris, n'éjectent pas hors du nid leurs « frères et sœurs » pies : en effet, ils ont une cavité buccale beaucoup plus colorée que les jeunes pies et cela incite leur mère adoptive à les nourrir plus souvent, ce qui leur évite de recourir à une méthode expéditive. En outre, si les jeunes pies naissent avec beaucoup de retard par rapport aux petits coucous, elles sont alors écrasées ou meurent de faim.

Grands migrateurs, les adultes quittent le sud de l'Europe fin juin, époque à laquelle ont disparu les chenilles processionnaires, larves de papillon à la base de leur régime alimentaire. Les jeunes suivent peu après, en juillet et en août. Les retours s'échelonnent de la mi-février à avril.

Sur le terrain : il ressemble à une petite pie colorée, même dans ses émissions vocales.
Plumage : les deux sexes sont identiques. Les jeunes ont la calotte noire, sans huppe, avec le dessus presque noir, le dessous très jaunâtre et les rémiges primaires brun-roux.
Nourriture : au printemps, le coucou-geai consomme des chenilles processionnaires du pin, dont il est très friand. En été, il se nourrit aussi de divers insectes orthoptères et coléoptères, de leurs larves et de mollusques.
Site du nid : il s'installe sous un climat chaud et sec, dans les plaines et les collines semi-boisées, où il y a des pinèdes.
Nid : comme le coucou gris, la femelle dépose ses œufs parmi une ponte de pie.
Nichée : 1 ou 2 œufs, allant du bleuâtre au verdâtre, uniformément pointillés de brun et tachetés légèrement de brun-rouge, sont pondus de la mi-avril à la fin de juin, et couvés 14 jours par la femelle pie. Nidicole.
Quitte le nid entre le 24e et le 26e jour.
Longueur : de 39 cm à 45 cm.
Poids : 180 g.
Longévité : inconnue.

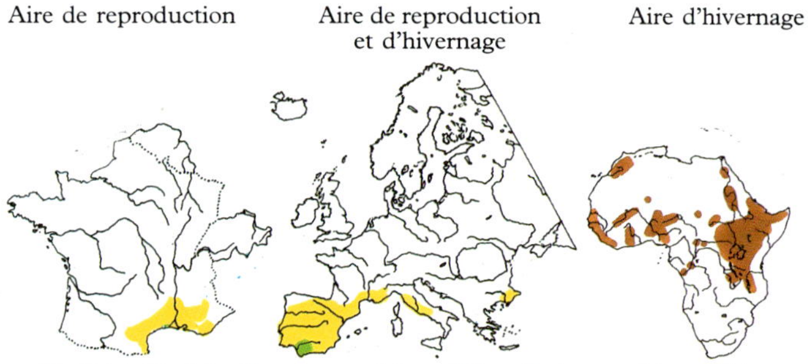

En vert : sédentaire. En marron : visiteur d'hiver. En jaune : visiteur d'été.

-luppe fasciée

Jpupa epops

\u sommet d'une colline, un vieux village du pays d'Oc ınimé par le « chant » de quelques cigales domine les :ultures, les maquis et les garrigues écrasés par le soleil d'où 'exhale le puissant parfum des lavandes en fleur. Au bord lu chemin qui monte vers le hameau, une chouette chevê- :he guette des insectes, posée sur la crête d'un muret à 'ombre des oliviers.

Non loin de là, perchée sur une grosse branche de chêne- iège, une huppe au plumage saumoné marqué de blanc et le noir lance ses trois syllabes douces et monotones à la onalité basse et sourde. Puis le curieux oiseau coiffé de grandes plumes chatoyantes quitte son perchoir d'un vol de papillon, laissant apparaître le dessin bicolore et contrasté de sa livrée. Rejoignant le sol dénudé et rocailleux d'une friche, a huppe trottine rapidement en hochant la tête, s'arrête de emps en temps pour se saisir d'une courtillière ou d'une punaise qu'elle avale après l'avoir lancée en l'air. Continuant sa progression, elle arrive bientôt près d'un petit réservoir l'eau servant à l'irrigation ; là, la terre humide lui permet l'enfoncer son long bec incurvé dans le sol d'où elle extirpe quelques larves d'insectes.

Grande migratrice nocturne, la huppe fasciée quitte l'Eu- rope en août et en septembre pour rejoindre les savanes africaines. Les retours ont lieu vers la mi-février pour les individus les plus précoces des régions méridionales ; le plus gros des effectifs arrive quant à lui en avril, tandis que les retardataires sont encore observés en mai en dehors des sites le nidification.

Sur le terrain : oiseau bigarré à la huppe érectile et au long bec incurvé.
Le vol papillonnant est caractéristique.
Plumage : les deux sexes sont pratiquement identiques mais la femelle est moins colorée que le mâle. Les ailes et la queue bicolores contrastent avec le beige rosé du reste du corps. De loin, la huppe fasciée paraît noir et blanc.
Nourriture : insectivore, elle capture ses proies à l'aide de son long bec fin. Des invertébrés de toutes sortes sont aussi consommés.
Site du nid : elle s'installe dans un trou d'arbre, dans un vieux mur ou un tas de pierres.
Nid : les cavités sont utilisées telles quelles ; des plumes et quelques brins de laine sont parfois disposés dans le fond.
Nichée : de 5 à 8 œufs gris-blanc ou jaune-olive sont pondus d'avril à juin et couvés de 16 à 19 jours par la femelle.
Nidicole.
Quitte le nid entre le 20e et le 27e jour.
Longueur : 27 cm.
Poids : 60 g
Longévité : peut atteindre 11 ans.

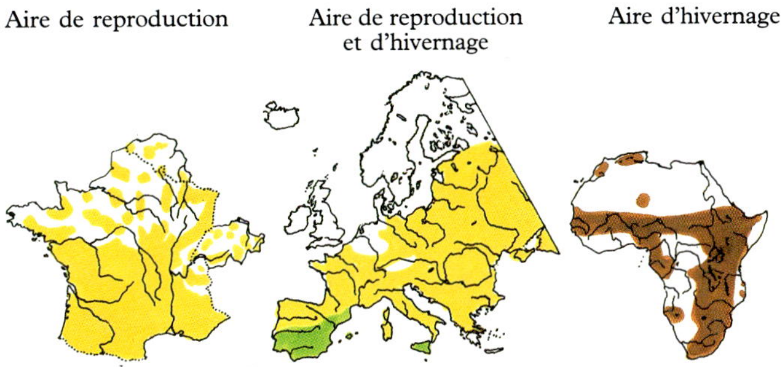

En vert : sédentaire. En marron : visiteur d'hiver. En jaune : visiteur d'été.

Ci-contre : huppe fasciée. La proximité du nid de cet oiseau est imprégnée d'une odeur nauséabonde produite par une glande située à la base de la queue de l'animal. Cette sécrétion malodorante semble éloigner les mammifères prédateurs.

Alouette lulu

Lullula arborea

<u>En haut</u> : alouette lulu auprès de sa nichée.

<u>En bas</u> (illustration) : alouette calandre (en haut). Cette grosse alouette vit dans les régions arides dont les étendues ouvertes présentent des sols pierreux et une végétation rase clairsemée. Sédentaire, la « calandre » pond ses œufs dès la fin d'avril ou en mai, dans un nid d'herbes sèches tissé près d'une touffe.
Alouette calandrelle (en bas). Minuscule oiseau de la taille d'une mésange, cette alouette aime les secteurs steppiques, des friches sèches et caillouteuses aux massifs de salicornes qui bordent les lagunes en passant par les plateaux secs et dénudés. Sédentaire, la « calandrelle » pond ses œufs, à partir de la mi-mai, dans un nid finement tissé situé à l'abri d'une touffe de graminées et dans une légère dépression du sol.

<u>Page de droite</u>
<u>En haut</u> : hirondelle rousseline. L'oiseau a collé son nid au plafond d'une grotte ; les boulettes de boue agglomérées ont la même teinte que la voûte minérale. La tête d'un jeune apparaît à l'entrée du goulot d'accès. Grande migratrice diurne, l'hirondelle rousseline quitte l'Europe en septembre et revient sur les sites de reproduction en mars et en avril.
<u>En bas, à gauche</u> : pie-grièche à tête rousse. Cette espèce fréquente les plantations d'oliviers, les garrigues, les orangers... Grande migratrice, elle quitte l'Europe en août et en septembre pour rejoindre l'Afrique tropicale. Les retours ont lieu en avril et en mai.

Le soleil écrase la lande rase du plateau dont la végétation clairsemée laisse apparaître la terre dénudée. Dans l'herbe grouillante d'insectes, une huppe trottine rapidement, ne sachant où donner du bec pour se saisir d'une proie, tandis qu'un œdicnème inspecte les alentours de son regard d'or.

Au sommet d'un petit buisson, un oiseau couleur de terre, aux sourcils blancs bien marqués, se balance au gré du vent. Sans un cri, l'alouette lulu décolle de son perchoir par des battements d'ailes saccadés puis, arrivée à bonne hauteur, commence à chanter tout en décrivant une trajectoire composée de courbes et de spirales planées qui la ramènent à son point de départ. La « lulu » porte bien son nom puisqu'il s'agit de l'onomatopée du motif flûté qu'elle émet souvent en séries descendantes pendant huit secondes au maximum : « lullullullullullul ». Cette voix douce et mélodieuse anime, de la fin de l'hiver au début de l'été, les paysages un peu austères des étendues incultes, des landes et des coteaux secs.

Dès le mois de février, les couples se livrent au jeux nuptiaux : les deux partenaires agitent la tête, huppe relevée, ouvrant et refermant nerveusement leur queue dressée. A partir de cette période, la femelle devient pratiquement invisible, ne quittant guère le sol et se dissimulant parfaitement aux yeux des prédateurs grâce à ses teintes protectrices et à son allure discrète.

Migratrice diurne ou nocturne, l'alouette lulu se déplace en groupe ou isolément à partir de la fin de septembre et jusqu'en novembre. Les retours s'échelonnent de la fin du mois de janvier à mars.

Sur le terrain : petite alouette aux sourcils blancs ; elle se perche volontiers sur des buissons. La huppe de la tête n'est pas toujours visible.
Plumage : les deux sexes sont identiques. Les jeunes ont le dessus barré de blanc-crème ; les taches de la poitrine sont plus petites que celles des adultes.
Nourriture : insectivore, l'alouette lulu chasse au sol de nombreux coléoptères, diptères, orthoptères et leurs larves. En automne, elle complète ce régime par des graines et des jeunes pousses.
Site du nid : elle s'installe à même le sol, dans une dépression dissimulée par un arbuste ou par une touffe d'herbes.
Nid : la femelle construit avec soin une coupe d'herbes sèches, de mousses et de radicelles, puis elle la garnit d'herbes fines, de crins, de laine et de duvets végétaux.
Nichée : de 3 à 5 œufs blanchâtres, finement tachetés de marron ou de brun-olive, sont pondus du début du mois d'avril à la mi-juillet et couvés de 13 à 15 jours par la femelle. 2 ou 3 pontes annuelles. Nidicole. Quitte le nid entre le 11ᵉ et le 17ᵉ jour.
Longueur : 15 cm.
Poids : 24 g.
Longévité : inconnue.

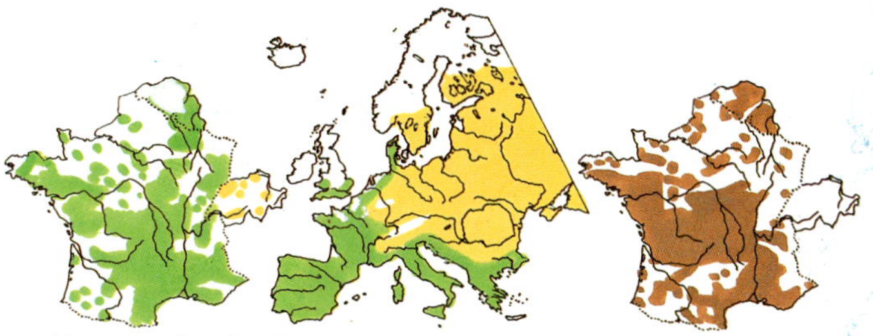

En vert : sédentaire. En marron : visiteur d'hiver. En jaune : visiteur d'été.

Alouette calandre

Alouette calandrelle

Ci-dessus : pie-grièche grise méridionale. Cette espèce fréquente les garrigues, de la Provence au Roussillon. Elle se distingue de la pie-grièche grise par la légère coloration rose de la poitrine et du ventre, ainsi que par une queue plus courte.

Traquet rieur

Œnanthe leucura

Les escarpements de la montagne avec leurs pentes couvertes de végétation dégradée, de pelouses sèches et de buissons épars brisées par des affleurements schisteux tombent à pic dans le bleu de la Méditerranée. Quelques masures blanches aux tuiles ocre et des vignes plantées en terrasses s'accrochent aux versants et aux vallonnements les moins raides. Près de la côte, parmi les ajoncs en fleur, des fauvettes mélanocéphales paradent en effectuant leur vol chanté, pendant que des martinets à ventre blanc cinglent l'air de leurs ailes étroites en forme de faux.

Posté sur la pointe d'un bloc rocheux, un oiseau noir à queue blanche attend patiemment ; sans crier gare, dans une brusque envolée, le traquet rieur poursuit quelques instants dans les airs un papillon et le capture, puis il s'en va rejoindre sa compagne d'un vol direct et énergique. Près de la femelle, l'oiseau s'incline alors en avant, gonfle son plumage de velours noir et tient sa queue redressée et largement déployée. Il trottine, se tourne en émettant des sifflements, des grognements et toutes sortes d'imitations, les ailes posées à plat et agitées de tremblements.

A la fin de l'été, les traquets rieurs se joignent à d'autres turdidés comme les rouges-queues noirs, les merles bleus et les merles de roche, formant ainsi des bandes lâches qui vagabondent à la recherche d'insectes.

Apparemment sédentaire, ce traquet réalise des transhumances : l'hiver, il quitte les friches et les pelouses d'altitude pour gagner les escarpements du littoral. Les jeunes sont plus enclins aux déplacements surtout lors de la dispersion automnale. Mais ils s'éloignent peu des massifs où ils ont vu le jour.

Sur le terrain : grand traquet noir au croupion et à la queue blanc pur avec un T noir.
Plumage : la femelle est brun foncé indistinctement moucheté dessous. Les jeunes sont plus ternes que les adultes.
Nourriture : surtout insectivore, le traquet rieur capture des coléoptères chrysomélides, des criquets, des mantes religieuses, des scolopendres, des chenilles, ainsi que des araignées, des petits lézards et des baies.
Site du nid : il s'installe près des crêtes, de préférence sur les pentes sud, dans une anfractuosité de rocher, sous une grosse pierre ou dans une cavité de ruine.
Nid : sur un soubassement de petits cailloux, le couple construit une coupe d'herbes sèches qu'il garnit de crins, de laine et de plumes.
Nichée : de 2 à 6 œufs blanc bleuâtre, piquetés de brun-rouge, sont pondus entre la mi-avril et le début du mois de juin, et couvés de 14 à 18 jours par la femelle. 1 ou 2 pontes annuelles. Nidicole. Quitte le nid entre le 15ᵉ et le 19ᵉ jour.
Longueur : 19 cm.
Poids : de 34 g à 41 g.
Longévité : inconnue.

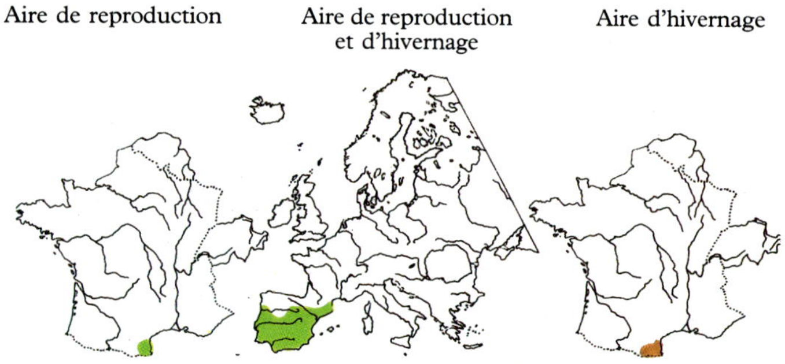

En vert : sédentaire. En marron : visiteur d'hiver. En jaune : visiteur d'été.

Traquet oreillard

Œnanthe hispanica

A l'arrière des dunes littorales, la garrigue au sol rocailleux couverte d'ajoncs, de genêts et de chênes kermès s'étend entre les ruines éparses. Posé au sommet d'une touffe buissonnante, une fauvette à lunettes brave la tramontane, gazouillant quelques instants avant de plonger sous le couvert d'un arbuste rabougri.

Alors que les accents flûtés d'un merle bleu se perdent, emportés par le vent dans le lointain, un traquet oreillard perché sur un amoncellement de pierres lance les strophes brèves et explosives de son chant puis, profitant d'une courte accalmie, s'élance dans son vol nuptial.

Ce traquet méditerranéen peut revêtir deux types de plumage suivant les populations ; tantôt il présente des bandeaux sombres sur les côtés de la tête : il s'agit alors d'un « oreillard » ; tantôt le noir s'étale largement sur la gorge, formant ainsi une bavette qui contraste avec les teintes claires de la livrée : c'est la forme « stapazin ».

Très proche parent du traquet motteux dont il a l'allure et une grande partie des mœurs, l' « oreillard » s'en distingue toutefois par le chant nuptial où sont intégrées de nombreuses imitations d'autres espèces, par l'habitude de se percher dans les buissons et les arbres, et enfin par le blanc de la queue qui ne possède par le T noir caractéristique du « motteux ».

Grands migrateurs nocturnes, les traquets oreillards quittent les sites de nidification en septembre et en octobre pour rejoindre leurs quartiers d'hivernage situés au-delà du Sahara. Les retours s'échelonnent habituellement de la fin du mois de mars à la première quinzaine d'avril.

Sur le terrain : il ressemble à un traquet motteux, mais s'en distingue par le dessus du plumage orangé et non gris.
Plumage : la femelle a le dessous roussâtre, les ailes et les joues brunes ainsi que les sourcils jaunâtres. En automne, les adultes sont plus sombres. Les jeunes sont comme les « motteux » mais plus brunâtres.
Nourriture : surtout insectivore, le traquet oreillard consomme également des araignées, des petits mollusques et des baies.
Site du nid : il s'installe à même le sol dans la garrigue, sur une colline rocheuse, un causse, une dune parsemée de ruines, sous une pierre, au creux d'une pente raide ou à l'abri d'une plante.
Nid : le couple, ou la femelle seule, construit un amas lâche d'herbes sèches qu'il garnit de fines radicelles et de crins.
Nichée : de 4 à 6 œufs vert bleuâtre, tachetés de brun-rouge, sont pondus de mai à juillet et couvés de 13 à 15 jours par la femelle. 1 ou 2 pontes annuelles. Nidicole. Quitte le nid entre le 14ᵉ et le 16ᵉ jour.
Longueur : 15 cm.
Poids : de 19 g à 24 g.
Longévité : inconnue.

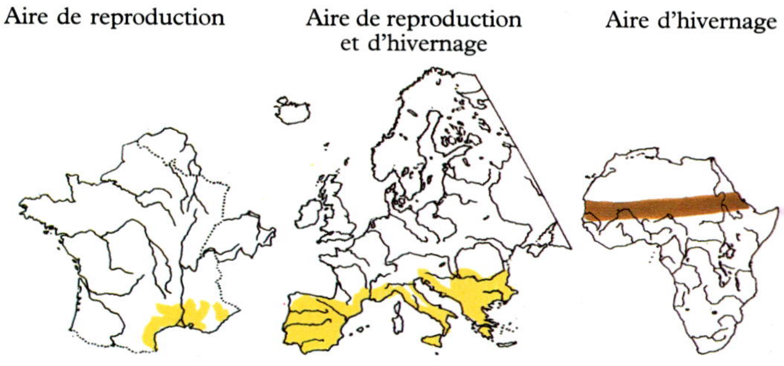

En vert : sédentaire. En marron : visiteur d'hiver. En jaune : visiteur d'été.

Ci-contre : traquet rieur en parade d'intimidation.

Ci-dessous : le traquet oreillard mâle peut revêtir deux types de plumage (dimorphisme) : le traquet oreillard (à gauche) a un bandeau noir en travers de l'œil et de la joue, et sa gorge est blanchâtre ; le traquet stapazin (à droite) a la gorge entièrement noire.

Merle de roche

Monticola saxatilis

Le lit d'un cours d'eau asséché serpente sur le sol rouge et rocailleux de la garrigue dont la végétation basse de genêts, d'ajoncs et de chênes kermès témoigne de la rudesse des conditions climatiques.

Sortant d'un amoncellement de roches surchauffées par le soleil, une silhouette trapue à la queue perpétuellement agitée s'arrête : le bec pointé vers le ciel, un merle de roche surveille les alentours et, très méfiant, s'éclipse sans raison apparente. Après un vol bas et rapide, il se pose dans un éboulis dont il connaît les moindres recoins. Courant dans le dédale minéral, l'oiseau se glisse entre les blocs, sort discrètement la tête de derrière un cailloux et, attentif, reste figé, totalement invisible malgré sa riche parure.

Passant la plupart de son temps sur le sol, le merle de roche parcourt les escarpements broussailleux en quête de sauterelles et de petits lézards ou bien sautille dans les espaces dégagés de la végétation basse d'un coteau.

Le merle de roche est d'un tempérament solitaire et son caractère ombrageux prend tout son relief pendant la période de reproduction, lorsque les mâles s'interpellent vocalement en prenant des postures menaçantes. Pendant les parades nuptiales, les mâles réalisent des vols chantés, queue étalée, décrivent des orbes et exécutent des piqués ou de lentes descentes « en parachute ». Au sol, près de la femelle, le merle hérisse les plumes blanches de son dos et ouvre la queue en éventail tout en laissant prendre ses ailes.

Grands migrateurs diurnes, les merles de roche quittent l'Europe du mois d'août à la mi-octobre et reviennent en avril.

Ci-dessus : merle de roche femelle apportant la becquée à ses jeunes.

Ci-contre : merle de roche mâle à l'entrée du nid.

Page de droite : fauvette pitchou mâle.

Sur le terrain : il ressemble à un gros rouge-queue avec une queue rousse tremblotante. Craintif et très farouche.
Plumage : la femelle a une livrée brune discrète. Les jeunes sont comme leur mère mais leur plumage est gris jaunâtre, sans mouchetures.
Nourriture : insectivore, le merle de roche capture des coléoptères, des chenilles, des criquets, auxquels il ajoute des vers, des petits escargots, des araignées, des petits lézards et des fruits.
Site du nid : il s'installe dans un trou, une crevasse ou une fente de rocher, parfois sur un édifice.
Nid : la femelle construit sur une assise d'herbes sèches, de radicelles et de mousses, une coupe profonde qu'elle tapisse avec soin de petites racines et de fins brins d'herbe.
Nichée : de 4 à 6 œufs vert pâle, brillants, sont pondus entre la mi-mai et la mi-juillet, et couvés de 13 à 15 jours par la femelle. 1 ponte annuelle. Nidicole. Quitte le nid entre le 13e et le 16e jour.
Longueur : 19 cm.
Poids : 60 g.
Longévité : inconnue.

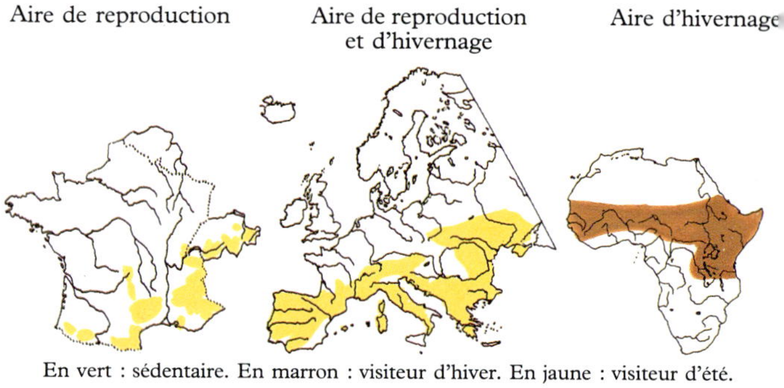

En vert : sédentaire. En marron : visiteur d'hiver. En jaune : visiteur d'été.

Fauvette pitchou

Sylvia undata

La tête encapuchonnée de noir et le cou marqué de blanc, un traquet pâtre lance ses cris durs et brefs, perché bien en vue parmi les broussailles d'une colline rocailleuse.

D'un fourré voisin couvert de fleurs blanches retentit un appel nasillard qui se déplace au cœur des cistes. Se faufilant comme une souris à travers les épines acérées de l'entrelacs des rameaux, une fauvette pitchou se décide à sortir de la végétation ; les plumes de la tête gonflées et la queue dressée, elle regarde les alentours de ses beaux yeux carminés cerclés de vermillon et, vive comme l'éclair, plonge dans le fourré compact.

Passant la plupart de son temps à l'abri des regards, la « pitchou » fouille les buissons à la recherche d'araignées, de chenilles et d'insectes coléoptères.

Elle ne montre sa silhouette caractéristique qu'au moment des noces, époque à laquelle elle émet son modeste chant décousu et précipité. Attirant alors une femelle sur son territoire, le mâle la courtise en étalant les ailes et en agitant sa queue largement déployée, tout en gonflant les plumes de ses joues.

La fauvette pitchou est en principe sédentaire mais, dans les garrigues d'altitude, elle quitte les sites de reproduction du mois d'août à la fin du mois de septembre et rejoint au cours de l'automne le fond des vallées et les plaines, où elle s'installe pour passer l'hiver. La « pitchou » regagne les sites de nidification dès la fin du mois de février.

Sur le terrain : petite fauvette sombre, à la queue relevée, d'une observation difficile. Chant décousu caractéristique.
Plumage : la femelle a le dessus plus brun que celui du mâle et le dessous plus pâle. Les jeunes ont le dessus brun terreux et le dessous roussâtre.
Nourriture : la fauvette pitchou consomme de petits insectes tels que coléoptères, papillons et chenilles, diptères. En hiver, elle y ajoute des araignées et des fruits de ronces.
Nid : posée dans des ramilles, la structure est compacte ; la coupe, profonde, aux parois épaisses, est composée de fines tiges sèches mêlées à de la mousse, à de la laine et à quelques duvets, cocons et crins.
Nichée : de 3 à 5 œufs blanc grisâtre ou verdâtre, parsemés de petits points brun-olive et gris, sont pondus du début d'avril à juillet et couvés 12 ou 13 jours par le couple. 2 pontes annuelles. Nidicole. Quitte le nid le 12e ou le 13e jour.
Longueur : 13,5 cm.
Poids : 8,5 g.
Longévité : inconnue.

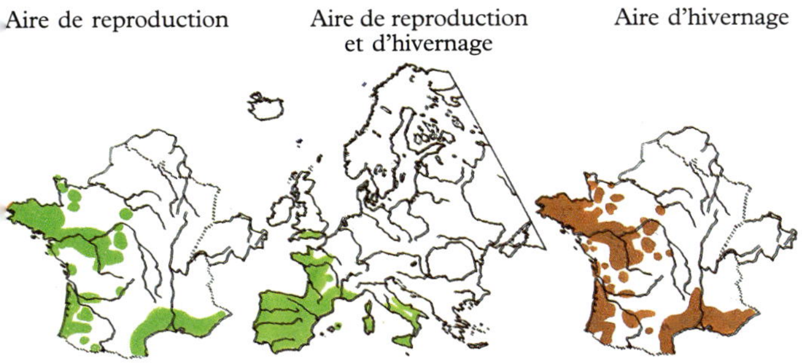

En vert : sédentaire. En marron : visiteur d'hiver. En jaune : visiteur d'été.

Fauvette mélanocéphale

Sylvia melanocephala

Ci-dessous : fauvette mélanocéphale mâle couvant ses œufs.

Page de droite : fauvette passerinette mâle. La femelle est plus terne et plus pâle, ses moustaches sont moins marquées.

Au flanc du coteau, un sentier se perd dans les vignes et les oliviers dont les feuillages vert amande vibrent sous la brise ; un cochevis surgit des ceps, lance son sifflet fluide et sonore puis s'éloigne par de courts battements d'ailes vers un groupe de chênes où jacasse une pie.

Au cœur d'un buisson, parmi le fouillis des rameaux épineux, se déplacent des séries de cris bas et rauques qui rappellent le bruit d'une crécelle. Une fauvette mélanocéphale, irritée par la présence de l'observateur, parcourt rapidement cette jungle inextricable, ne laissant apparaître qu'un instant le capuchon noir de sa tête, ses yeux cerclés de rouge et le blanc de sa gorge et de ses joues. Puis, ayant estimé le danger, l'oiseau s'engouffre à nouveau sous les broussailles dans un feulement rassuré.

Moins discrète au moment des parades nuptiales, la « mélanocéphale » quitte plus volontiers son repaire, passant d'un buisson d'ajoncs à un autre pour défendre son territoire. Souvent, le mâle s'élève à quelques mètres au-dessus de la végétation, lance plusieurs strophes précipitées, la tête ébouriffée et la queue déployée, puis redescend tout en vibrant des ailes.

Les fauvettes mélanocéphales adultes paraissent sédentaires, quoique des jeunes et des femelles réalisent des déplacements erratiques et même de véritables migrations qui les mènent au-delà du Sahara. Les longues périodes de gel ou d'enneigement provoquent des hécatombes dans l'espèce.

Sur le terrain : petite fauvette à la tête noire, au menton blanc, avec un cercle rouge autour des yeux.
Plumage : la femelle est plus brune que le mâle avec un cercle orbital plus terne. Les jeunes sont comme la femelle.
Nourriture : elle se nourrit d'insectes, d'araignées, de fruits divers (cerises, figues), de graines (vigne vierge, fusain).
Site du nid : la fauvette mélanocéphale s'installe dans les fourrés, dans la végétation clairsemée des collines sèches ou bien dans le sous-bois d'une forêt claire.
Nid : le couple construit une coupe avec des tiges végétales et des herbes sèches liées entre elles par de la toile d'araignée, puis il la garnit d'herbes fines et de radicelles.
Nichée : de 3 à 5 œufs de couleur variable sont pondus entre la fin du mois d'avril et la fin du mois de juin, et couvés 13 ou 14 jours par le couple.
2 pontes annuelles.
Nidicole.
Quitte le nid entre le 11e et le 14e jour.
Longueur : 14 cm.
Poids : 16 g.
Longévité : inconnue.

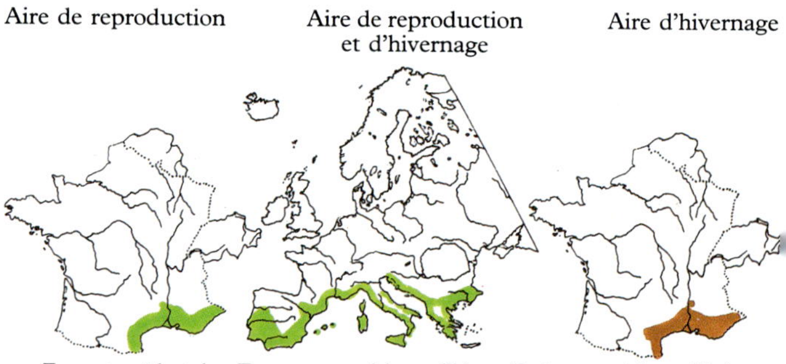

En vert : sédentaire. En marron : visiteur d'hiver. En jaune : visiteur d'été.

Fauvette passerinette

Sylvia cantillans

Fréquenté par quelques chasseurs et par de rares promeneurs, un sentier pierreux chemine entre les vallons et les collines dénudés de l'arrière-pays niçois, se frayant un passage entre les massifs odorants des romarins, des chênes kermès et des cistes dont les fleurs roses illuminent les buissons épineux. Le soleil, déjà haut dans le ciel, écrase la garrigue d'une chaleur insoutenable et quelques cigales animent cet univers inhospitalier de leurs grincements monotones.

Alors qu'un lapin détale, effrayé par la silhouette d'un aigle de Bonelli, une série de cris grêles s'élève d'un fourré. Apparaissant bientôt au sommet de la végétation rabougrie, une fauvette passerinette aux belles « moustaches » blanches et aux yeux maquillés de rouge lance, bec ouvert, son doux babil nuptial. Au paroxysme de l'excitation, le mâle s'élève dans les airs tout en chantant puis redescend vers son perchoir en un vol papillonnant. A l'arrivée d'une femelle, le séducteur s'approche, sautille un instant autour de sa partenaire, vibre des ailes et fait la roue afin d'exhiber les belles plumes blanches du dessous de sa queue.

Grandes migratrices nocturnes, les fauvettes passerinettes quittent le sud de l'Europe de septembre à octobre pour rejoindre leurs quartiers d'hiver situés dans les régions semi-désertiques du Sahel. Les retours s'échelonnent de mars à mai.

Sur le terrain : fauvette colorée avec deux raies blanches étroites descendant de la base du bec.
Plumage : la femelle est plus terne que le mâle et les dessins de son plumage sont estompés. Les jeunes ressemblent à leur mère mais ils ont l'anneau orbital jaune et non rougeâtre.
Nourriture : elle consomme surtout des insectes et leurs larves, ainsi que des graines.
Site du nid : la fauvette passerinette s'installe à l'intérieur d'un buisson bas de chênes kermès ou de cistes, sur des ramilles, à une hauteur variant entre 15 cm et 90 cm.
Nid : le couple construit une structure soignée, assez épaisse, avec des tiges sèches et des lanières d'herbe, puis il la tapisse de fibres végétales fines, de flocons de duvet et de crins.
Nichée : de 3 à 5 œufs blanc verdâtre ou grisâtre, finement ponctués de brun foncé et de gris violacé, sont pondus du début d'avril à juin et couvés 11 ou 12 jours par la femelle. 2 pontes annuelles. Nidicole. Quitte le nid le 11e ou le 12e jour.
Longueur : 12 cm.
Poids : de 9 g à 14 g.
Longévité : inconnue.

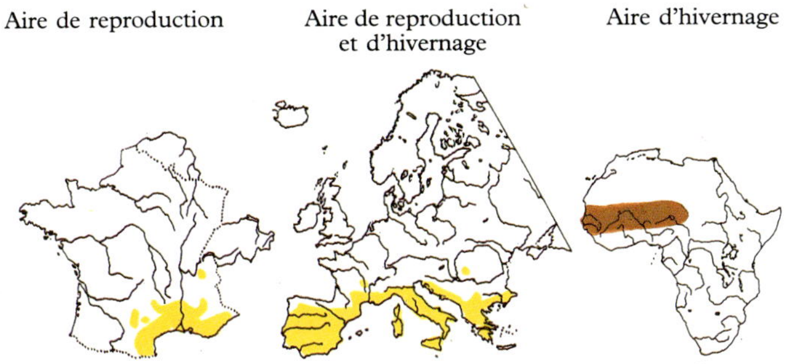

En vert : sédentaire. En marron : visiteur d'hiver. En jaune : visiteur d'été.

Bruant ortolan

Emberiza hortulana

En haut, à droite : bruant ortolan adulte.

Ci-dessous : bruant ortolan immature. Le jeune a le cercle orbital rose et non jaune.

Paysage aride, la garrigue aux friches caillouteuses parsemées de broussailles se perd dans les vallonnements dénudés où des vignes recouvrent quelques pentes douces ensoleillées. Au loin, une huppe au vol capricieux de papillon rejoint une butte bien exposée où elle va trouver de nombreuses proies ; des guêpiers décrivent des cercles dans le ciel, pourchassant des insectes à grande hauteur.

Bien en évidence sur un poteau télégraphique, un bruant ortolan, la poitrine gonflée, répète inlassablement sa strophe mélancolique, renversant la tête vers l'arrière à chaque phrase. Très souvent à terre, cet oiseau pâture longuement dans les herbes rases des sols caillouteux, cherchant des insectes et leurs larves ou quelques graines.

Particulièrement débonnaire en période de reproduction, le bruant ortolan ne perd pas son temps en d'interminables querelles avec ses voisins car chaque mâle accepte la présence rapprochée d'un congénère. Arrivés tardivement d'Afrique tropicale, les « ortolans » commencent la formation des couples au début du mois de mai : le mâle parade alors en sautillant près de la femelle, la queue abaissée, et sa tête maintenue levée lui permet de faire admirer sa bavette et ses « moustaches » jaunes, ainsi que le dessous orangé de son bec.

Grands migrateurs diurnes et nocturnes, les bruants ortolans quittent l'Europe d'août à octobre ; les retours s'échelonnent de la fin du mois de mai à la fin du mois de juin.

Sur le terrain : de la taille d'un moineau, ce bruant a le bec et les pattes roses, la tête et la poitrine vert amande et le ventre roux-cannelle. Deux « moustaches » jaune pâle descendent du bec et les yeux sont cernés de jaune. Chant mélancolique caractéristique.
Plumage : la femelle est plus brunâtre et plus terne que le mâle ; le dessus de sa tête est strié de brun-noir et ses « moustaches » sont moins visibles. Les jeunes sont très rayés, avec le dessus roussâtre et le dessous blanchâtre.
Nourriture : le bruant ortolan consomme surtout des insectes, des chenilles, des sauterelles, des limaçons et des graines farineuses.
Site du nid : il s'installe à même le sol dans les garrigues, les friches caillouteuses, les prairies et les pâturages, les champs de céréales, parmi les herbes, sous un buisson, au pied d'un cep de vigne.
Nid : la femelle construit une structure grossière et volumineuse avec des tiges de graminées et d'autres plantes sèches, puis elle la garnit de radicelles, de tigelles et de crins.
Nichée : de 3 à 6 œufs allant du blanc bleuâtre au gris rosé, parsemés de taches arrondies et de filaments brun-noir, sont pondus de mai à juillet et couvés 11 ou 12 jours par la femelle. 2 pontes annuelles. Nidicole. Quitte le nid entre le 12e et le 15e jour.
Longueur : 14 cm.
Poids : 24 g.
Longévité : inconnue.

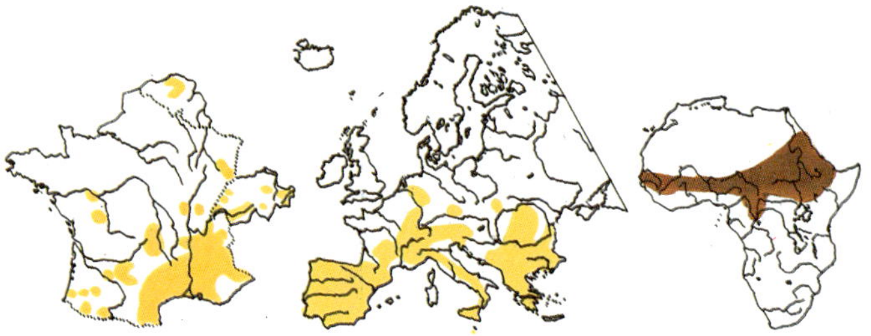

En vert : sédentaire. En marron : visiteur d'hiver. En jaune : visiteur d'été.

Bruant zizi

Emberiza cirlus

Au flanc de la colline, des murets soutiennent les cultures en terrasses et quadrillent le coteau en de longs tracés sinueux. Perché sur un fil électrique, un bruant ortolan, la poitrine bombée, lance son refrain mélancolique ; haut dans le ciel, une alouette lulu chante à tue-tête.

Un peu plus loin, une voix répète à courts intervalles une strophe de deux ou trois secondes, parfois rehaussée d'une roulade claire. Cette émission vocale est d'ailleurs à l'origine du nom de ce bruant, « zizi » étant l'onomatopée de la phrase caractéristique de l'espèce : « sississississississississi ».

Oiseau des haies et des vignobles, le bruant zizi aime se retirer dans l'épaisse ramure des arbres et se dissimuler dans les buissons épineux où il passe inaperçu.

En automne, les couleurs du mâle s'estompent et son plumage devient comme celui de la femelle et des jeunes. Il est alors difficile de le distinguer de son proche parent, le bruant jaune, dont la parure est pratiquement identique à cette époque de l'année. Seule la couleur du croupion, vert olive chez le « zizi » et rousse chez le « jaune », permet de les identifier.

Sédentaire ou migrateur partiel diurne suivant les régions, ce bruant vagabonde en septembre dans les vignes et les champs. Les individus du nord de l'Europe traversent l'ouest du continent d'octobre à novembre et de février à mars.

Sur le terrain : le bruant zizi ressemble à un bruant jaune mais s'en distingue par sa tête bigarrée de jaune et de noir. Chant caractéristique.
Plumage : la femelle est moins contrastée que le mâle ; sa gorge jaunâtre est tachetée de brun, sa poitrine et ses flancs sont rayés de brun. Les jeunes, très rayés, sont plus roux que les adultes et ont le dessous gris jaunâtre.
Nourriture : le bruant zizi consomme des graines de graminées, de renouées, des pousses et des feuilles vertes, des baies, auxquels il ajoute des insectes, des araignées...
Site du nid : il s'installe à une hauteur variant entre 50 cm et 1,50 m, dans une haie d'aubépines, de ronces, dans un lierre, plus rarement à même le sol sous la végétation rampante.
Nid : la femelle prépare une structure de mousse verte maintenue par un entrelacs de tiges et d'herbes sèches, puis elle la garnit de pailles fines et de crins tressés.
Nichée : de 3 à 5 œufs blanc bleuâtre ou verdâtre, parsemés de petites taches, avec des filaments noirs et brun violacé, sont pondus de la fin du mois d'avril au mois d'août et couvés de 11 à 13 jours par la femelle. 2 ou 3 pontes annuelles. Nidicole. Quitte le nid entre le 12e et le 17e jour.
Longueur : 16,5 cm.
Poids : de 17 g à 25 g.
Longévité : peut atteindre 6 ans.

Ci-dessus : bruant zizi mâle en plumage nuptial.

Ci-contre : bruant proyer mâle sur l'un de ses postes de chant. Omniprésent dans presque tous les milieux ouverts méditerranéens, le mâle est assez souvent polygame. L'espèce est sédentaire dans le sud de l'Europe, mais les populations du nord effectuent des déplacements en automne, de septembre à novembre, et au printemps, en février et en mars, qui les conduisent vers des contrées plus méridionales.

Aire de reproduction | Aire de reproduction et d'hivernage | Aire d'hivernage

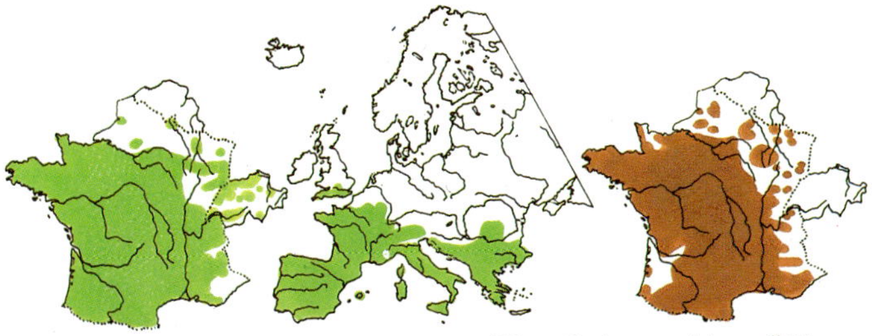

En vert : sédentaire. En marron : visiteur d'hiver. En jaune : visiteur d'été.

INDEX

Les chiffres ordinaires renvoient aux illustrations ; les chiffres en gras renvoient au texte spécifique à chaque oiseau et aux photographies correspondantes.

A

B

C

E

F

G

H

Ont collaboré à cet ouvrage.
Secrétariat de rédaction :
Françoise Bosquet, Josette Bourrianne.
Maquette : Richard Médioni, Philip Oldfield,
avec la collaboration de Graph'M.
Dépôt légal : 1705 - 11-1998
N° d'éditeur : 23801.
ISBN : 2.01.020555.3 - 23.30.4921.04/5.
Photocomposition Franc-Comtoise, Dole.
Imprimé en Italie par G. Canale & C. S.p.A.
Borgaro T.se - Torino

BIBLIOGRAPHIE

BLONDEL J. et ISENMANN P. (1981). - *Guide des oiseaux de Camargue*. Delachaux et Niestlé, Paris.
CRAMPS., SIMMONS K.E.L. (1980-1985).- *Handbook of the Birds of Europe, the Middle East and North Africa* (volumes I, II, III et IV). Oxford University Press, Oxford.
CURRY-LINDAHL K. (1981).- *Bird Migration in Africa* (volumes I et II). Academic Press, Londres.
DEJONGHE J.-F. (1983).- *Les Oiseaux des villes et des villages*. Point Vétérinaire, Maisons-Alfort.
DEJONGHE J.-F. (1984).- *Les Oiseaux de montagne*. Point Vétérinaire, Maisons-Alfort.
DEJONGHE J.-F. (1985).- Les Oiseaux du jardin. Compagnie Internationale du Livre, Paris.
DEJONGHE J.-F. et KOVACS J.-C. (1985).- *Les Milieux humides : un patrimoine méconnu*. D.R.A.E. Ile-de-France, Paris.
DORST J. (1971).- *La Vie des oiseaux*. Volumes I,II et III.Bordas, Paris.
FISCHESSER B. (1982).- *La Vie de la montagne*. Chêne-Hachette, Paris.
FITTER R. et ROUX F. (1971).- *Guide des oiseaux*. Sélection du *Reader Digest*, Paris.
GEROUDET P. (1963-1982).- *Les Passereaux* (3 volumes) ; *les Rapaces diurnes et nocturnes ; les Grands Echassiers et Gallinacés ; les Limicoles* (volume I) ; *les Limicoles* (volume II) ; *Gangas et pigeons*. Delachaux et Niestlé, Paris.
GLUTZ VON BLOTZHEIM U. (1968-1982).- *Handbuch der Vögel Mitteleuropas* (volumes 1 à 8). Akademische Verlagsgesellschaft, Wiesbaden.
HEINZEL H., FITTER R. et PARSLOW J. (1972).- *Oiseaux d'Europe, d'Afrique du Nord et du Moyen-Orient*. Delachaux et Niestlé, Paris.
PETERSON R., MOUNTFORT C. et HOLLOM P.A.D. (1983).- *Guide des oiseaux d'Europe*. Delachaux et Nestlé, Paris.
S.O.F. (à paraître). - *Atlas des oiseaux hivernants de France*. Société ornithologique de France, Paris.
THIBAULT J.-C. (1983).- *Les Oiseaux de Corse*. Parc national régional de Corse, Ajaccio.
YEATMAN L. (1976).- *Atlas des oiseaux nicheurs de France*. Société ornithologique de France, Paris.

Photos de couverture : mésange bleue (J.-F. Cornuet) ; bouvreuil pivoine mâle (J.-C. Qualité)
4e de couverture : guêpier d'Europe, traquet motteux et hibou grand-duc (J.-F. Dejonghe)

REMERCIEMENTS

Toutes les photographies sont de l'auteur excepté les clichés suivants qui lui ont été aimablement prêtés par :

J.-M. Bompar, pages 93,111, 185 h, 235 b, 237 b, 238 b, 242 ; M. Cambrony, pages 38, 39 hg-bg, 41 bg, 42hg, 43, 44 sauf hd-bd, 46 m, 61 h, 66 h, 72 h, 77 hd, 83 h, 85 h, 88 h, 100 h, 109 hg-bg, 110 b, 121 h, 124 h, 141 h, 149 h, 171 hm, 185 b, 188, 190 h, 229, 232, 236 b, 239 b, 240 h, 243, 246, 247 hd, 249 sauf hg, 254, 257, 261 b, 265, 267 h ; J.-F. Cornuet, pages 4, 19 hg, 28 m, 34 sauf hd, 39 d, 40, 41 sauf bg, 45, 47 hg-bg, 53 bd, 63, 66 b, 69 hg, 70 b, 72 b, 79 b, 86 b, 87, 88 b, 90 b, 91, 95 m-b, 99 h, 101 h, 123, 124 b, 132 h, 133 h, 137 h, 139 hg, 151, 152, 153, 154, 155, 160 h, 162, 166, 167 b, 171 hd-hg, 173 bd-hd, 184 h, 195, 197 h-bd, 199, 200 h, 201 b, 210, 213 bg, 217 h-bg, 218 b, 219 b, 224, 230, 231 hd, 249 hg, 253 h, 263, 267 b ; E. Danchin, pages 207 hd, 221 ; R.Eve, pages 96 h, 115 h, 256 ; J.-M Gourraud, pages 139 hm, 167 h ; A. Jouffray, pages 96 b, 113 b, 165 ; J.-L. Klein, pages 90 h, 139 hm, 144 h ; G. Lacroix, pages 144 b ; R.Landin et J.-F. Dejonghe, pages 30 à 34 ; B. Mallet, pages 83 b, 117, 139 b, 146, 147, 150 h, 157 h, 175, 178 h, 183 h, 215 b, 216 bm, 222, 223, 253 b ; M. Martinazzi, page 112 ; P. Mioulane, page 95 h ; P. Nicolau-Guillaumet, pages 79 hg, 84, 109 hd, 149 b, 164 h, 198 bg, 225 b, 238 h, 258, 262, 264 ; P. Orsini, page 251 h ; E. Pasquet, pages 21 bd, 213 h ; R. Prodon, pages 259 h, 261 h ; J.-C. Qualité, pages 131 h, 132 b, 148, 150 b, 158, 160 b ; G. Renson, pages 140, 141 b, 149 m, 163, 191 h, 250 b ; D. Robert, pages 62, 116, 177, 178 b, 194, 202, 225 m, 231 bd, 233 h, 235 h, 239 h, 241 ; J.-P. Siblet, pages 27, 207 bg, 209 hd, 220, 236 h, 237 m, 259 bd.

Légende : b = bas, h = haut, m = milieu, d = droite,
g = gauche, bd = bas-droite, bg = bas-gauche,
bm = bas-milieu, hd = haut-droite,
hg = haut-gauche, hm = haut-milieu.

TABLE DES MATIÈRES

Quand votre passion devient livre !

AQUARIUM PASSION
Jacques Teton
Tout sur les joies
et les techniques de l'aquariophilie.

CHASSE PASSION
Christophe Lorgnier du Mesnil
Photos Jean-Claude Chantelat
Pour une chasse
respectueuse de l'environnement.

CHEVAL PASSION
Préface Eric Navet
De la promenade
au concours hippique.

OISEAUX PASSION
Jean-François Dejonghe
Une somme incomparable
sur 227 espèces de nos régions.
Environnement, reproduction,
alimentation, migration.

PÊCHE PASSION
Jacques Chavanne
Photos Jean-Claude Chantelat
L'art et la manière de pêcher
les poissons d'eau douce.

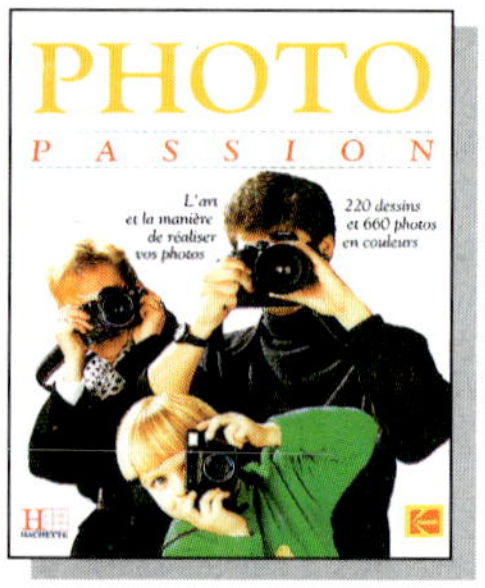

PHOTO PASSION
De l'achat du matériel
aux effets spéciaux.

PLONGÉE PASSION
Patrick Mioulane -
Jean-Michel Oyhenart
Techniques de plongée
et découverte du monde sous-marin.

VÉLO PASSION
R. Balantine - R. Grant
Tout sur la technique
et le plaisir du deux roues.

VIDÉO PASSION
M. Squires
Savoir acheter le matériel,
utiliser et réaliser
soi-même son film vidéo.

ASTROLOGIE PASSION
Elizabeth Teissier
Une encyclopédie mondiale
de l'astrologie.

CHATS PASSION
Helga Hofmann
De l'achat aux soins quotidiens,
de la psychologie à l'affection. Pour mieux
connaître et élever son animal favori.

CIEL & ASTRONOMIE
PASSION
Michel Marcelin
Une somme d'informations
et d'images pour comprendre le ciel
et tenter de l'explorer.

PEINTURE ET DESSIN
PASSION
L'art et la manière de peindre
et de dessiner aujourd'hui.

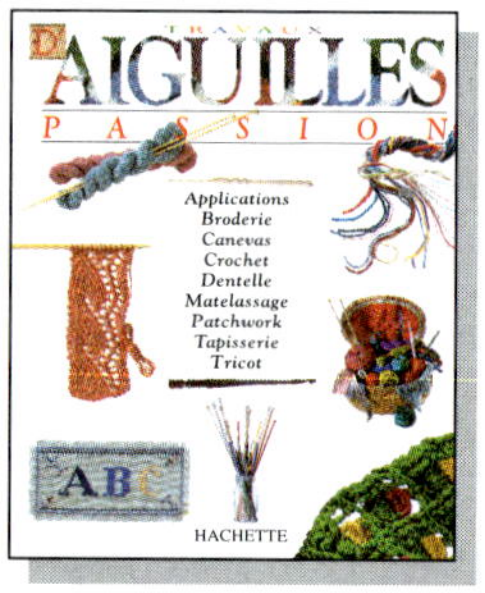

TRAVAUX D'AIGUILLES
PASSION
Couture, tricot, crochet, broderie...
Pour tout apprendre et tout connaître
de fil en aiguille !

HACHETTE
Pratique